Anilinschwarz

und

seine Anwendung in Färberei und Zeugdruck.

———

Anilinschwarz

und

seine Anwendung in Färberei und Zeugdruck

von

Dr. E. Noelting
Direktor der Städtischen Chemieschule
in Mülhausen i. E.

und

Dr. A. Lehne
Regierungsrat, Abteilungs-Vorsitzender
im Kaiserlichen Patentamt.

Zweite, völlig umgearbeitete Auflage.

**Mit 13 Textfiguren
und 32 Zeugdruckmustern und Ausfärbungen auf 4 Tafeln.**

Berlin.
Verlag von Julius Springer.
1904.

ISBN-13: 978-3-642-89387-2   e-ISBN-13: 978-3-642-91243-6
DOI: 10.1007/978-3-642-91243-6
Softcover reprint of the hardcover 1st edition 1904
Pierersche Hofbuchdruckerei Stephan Geibel & Co. in Altenburg.

Vorwort.

Da die erste Auflage unseres Buches seit einiger Zeit vergriffen ist — ein Beweis, dafs es unseren in der Praxis stehenden Kollegen, sowie den der Färberei oder Druckerei sich widmenden Studierenden wohl von einigem Nutzen war —, haben wir uns entschlossen, eine zweite, bis auf den heutigen Tag vervollständigte Auflage herauszugeben.

Die Anordnung des Stoffes wurde etwas verändert, wodurch wir eine bessere Übersichtlichkeit erzielt zu haben hoffen. Der Umfang des Werkes mufste infolge der vielen Neuerungen nicht unerheblich erhöht werden, obwohl veraltete oder überflüssige Angaben der ersten Auflage in Wegfall gekommen sind. Von verschiedenen Kollegen und Fabriken sind wir wiederum durch Ratschläge und Überlassung von Mustern und Vorschriften auf das entgegenkommendste unterstützt worden, wofür wir auch an dieser Stelle unserer Erkenntlichkeit Ausdruck geben. Zu ganz besonderem Danke sind wir Herrn Dr. Walter Clairmont, vormals Assistent an der Chemieschule in Mülhausen, jetzt Direktor der Neuen Augsburger Kattunfabrik, verpflichtet, welcher bei dieser Neubearbeitung in liebenswürdiger und tatkräftiger Weise mitgewirkt hat.

Mülhausen i. E. und Grunewald-Berlin.
im Dezember 1903.

Dr. E. Noelting. Dr. A. Lehne.

Inhalt.

Berichtigungen.

Seite 5 Zeile 9 v. u. lies: stechend, statt: stehend.

Seite 43 Zeile 9 v. o. lies: 1874, anstatt: 1870.   Zeile 1 v. u. füge hinzu:
Seite 386.

Seite 77 Zeile 1 v. u. lies: Klotzschwarz, statt: Schwarzklotz.

Seite 176 im Namenregister lies: Vinant, statt: Vinaut.

Ergänzung zu Seite 165:

Muster Nr. 10: Prud'homme-Artikel

· ist in einer russischen Zeugdruckerei nach folgender Vorschrift hergestellt:

Anilinschwarz.

15 kg Anilin,

{ 16½ „ Salzsäure 18°,

{ 120 l Wasser,

8½ kg Natriumchlorat,

40 l lauwarmes Wasser,

43 kg Lösung von Ferrocyannatrium 10° Bé. [10 kg : 50 l Wasser].

Blauätze.

1 kg 100 g Thionin 0 (Farbw. Höchst),

1 „ Essigsäure,

8 „ Gummiverdickung 400 : 1000,

4 „ Zinkacetat 20° Bé.,

2 „ Natriumacetat (trocken),

8 „ Weiß KS,

½ „ Wachslösung,

½ „ Glyzerin.

Für **Gelb:** 1 kg Auramin 0; 50 g Homophosphin G (Farbw. Mülheim).

Für **Violett:** 870 g Violett 2 R (Bayer).

Für **Rosa:** 2 kg 750 g Rhodamin 6 G.

Weiß KS.

10 l Kaliumsulfit 40° Bé.,

3 kg British gum trocken.

Grau: 7250 g Gummiverdickung 400 : 1000, 3150 g Alizarinblau SR in
Teig (B.A. S.F.), 3500 g Zinkacetat 20° Bé., 2500 g Weiß KS,
300 g Glyzerin.

Die Stücke werden nach dem Foulardieren in der Schwarzfarbe in der
Ilot flue «getrocknet», mit den Anilinfarben bedruckt und im kleinen Mather-
Platt 1 Minute gedämpft. Dann werden sie in der Breitwaschmaschine in Wasser
von 50° C. gespült und auf dem Trockencylinder kontinuirlich getrocknet.

Erstes Kapitel.

Die Bildung von Anilinschwarz.

I. Historisches.

Wie die Entdeckung des Anilinrots als ein Ergebnis der Beobachtungen Natansons und Hofmanns anzusehen ist, so läfst sich der Ursprung des Anilinschwarz auf die bereits sehr alten Arbeiten von Runge, Fritzsche und A. W. Hofmann zurückführen.

Runge[1]) beobachtete schon im Jahre 1834 folgende Tatsachen·
Wenn man zu salpetersaurem Kyanol (Anilin), welches sich auf einer bis 100° erhitzten Porzellanplatte befindet, Kupferchlorid hinzufügt, so nimmt man die Bildung einer dunkelgrünen, nahezu schwarzen Farbe war. Wird ein Tropfen einer Lösung von salzsaurem Kyanol auf einer bis 100° erhitzten Porzellanplatte mit rotem chromsaurem Kali versetzt, so entsteht ein tiefschwarzer Fleck, in welchem ein roter Farbstoff nachweisbar ist.

Salzsaures Kyanol, aufgedruckt auf Baumwollstoff, welcher mit Bleichromat gefärbt ist, erzeugt binnen 12 Stunden grüne waschechte Muster.

Fritzsche[2]) stellte mit Anilin, welches er aus Indigo erhalten hatte, nachfolgende Versuche an:

Wenn zu Anilinsalzlösungen Chromsäure hinzugefügt wird, bildet sich ein Niederschlag, welcher zuweilen dunkelgrün, zuweilen blauschwarz ist; da dieser Niederschlag immer, sogar in sehr verdünnten Anilinsalzlösungen, entsteht, so kann die Chromsäure als ein gutes Mittel zum Nachweis des Anilins bezeichnet werden. Der Niederschlag hinterläfst bei dem Glühen stets grofse Mengen von Chromoxyd, selbst dann, wenn er in einer sauren Lösung entstanden ist.

Fritzsche hat sich vergeblich bemüht[3]), die Zusammensetzung des fraglichen Körpers festzustellen. Er erhielt Produkte, welche sich schon durch ihr äufseres Ansehen unterschieden, je nachdem er mehr oder weniger Chromsäure anwendete oder in mehr oder weniger saurer

---

[1]) Runge, Moniteur scientifique 1863, 533—534. — Färber-Zeitung, Jahrg. 1889/90, S. 195.

[2]) Fritzsche, Journal f. prakt. Chemie XX, 454 (1840).

[3]) Fritzsche, Journal f. prakt. Chemie XXVIII, 203 (1843).

Lösung arbeitete; selbst die Produkte, welche identisch schienen, ergaben bei der Analyse verschiedene Zahlen. Der Gehalt an Kohlenstoff schwankte zwischen 33,93 und 62,66 Prozent, der an Chromoxyd
zwischen 31 und 2,12 Prozent.

Der genannte Chemiker[1]) fügte zu einer mit gleichen Raumteilen
Alkohol gemischten Anilinsalzlösung eine mit Salzsäure angesäuerte
Lösung von chlorsaurem Kali und beobachtete, daſs sich nach einiger
Zeit — und zwar um so sicherer, je langsamer die Bildung stattfand —
ein flockiger, schön indigoblauer Niederschlag zu Boden setzte. Waren
die Lösungen etwas konzentrierter, so erhielt man eine Masse von teigartiger Beschaffenheit.

Wird filtriert und mit Alkohol ausgewaschen, so geht die blaue
Farbe im gleichen Verhältnisse, wie die Säure verschwindet, in eine
grüne über, und nach dem Trocknen hinterbleibt ein dunkelgrüner
Körper von beträchtlich vermindertem Volum. Dieser enthält 16 Prozent
Chlor und scheint die Zusammensetzung zu haben:

$$C_{24}H_{20}N_4Cl_2O = 4\,C_6H_7N - 8H + O + 2Cl\,{}^2).$$

Die von diesem blauen Körper ablaufenden Laugen liefern, mit chlorsaurem Kali und sodann mit Salzsäure behandelt, Chloranil.

Bei der wechselseitigen Einwirkung von chlorsaurem Kali, Salzsäure und von einem oxydierbaren Körper wie Alkohol bildet sich
zweifelsohne chlorige Säure oder andere noch niedrigere Oxydationsstufen des Chlors. Diese Überlegung veranlaſste ohne Zweifel H o f -
m a n n[3]), die Einwirkung der chlorigen Säure auf salzsaures Anilin zu
studieren; er erhielt tatsächlich auf diese Weise sehr leicht und augenblicklich den blauen Körper von Fritzsche.

B e i s s e n h i r t z[4]) beobachtete, daſs bei der Einwirkung von konzentrierter Schwefelsäure und einigen Tropfen einer Lösung von Kaliumbichromat auf Anilin oder eines seiner Salze die Mischung eine rein blaue
Färbung annahm, welche nach einiger Zeit verschwand.

C r a c e C a l v e r t[5]), C l i f t und L o w e und gleichzeitig W i l l m
erhielten den grünblauen Farbstoff von Fritzsche durch Einwirkung von
chlorsaurem Kali auf salzsaures Anilin; sie hatten auch, wie wir weiter
unten sehen werden, die glückliche Idee, d i e s e F ä r b u n g a u f d e r
F a s e r s e l b s t z u e r z e u g e n.

Willm stellt den Farbstoff dar, indem er Eisenchlorid mit salpetersaurem Anilin vermischt; nach einiger Zeit wird die Flüssigkeit violett,

---

[1]) Fritzsche, Journal f. prakt. Chemie XXVIII, 202 (1843).

[2]) Die Gleichung ist ungenau wiedergegeben von Kopp, Moniteur scientifique 1861 S. 75, und Dictionnaire de Wurtz, Bd. I S. 325.

[3]) Hofmann, Liebigs Annal. XLIII, S. 66, Monit. scientifique 1861 S. 75.

[4]) Beissenhirtz, Liebigs Annal. LXXXVII, S. 367.

[5]) Crace Calvert, Lectures on Coal Tar Colours, Manchester, Palmer
& Howe, 1 u. 3 Bond Street; London, Trübner & Co. (ohne Datum; stammt,
dem Inhalte nach zu urteilen, aus dem Jahre 1862).

und der blaue Niederschlag fällt zu Boden. Die gleiche Reaktion findet statt, wenn Eisenchlorid durch Kaliumbichromat ersetzt wird[1]).

Emil Kopp[2]) wiederholte die Versuche von Fritzsche und stellte zahlreiche Versuche über die Einwirkung von Oxydationsmitteln auf Anilin an.

Ch. Lauth hat die Bildung von Anilinblau durch Wassersuperoxyd beobachtet. Er fügte zu einer Lösung von 1 Teil Anilin in 10 Teilen käuflicher Salzsäure, welche mit Wasser auf 100 Teile verdünnt worden, allmählich 2 Teile Bariumsuperoxyd. Nach einigen Stunden bildet sich ein reichlicher Niederschlag von Anilinblau, welcher alle Reaktionen des mit chlorsaurem Kali erhaltenen zeigt[3]).

Der blaue Körper, welcher durch Säuren grün wird, erhielt von Crace Calvert, Clift und Lowe den Namen „Emeraldin“. Wenn Emeraldin auf dem Gewebe entwickelt wird mit salpetersaurem Anilin und chlorsaurem Kali bei Gegenwart von einem Eisenoxydsalz oder einem anderen Oxydationsmittel, oder wenn die Farbe auf dem Gewebe mit einer verdünnten Lösung von Kaliumbichromat oder Chlorkalk oxydiert wird, erhält man Schwarz. (Wir kommen auf diese Reaktion zurück, wenn wir die Erzeugung von Anilinschwarz auf dem Gewebe besprechen.)

Körper, welche zweifelsohne mit den Oxydationsprodukten der „Emeraldine“ identisch sind, werden bei der Darstellung des im Jahre 1856 von Perkin[4]) entdeckten Mauveïns erhalten.

Wenn in der Kälte die Lösungen gleicher Moleküle von schwefelsaurem Anilin und Kaliumbichromat gemischt werden, bildet sich nach 10—12 Stunden ein schwarzes Pulver, welches filtriert, gewaschen und getrocknet wird. Hierauf zieht man zur Entfernung harziger Stoffe so lange mit leichtem Teeröl aus, als sich dieses noch braun färbt, dann behandelt man mit Alkohol, um von dem violetten Farbstoff zu trennen. Der Rückstand ist ein in den gewöhnlichen Lösungsmitteln unlösliches schwarzes Pulver.

Dieses Pulver enthält eine grofse Menge von Chromoxyd; so viel uns bekannt, ist aber niemals festgestellt worden, ob das Chrom mit dem schwarzen Farbkörper wirklich verbunden oder ob es nur als eine mechanische Beimengung anzusehen ist[5]). Perkins schwefelsaures Anilin

---

[1]) J. Persoz beobachtete die Bildung des fraglichen grünen Farbstoffs, als er zwei Lösungen von salzsaurem Anilin und Eisenchlorid zusammengofs und kurze Zeit erhitzte (Traité de chimie de Pelouze et Fremy, édition de 1860—62, Bd. VI, S. 291.

[2]) Emil Kopp, Monit. scientifique 1861, S. 75.

[3]) Mit Wasserstoffsuperoxyd und Schwefelsäure gelingt diese Reaktion nicht, man mufs Salzsäure nehmen, welche durch Wasserstoffsuperoxyd zu Chlor oder sogar zu Oxyden des Chlors oxydiert wird. Anilin und Wasserstoffsuperoxyd in essigsaurer Lösung geben keine Spur von Schwarz. (Noelting.)

[4]) Englisches Patent vom 26. August 1856. Französ. Patent Nr. 36 140 vom 8. April 1858.

[5]) Das als Nebenprodukt beim Violett erhaltene Schwarz ist kein Emeraldin, sondern ein höher oxydiertes Produkt, es ist selbst mit schwefliger Säure kaum vergrünlich. (Noelting.)

mufs zweifellos einen kleinen Überschufs freier Säure enthalten haben, denn bei Anwendung völlig neutraler Lösungen bildet sich nach Charles Girard Anilinbichromat. In konzentrierter Lösung fällt dieses aus, in verdünnter bleibt es gelöst.

Da Perkins Violett bald industrielle Bedeutung erlangte, wurden verschiedene andere Methoden für seine Darstellung patentiert oder beschrieben. Bei allen diesen Verfahren ist, wie auch bei demjenigen Perkins, die Ausbeute an violettem Farbstoff gering, das wesentliche Produkt der Reaktion ist stets der schwarze Körper.

Bolley, Beale und Kirkham, Ch. Lauth und P. Depouilly[1]) wenden eine Lösung von Chlorkalk an, Greville Williams Lösungen äquivalenter Mengen von übermangansaurem Kali und schwefelsaurem Anilin.

Kay erhitzt 50 Teile Anilin, 40 Teile Schwefelsäure von 66° B., 1400 Wasser und 200 Mangansuperoxyd auf 100°.

Price fügt zu einer kochenden Lösung von 1 Äquivalent Anilin in 2 Äquivalenten Schwefelsäure 1 Äquivalent Bleisuperoxyd, um einen violetten Farbstoff (Mauveïn), und 2 Äquivalente, um einen roten Farbstoff (Safranin) zu erhalten.

Dale und Caro lassen 1 Äquivalent Anilinsalz (essigsaures, salzsaures, schwefelsaures oder salpetersaures Anilin) mit 6 Äquivalenten Kupferchlorid ungefähr drei Stunden kochen[2]). Der schwarze Niederschlag wurde nach Extraktion des violetten Farbstoffes schon im Jahre 1862 als Albuminfarbe an die Zeugdrucker verkauft.

Bisher waren Anilinblau und Anilinschwarz in Pulver nur im Laboratorium als Nebenprodukt bei der Darstellung von Violett erhalten worden. Seit 1865 findet man Patente und Vorschriften, welche die Darstellung des Schwarz selbst bezwecken.

Boboeuf[3]) stellt es dar, indem er Lösungen von salzsaurem Anilin und Kaliumbichromat mischt und dann Säure zufügt, oder besser, indem er eine Lösung von 1 Teil Anilin in 2 oder 3 Teilen Salzsäure von 20 oder 22° B. zu einer Lösung von Kaliumbichromat hinzufügt[4]). Dem angewendeten Anilinsalz entsprechend ist der Niederschlag schwarz oder blau mit wechselnder Nuance.

Alland[5]) läfst eine Lösung von 20 g Anilin und etwa 100 g Salzsäure einige Minuten kochen und fügt dann allmählich etwa 5—6 g Ätzkali (!) und 10 g Kaliumbichromat zu. Etwas von dieser Flüssigkeit zu einer Lösung von Chlorkalk und Soda von etwa 5° B. gegossen, erzeugt sofort einen schwarzen Niederschlag, welcher zum Drucken Verwendung finden kann.

---

[1]) Dictionnaire de Wurtz, Bd. I, S. 311.
[2]) Crace Calvert, Lectures on Coal Tar Colours, S. 24.
[3]) Boboeuf, französ. Patent Nr. 68 079 vom 15. Juli 1865.
[4]) In der Hauptsache läfst sich dies zurückführen auf die Reaktion von Fritzsche, welcher ein Anilinsalz und Chromsäure verwendete.
[5]) Alland, französ. Patent Nr. 68 230 vom 5. August 1865.

Alfred Paraf[1]) stellt durch Umsetzung von kieselfluorwasserstoff-saurem Anilin und chlorsaurem Kali chlorsaures Anilin dar. Man kann dessen Lösung kochen, ohne daſs Spuren von Schwarz auftreten, es genügt aber, einen oder zwei Tropfen Salzsäure hinzuzufügen, um die sofortige Bildung eines schwarzen Niederschlages zu bewirken. Dieses Schwarz enthält keine Spur von Metallverbindung. Es hat den grofsen Vorteil, an der Luft nicht grün zu werden.

Nach einer Notiz im Moniteur scientifique von 1864 S. 433 fand der unlösliche Rückstand, erhalten bei der Darstellung von Violett nach dem Verfahren von Perkin (mit Bichromat), im Zeugdruck Anwendung als schwarze oder graue Albuminfarbe.

Dullo[2]) stellte Anilinschwarz in Pulver dar durch Behandlung von salzsaurem Anilin mit Kaliumbichromat oder mit einer Mischung aus Eisenchlorid und chlorsaurem Kali oder auch durch Oxydation von Anilinsalz in saurer Lösung vermittelst Kaliumpermanganat.

Um Schwarz auf dem Baumwollgewebe zu entwickeln, beizt Dullo dasselbe mit Eisen, zieht es durch eine stark verdünnte Lösung von Anilin und oxydiert es hierauf. (Das Oxydationsmittel hat er nicht näher bezeichnet.)

Im Jahre 1871[3]) brachten Gebrüder Heyl & Co. in Charlotten-burg ein Anilinschwarz für Albumindruck in den Handel. Armand Müller[4]) in Zürich teilte im gleichen Jahre die Darstellung eines dem Heylschen Schwarz analogen, vielleicht sogar damit identischen Produktes mit; er hatte dasselbe bereits zwei Jahre erfolgreich im Kattundruck benutzt.

Er löst:

20 g chlorsaures Kali, 30 g Kupfervitriol, 16 g Salmiak,

40 g salzsaures Anilin in 500 ccm Wasser,

erwärmt die Mischung auf etwa 60° und entfernt sie sodann vom Wasser-bade. Nach 2—3 Minuten bläht sich die Flüssigkeit auf, zuweilen steigt sie auch über, indem sie stehende Dämpfe vom Geruche des Chlorpikrins ausstöfst (wahrscheinlich gechlorte Chinone oder Chloranil). Wenn die Masse nach einigen Stunden noch nicht vollständig schwarz ist, erwärmt man von neuem auf 60°. Hierauf läfst man an freier Luft 1 oder 2 Tage stehen, wäscht auf dem Filter so lange aus, bis die Mineralsalze entfernt sind, und bewahrt die Paste von etwa 50 Prozent Trocken-gehalt auf. Wenn die Paste getrocknet wird — zuletzt im luftleeren Raum —, erhält man ein sehr intensiv schwarzes, glanzloses Pulver, welches nach Armand Müller die Zusammensetzung $C_{12}H_{14}N_2O_{11}$ be-

---

[1]) Alfred Paraf, Bulletin de la Société industrielle de Mulhouse, Sitzung vom 30. August 1865.

[2]) Wagners Jahresbericht 1866, S. 599.

[3]) Wagners Jahresbericht 1871, S. 775.

[4]) Armand Müller, Chem. Centralblatt 1871, S. 228. — Wagners Jahres-bericht 1871, S. 775—776.

sitzt. (Nietzki hat nachgewiesen, daſs die Zusammensetzung des Pulvers eine andere ist; wir werden hierauf noch zurückkommen.)

Rheineck[1]) in Elberfeld stellt im Jahre 1872 Anilinschwarz dar, indem er bei gewöhnlicher Temperatur gleiche Teile Anilin, Salzsäure und chlorsaures Kali, welche in einer beliebigen Menge Wassers gelöst sind, unter Zusatz einer äuſserst geringen Menge von Kupferchlorid aufeinander einwirken läſst. Er läſst die in einer Porzellanschale befindliche Masse an der Luft eintrocknen, feuchtet sie sodann wieder an und wiederholt dies so oft, bis ein schwarzes Pulver mit grünlichem Reflex entstanden ist. Wie sich durch Ausziehen mit Wasser feststellen läſst, ist alles Anilin umgesetzt, dagegen ist noch unverändertes chlorsaures Kali und auſserdem Ammoniak nachweisbar. Nach sorgfältigem Auswaschen hinterlieſs das Pulver bei dem Glühen keinen Rückstand; die Ausbeute betrug 120,5 Prozent vom Gewicht des angewendeten Anilins (das Anilin enthielt Toluidin). Dieses schwarze Pulver ist das Chlorhydrat einer im freien Zustande tiefvioletten Base. Kohlensaures Natron oder Ammoniak entziehen ihm 8,9 Prozent Salzsäure. Die Base ist aber sehr kräftig, sie ist imstande, den Anilinsalzen ihre Säure zu entziehen. Ein Stückchen Baumwollstoff, auf welches man etwas von der tiefvioletten Base aufgestrichen hat, färbt sich unter dem Einfluſs von salzsaurem Anilin grün, selbst wenn Anilin im Überschuſs vorhanden ist. Das grünliche Anilinschwarz, welches noch nicht mit Alkalien behandelt ist, entwickelt mit konzentrierter Schwefelsäure Dämpfe von Salzsäure wie jedes andere Chlorhydrat. Es bildet sich eine violette Lösung, in dieser scheidet sich auf Wasserzusatz ein grünschwarzer Niederschlag, zweifelsohne das Sulfat der Base, ab.

Rheineck hat auch mit reinem Anilin den Versuch wiederholt und in diesem Falle eine Ausbeute an Schwarz von 114,8 Prozent erhalten. In beiden Fällen hatte sich nur eine sehr geringe Menge löslicher organischer Substanz gebildet, die Umwandlung von Anilin in Schwarz kann demnach als eine sehr glatte Reaktion bezeichnet werden. Bei einem Versuch war die in Form von Ammoniak eliminierte Menge Stickstoff $^1/_8$—$^1/_9$ der angewandten Menge Anilin, bei einem anderen Versuche war sie noch geringer.

Rheineck schlägt für die Base des Schwarz den Namen „Nigranilin" vor.

In der Sitzung der Société industrielle de Rouen vom 5. Juni 1874 legte Glanzmann[2]) fünf Muster von Schwarz vor, welche, unter verschiedenen Bedingungen dargestellt, auch in bezug auf Zusammensetzung und Ansehen verschieden, in bezug auf Echtheit dagegen gleichwertig waren.

Sämtliche fünf Schwarz sind vollkommen echt gegen Säuren, Alkalien

---

[1]) Rheineck, Dinglers polytechnisches Journal CCIII, S. 485. — Wagners Jahresbericht 1872, S. 710.

[2]) Glanzmann, Bulletin de la Société industrielle de Rouen (Sitzung vom 5. Juni 1874, S. 121).

und Licht; sie vergrünen auch dann nicht, wenn sie bis zum hellen Grau abgeschwächt werden. Ihre Farbe ist ebenso echt wie die von Kienruſs (Noir de fumée), besitzt auſserdem dessen unliebsamen gelben Ton nicht. In vielen Fällen lassen sie sich daher ohne Zusatz von Blau verwenden.

Das erste Schwarz wurde erhalten, indem zu einer kochenden Anilinsalzlösung zunächst eine Kupfervitriol- und dann eine Kaliumbichromatlösung ganz allmählich hinzugefügt und hierauf noch drei Stunden gekocht wurde. Das nach dem Auswaschen und Trocknen erhaltene schwarze Pulver enthält:

20 Prozent organisches Schwarz und 80 Prozent Oxyde des
Kupfers und Chroms.

Bei einem zweiten Versuche wurde das Kupfersalz weggelassen. Zu einer 60° C. warmen Flüssigkeit, welche Anilin, Kaliumbichromat und Wasser enthielt, wurde allmählich verdünnte Salzsäure hinzugegeben und zwei Stunden gekocht, bis die anfänglich dick werdende Masse sich klärte. Das schwarze Pulver zeigte nach Auswaschen und Trocknen die Zusammensetzung:

60 Prozent organisches Schwarz und 40 Prozent Oxyde des Chroms.

Es ist nicht notwendig, Anilinsalze anzuwenden, man kann auch sehr gut Anilin direkt mit Bichromat oxydieren. Das Schwarz enthält in diesem Falle auch groſse Mengen von Chromoxyd; dieses scheint mit der organischen Substanz verbunden zu sein und die groſse Echtheit zu verursachen.

Bei der Analyse findet man nahezu konstante Mengen von Chromoxyd. Um dieses vollständig ausziehen zu können, muſs das Schwarz zerstört werden; nach der Behandlung mit Königswasser hinterbleibt eine aufgeblähte Masse, welche ohne Rückstand verbrennt.

Bei drei Versuchen wurde das Schwarz durch direkte Oxydation mit verschieden starken Lösungen von Bichromat erhalten. Die drei Farben ergaben nach Auswaschen und Trocknen 58, 57 und 53 Prozent organisches Schwarz und 42, 43 und 47 Prozent Oxyde des Chroms. Die Ausbeute an Schwarz war gröſser, wenn mehr Bichromat angewendet wurde, die Zusammensetzung des Produkts wurde hierdurch dagegen wenig beeinfluſst, und der Gehalt an Oxyden des Chroms blieb nahezu der gleiche.

Am 30. September 1874 erhielt Samuel Grawitz in Frankreich sein erstes Patent Nr. 105 130 „zur Erzeugung von Anilinschwarz auf Geweben aller Art, auch in Form von Paste oder von trockenem Pulver". Zu einer Lösung von Eisen- oder Kupferoxydsalz wird Anilinöl gegossen und das angeblich so entstehende Eisen- oder Kupferanilsalz mit einem löslichen Chlorat oder Chromat versetzt. Das Verfahren, Schwarz zu erzeugen durch Einwirkung von Chlorat auf das sogenannte Eisenanilchlorid, war Higgin bereits 1867 patentiert worden. Kruis[1] hatte

---

[1] Kruis, Dinglers polytechnisches Journal CCIII, S. 483. — Moniteur scientifique 1874, S. 927.

1874 die Bildung von Anilinschwarz durch Einwirkung von Eisenoxydsalzen auf eine Mischung von salzsaurem Anilin und chlorsaurem Kali beschrieben. Die Einwirkung von Chromat auf das sogenannte Eisenanil fällt unter die bereits beschriebenen Verfahren von Perkin (S. 3), Kopp (S. 3), Glanzmann (S. 6) und das von Boboeuf, worauf wir noch zu sprechen kommen.

Die Grawitzsche Annahme von der Bildung des Eisenanilsalzes ist unrichtig. Schiff hat im Jahre 1864 mit dem Namen Metall-Anile oder -Aniline Körper bezeichnet, welche entstehen, wenn Anilin zu Kupfer-, Quecksilber- oder Zinksalzen gegeben wird. Bei Anwendung von Eisen- oder Chromsalzen entsteht aber lediglich ein Gemisch von salzsaurem Anilin und basischem Eisen oder Chromsalz, wenn wenig Anilin angewendet wird; ist Anilin im Überschufs vorhanden, so fallen Eisen und Chrom in Form von Hydroxyden nieder.

Am 3. Oktober 1874 erhielt Grawitz ein Zusatzpatent, wonach im Gegensatz zu seinem drei Tage älteren Patente die Darstellung von Anilinschwarz in Teig oder Pulver bei Anwendung von Anilinsalzen und überschüssiger beliebiger Säure schneller geht als mit Anilinöl.

Coquillion[1]) lieferte im Jahre 1875 den Nachweis, dafs sich Anilinschwarz bildet, wenn der Strom von zwei Bunsen-Elementen 20 bis 24 Stunden durch eine konzentrierte Lösung von schwefelsaurem Anilin geleitet wird. Der positive Pol (Platin oder Kohle) ist dann bedeckt mit einer dichten schwarzen Masse, welche nach dem Waschen mit Alkohol und Äther und Trocknen als schwarzes amorphes Pulver mit grünlichem Reflex erscheint, welches in den meisten Lösungsmitteln unlöslich ist. Dieses Schwarz wird durch konzentrierte Schwefelsäure grün gefärbt, durch Alkalien in ein tiefes Sammetschwarz übergeführt. Naszierender Wasserstoff wirkt nicht auf dasselbe ein. Salpetersaures Anilin liefert auf der Platin-Elektrode einen ähnlichen Niederschlag, welcher ebenfalls, durch Alkalien in Sammetschwarz übergeführt, durch Schwefelsäure unter Zersetzung kastanienbraun wird. Mit salzsaurem Anilin wurden keine guten Resultate erzielt. Die essigsauren und weinsauren Salze geben andere Produkte.

In einer späteren Abhandlung stellt Coquillion[2]) die Tatsache fest, dafs ein Schwarz, erhalten aus salpetersaurem oder essigsaurem Anilin, sich durch sein Verhalten gegen Schwefelsäure von einem Schwarz unterscheidet, welches aus arsensaurem, phosphorsaurem, salzsaurem und schwefelsaurem Anilin erhalten wird. Schwarz aus arsensaurem und phosphorsaurem Anilin löst sich in Schwefelsäure mit rotvioletter Farbe, die Lösung scheidet auf Zusatz von Wasser einen grünen flockigen Niederschlag ab; Schwarz aus salzsaurem oder schwefelsaurem Anilin

---

[1]) Coquillion, Comptes-Rendus LXXXI, S. 408. — Wagners Jahresberichte 1875, S. 952.

[2]) Coquillion, Bulletin de la Société chimique de Paris XXV, S. 46. — Wagners Jahresberichte 1876, S. 937.

verhält sich ebenso, dagegen ist seine Bildung durch den elektrischen Strom eine bedeutend raschere wie bei den erstgenannten Salzen. Der grüne flockige Niederschlag wird durch Behandlung mit Pottasche oder Ammoniak wieder schwarz.

Die Elektroden, welche aus Kohle bestanden, waren mit der gröfsten Sorgfalt gereinigt worden. Es war somit der Nachweis geliefert, dafs das Schwarz im Gegensatz zu der bisher angenommenen Theorie durch die Einwirkung des Sauerstoffs ohne Mithilfe irgend eines Metalls entstand.

Die Versuche von Goppelsroeder über die elektrolytische Bildung des Anilinschwarz sind noch älter wie die von Coquillion, wurden aber erst nach dessen erster Mitteilung veröffentlicht[1]).

Die beiden Forscher kommen zu den gleichen Resultaten, soweit sie die gleiche Frage behandeln; Goppelsroeder hat aber seine Versuche nicht nur auf Anilin, sondern auch auf eine grofse Menge anderer aromatischer Basen ausgedehnt.

Bei dem Durchleiten des elektrischen Stroms durch eine Lösung von salzsaurem oder schwefelsaurem Anilin bildet sich an der positiven Elektrode ein anfänglich grüner Beschlag, welcher allmählich durch Violett und Blauviolett in ein tiefes, nahezu schwarzes Indigoblau übergeht. Wenn man den Strom wechselt in dem Augenblick, wo der Niederschlag violett ist, tritt Entfärbung ein, und auf der ursprünglich negativen Elektrode zeigt sich nun die gleiche Reihenfolge von Farberscheinungen. Der indigoblaue Beschlag, welcher sich auf dem positiven Pol gebildet hat, ist ein Gemenge, welches aus verschiedenen Farbstoffen, der Hauptsache nach aus Anilinschwarz, besteht. Man entfernt durch kochendes Wasser und Alkohol die Nebenprodukte und erhält so ein sammetschwarzes Pulver, welches in den gewöhnlichen Lösungsmitteln unlöslich ist und durch Säuren dunkelgrün wird. Rauchende Schwefelsäure führt das elektrolytische Schwarz in eine Sulfosäure über, welche in Wasser unlöslich, in Alkalien löslich ist. Die Eigenschaft dieser Alkalisalze, sich in wässeriger Lösung durch alkalische Reduktionsmittel, wie Traubenzucker von Hydrosulfit, zu Leukobasen zu reduzieren, die sich an der Luft wieder oxydieren, veranlafst Goppelsroeder, die Anregung zu einer Anilinschwarzküpe zu geben, welche sich aber in der Praxis nie eingeführt hat, da die erhaltenen Färbungen zu schwach sind.

Die Analyse des direkt erhaltenen Schwarz führt Goppelsroeder zu der Formel $C_{24}H_{20}N_4.HCl$; das mit Alkali behandelte Produkt, d. h. die freie Base, hatte die einfachere Formel C_6H_5N; dies stimmt vollständig mit den von Nietzki und Kaiser erhaltenen Resultaten, auf welche wir noch zu sprechen kommen, überein. Goppelsroeder leitet aus seiner Formel des Chlorhydrats für die Base die rationelle Formel $C_{24}H_{20}N_4$ ab.

---

[1]) Études électrochimiques des dérivés du benzol, Mulhouse 1876. — Farbelektrochemische Mitteilungen, Mülhausen 1889. Siehe auch: Über die Darstellung der Farbstoffe sowie über deren gleichzeitige Bildung und Fixation auf den Fasern mit Hilfe der Elektrolyse, Reichenberg 1885, S. 31—42.

Er beschreibt noch eine Anzahl von Reaktionen und Umwandlungen des Anilinschwarz sowie ferner die Wirkung des elektrischen Stromes auf andere organische Basen. Da wir auf die Einzelheiten seiner interessanten Untersuchungen nicht eingehen können, müssen wir den Leser auf die Originalabhandlung verweisen. Im Anschlusse an Goppelsroeders Arbeit versuchte Prud'homme[1]) durch Oxydation von Anilin in konzentrierter schwefelsaurer Lösung zu den Sulfosäuren des Emeraldins zu gelangen.

Richard Meyer[2]) hat im gleichen Jahre (1876) Anilinschwarz durch Einwirkung von Kaliumpermangat auf sehr saure Lösungen von schwefelsaurem Anilin erhalten. Salzsaure Lösungen geben gleiche Resultate, der Verfasser gibt aber der Schwefelsäure den Vorzug, weil er die Bildung von Chlorverbindungen vermeiden will. Durch Zusammengießen konzentrierter Lösungen erhält er einen dunkelolivgrünen, nahezu schwarzen Niederschlag, das Sulfat des Schwarz, welches durch Alkalien in Blauschwarz übergeht. Das Schwarz ist in den üblichen Lösungsmitteln unlöslich, löst sich aber in konzentrierter Schwefelsäure mit tiefblauschwarzer Farbe. Durch Wasserzusatz wird der ursprüngliche Körper ausgefällt. Der Verfasser läfst die Frage unentschieden, ob sein Schwarz mit dem von Coquillion und Goppelsroeder identisch ist oder nicht.

Unter den Analogen des Anilins hatte bereits 1869 Ch. Brandt[3]) das Alpha-Naphtylamin untersucht, welches, einer der Anilinschwarzbildung analogen Oxydation unterworfen, ein violettstichiges Braun gibt, das eine gewisse Verwendung gefunden hat.

Prud'homme[4]) unterwarf Anilin und verschiedene Homologe desselben der Untersuchung. Reines Anilin liefert nach ihm kein unvergrünliches Schwarz ohne nachträgliche Oxydation. Mit reinem α-Metaxylidin 1 : 3 : 4 wird ein tiefes Olivbraun erhalten, welches Säuren und Natriumbisulfit in eine gelblichere Nuance überführen. Paratoluidin bildet Braun, welches gelber wie das mit Xylidin erhaltene ist, aber durch Säuren weniger vergrünt. Orthotoluidin liefert ein Schwarz, welches zwar weniger blau wie das mit reinem Anilin, immerhin aber sehr schön ist und durch Säuren weniger leicht grün wird wie dieses. Ein Gemisch aus gleichen Teilen Ortho- und Paratoluidin soll ein vortreffliches Schwarz liefern, welches ohne Überoxydation unvergrünlich, aber wegen seines Braunstiches weniger schön wie solches aus reinem Anilin ist. —

Mit Anilin wird auf mit Manganbister gefärbtem Stoff ein schönes echtes Schwarz erhalten. Um festzustellen, wie sich unter gleichen Be-

---

[1]) Bull. de la Soc. ind. de Mulhouse 1877, S. 312, 478, 604.

[2]) Berichte IX, S. 141.

[3]) Sitzungsber. f. Chemie Soc. ind. de Mulhouse 1881, S. 35. Nach einem am 3. Februar hinterlegten versiegelten Schreiben.

[4]) Bull. Soc. ind. 1890, S. 320. Nach einem am 10. September 1879 hinterlegten versiegelten Schreiben.

dingungen die Homologen des Anilins und Amidophenole verhalten, färbte Rettig[1]) verschiedene Basen auf Manganbister, indem er in ein Bad mit 4 g der jeweiligen reinen Base als normales Sulfat und 0,4 g freier Schwefelsäure im Liter ein mit Manganbister gefärbtes Gewebe einführte und zuerst kalt umzog, dann in $^3/_4$ Stunden auf 55° C. erwärmte. Nach dem Färben wird gespült und geseift.

Geprüft wurden die 3 Toluidine, 5 Xylidine, 2 Cumidine, Amidotetramethylbenzol, 3 Amidophenole und o.-Amidophenetol. Das Ergebnis der Versuche war folgendes:

o.-Toluidin 1 : 2 echtes Blauschwarz,

m. „ 1 : 3 „ Prune,

p. „ 1 : 4 unechtes Katechubraun,

o.-Xylidin 1 : 2 : 3 echte rötliche Modefarbe,

o. „ 1 : 2 : 4 unechte Modefarbe,

m. „ 1 : 3 : 4 unechtes Rotbraun,

m. „ 1 : 3 : 5 echtes Tabakbraun,

p. „ 1 : 4 : 2 echtes und schönes Grau,

Cumidin (Mesidin) 1 : 3 : 5 : 2 unechtes Chamois,

ψ-Cumidin 1 : 2 : 4 : 5 unechte Fleischfarbe,

Isoduridin 1 : 2 : 3 : 5 : 4 unechte helle Modefarbe.

Es folgt hieraus, daſs nur mit Anilin schönes Schwarz erhalten wird, daſs der Eintritt der Methylgruppe in Orthostellung die Nuance zwar nicht sehr ändert, die Farbe aber schwächer wird (o.-Toluidin), während der Eintritt der Methylgruppe in die Metastellung eine violette Nuance, in die Parastellung eine schwache und unechte braune Färbung bewirkt. Die Basen, welche CH_3 in Ortho- und Metastellung haben, liefern Marron, Grau u. dgl.; die Färbungen zeigen also gleichzeitig die Eigenschaften des o.- und m.-Toluidins. Die Methylgruppe in Parastellung zu der Amidogruppe verhindert die Bildung seifenechter Färbungen.

In derselben Weise werden auch die Amidophenole und o.-Amidophenetol untersucht, indem mit 4 g der Chloride im Liter gefärbt wurde.

o.-Amidophenol 1 : 2 ergab ziemlich seifenechtes Blauschwarz,

m. „ 1 : 3 „ „ „ helles Bister,

p. „ 1 : 4 „ „ „ dunkles Bister,

o.-Amidophenetol 1 : 2 „ „ „ dunkles Katechubraun.

Die Hydroxylgruppe in Parastellung zur Amidogruppe verhindert somit nicht die Bildung echter Färbungen.

Monnet[2]) oxydiert Paraphenylendiamin, Dreher[3]) m.-Nitranilin mit Anilin zusammen. Auf die Resultate dieser Versuche, welche hier

----

[1]) Bull. Soc. ind. de Mulhouse 1886, S. 174.

[2]) D. R.-P. Nr. 4257.

[3]) D. R.-P. Nr. 127 361.

nur der Vollständigkeit halber erwähnt sind, wird später noch näher eingegangen werden.

Reisz[1]) ließ sich die Oxydation aller eine Kernamidogruppe enthaltenden aromatischen Verbindungen schützen. Bismarckbraun liefert so auf Art des Anilins oxydiert ein Cachoubraun. Technisches Interesse beansprucht das Verfahren nicht; das deutsche Patent ist bereits verfallen.

Binder[2]) erhielt aus Benzidin auf Manganbister ein Braun. Scheurer aus Dianisidin ebenfalls ein Braun.

Die Reihe der Untersuchungen über die Oxydation anderer basischer Körper der aromatischen Reihe wurde schließlich durch Ed. Ullrich und V. Fußgänger[3]) mit ihrer Arbeit über die Oxydation von Derivaten des Diphenylamins vorläufig abgeschlossen. — Diese Forscher fanden, daß vornehmlich

        p.-Amino-p.-oxydiphenylamin,
        Dimethylparaamino-paraoxydiphenylamin,
        p.-Aminodiphenylamin,
        p.-Aminomethyldiphenylamin,
        Diaminodiphenylamin,
        Dimethyldiaminodiphenylamin

ein sehr sattes und vollkommen unvergrünliches Schwarz durch Oxydation auf der Faser geben. Diese Basen oxydieren sich so leicht, daß der Zusatz eines Sauerstoffüberträgers nicht nötig ist, und daß in gewissen Fällen die Farbe sich schon beim Trocknen auf den Trommeln entwickelt. Die Resultate dieser Forschung sind den Höchster Farbwerken patentiert und das para-Aminodiphenylamin kommt als Diphenylschwarzbase in den Handel.

II. Theorie der Bildung des Anilinschwarz.

Anilinschwarz bildet sich aus Anilin durch Wasserstoffentziehung; diese kann durch verschiedene Oxydationsmittel hervorgerufen werden, durch die Sauerstoffverbindungen des Chlors, durch Chromsäure, Eisenoxydsalze, Mangansuperoxyd etc. Chlorsäure führt Anilin nicht in Schwarz über; man kann tatsächlich eine Lösung von chlorsaurem Anilin kochen lassen, ohne daß Zersetzung eintritt. Sowie aber ein Tropfen Säure oder eine geringe Menge eines Metallsalzes, dessen Chlorat leicht zersetzlich ist (Vanadium, Kupfer, Mangan, Eisen) hinzugefügt wird, tritt die Bildung des Schwarz ein. Die Chlorsäure wird dann zerlegt, und die dabei entstehenden Verbindungen oxydieren das Anilin.

------

[1]) Französ. Pat. Nr. 243554. D. R.-P. Nr. 134559.
[2]) Soc. ind. de Mulhouse, Sitzungsber. 1895, S. 29.
[3]) Bull. Soc. ind. de Mulhouse 1902, S. 264.

Lange Zeit wurde auf Grund der Versuche von Lightfoot angenommen, daſs zu der Bildung von Schwarz die Anwesenheit eines höher oxydierten Metalls erforderlich sei.

Man glaubte, das Chlorat führe das Metallsalz in seine höchste Sauerstoffverbinduug über, welche ihrerseits, in eine niedrigere Sauerstoffverbindung übergehend, das Anilin oxydiere; hierauf werde die Metallverbindung von neuem durch das Chlorat oxydiert u. s. w. Diese Theorie wurde von vielen Chemikern verfochten und insbesondere von Antony Guyard[1]) weiter entwickelt. Rosenstiehl[2]) hat dagegen den Nachweis geliefert, daſs diese Auffassung unrichtig ist, und daſs dem Metallsalz vielmehr die Aufgabe zufällt, die Chlorsäure zu zersetzen; Chlor und vornehmlich die Sauerstoffverbindungen des Chlors führen zunächst Anilin in Emeraldin, dann in Schwarz über. Er führt in einer Reihe von Arbeiten, welche durch Gründlichkeit und Scharfsinn ausgezeichnet sind, den unzweifelhaften Beweis, daſs allein mit den Sauerstoffverbindungen des Chlor, ohne eine Spur von Metall, Schwarz erhalten werden kann. Die elektrolytischen Versuche von Coquillion und Goppelsroeder (vgl. S. 8 und 9) zeigen gleichfalls, daſs auch ohne Zuhilfenahme eines Metalls die Bildung von Schwarz möglich ist.

Soll man nun aber deshalb annehmen, daſs die auf der Wirkung des höher oxydierten Metalls begründete Theorie vollständig unrichtig sei? Wir glauben dies nicht; unserer Ansicht nach können im Gegenteil die beiden Reaktionen, je nach den Bedingungen, abwechselnd eintreten. Wenn Anilin mit Kupferchlorid und einer ungenügenden Menge Chlorat oxydiert wird, so enthält nach der Bildung von Schwarz das Gemenge Kupferchlorür[3]).

Nietzki[4]) hat das nach der Vorschrift von Armand Müller dargestellte Schwarz analysiert. Das Rohprodukt wurde zunächst mehrmals mit kochender Salzsäure behandelt, sodann getrocknet, gepulvert und nacheinander mit Benzol, Äther, Petroleumäther und Alkohol ausgezogen. Nietzki fand später, daſs wiederholte Behandlung mit salzsäurehaltigem Alkohol zur Reinigung ausreicht. Der Rückstand war ein matt-dunkelgrünes Pulver. Alkalien führen es in ein dunkelviolettes Produkt über, welches nach dem Trocknen bronzeglänzend wird. Das grüne Pulver ist das Chlorhydrat der violetten Base. Für sich oder mit Natronkalk erhitzt, liefert Anilinschwarz ein basisches Destillat, welches eine groſse Menge Anilin enthält. Das Chlorhydrat — und noch leichter die Basen — lösen sich in Anilin. Salzsäure fällt daraus das Chlorhydrat des Schwarz wieder aus, doch bleibt ein groſser Teil in der Lösung.

---

[1]) Bulletin de la Société chimique de Paris XXV, S. 58.
[2]) Bulletin de la Société industrielle de Mulhouse 1876, S. 179.
[3]) Nietzki, Organische Farbstoffe, 4. Aufl., 1901, S. 252.
[4]) Berichte IX, S. 616.

Die Analyse des bei 100° getrockneten Chlorhydrats ergab:

C 68,29. 68,95. 69,15.   —   —   —   —
H   4,90.   5,10.   5,25.   —   —   —   —
N   —   —   —   13,65.   —   —   —
Cl   —   —   —   —   11,64. 11,84. 11,88.

Der Verfasser leitet daraus die Formel ab $C_{18}H_{15}N_3HCl$, welche 69,70 C, 5,17 H, 13,57 N und 11,47 Cl verlangt. Wenn das Schwarz mehrere Stunden auf dem Wasserbade mit rauchender Schwefelsäure behandelt und dann in Wasser gegossen wird, erhält man einen Niederschlag, welcher dem ursprünglichen Schwarz gleicht, in verdünnter Schwefelsäure unlöslich ist, von Wasser dagegen mit dunkelgrüner Farbe gelöst wird. Die Salze sind amorph, das Natriumsalz ist löslich, das Baryum- und Silbersalz sind unlöslich in Wasser. Dieser Körper ist unzweifelhaft eine Sulfosäure des Schwarz.

Die violette Farbe der Lösung des Schwarz in konzentrierter Schwefelsäure wird braungelb durch Zusatz von Salpetersäure. Wasser fällt hieraus einen hellbraunen Körper, welcher in Alkohol und Alkalien mit dunkelgelber Farbe löslich ist. Säuren fällen aus alkalischen Lösungen den ursprünglichen Körper wieder aus. Durch Oxydation mit Kaliumbichromat und einem Überschufs von Schwefelsäure wird Anilinschwarz zersetzt unter Bildung reichlicher Mengen von Chinon.

Goppelsroeder fand für das Chlorhydrat des Anilinschwarz die Formel $C_{24}H_{20}N_2HCl$, Kayser $C_{12}H_{10}N_2.HCl$.

In einer späteren Arbeit kommt Nietzki[1]) nochmals auf die Formel des Anilinschwarz zurück. Wenn man von der Säure absieht, enthält das Schwarz Kohlenstoff, Wasserstoff und Stickstoff im Verhältnis von 6 : 5 : 1. Es stellt sich als ein um zwei Wasserstoffatome ärmeres Anilinmolekül dar, und seine Formel mufs ein Polymeres von C_6H_5N sein.

Die Abweichungen, welche bei der Bestimmung des Chlors erhalten wurden, erklären sich daraus, dafs sich das Chlorhydrat bei dem Trocknen sehr leicht teilweise zersetzt. Nietzki fand in dem elektrolytischen Schwarz, welches bei 100° getrocknet war, zwischen 11,6 und 11,8 Prozent Chlor; wenn er die Temperatur auf 110, 140 und 160° steigerte, sank der Gehalt auf 9,4, 8,3 und 5,5 Prozent.

Kayser, welcher ebenfalls diese Tatsache beobachtet hat, behandelte die Salze vor der Analyse mit einem Überschufs von Säure und wusch sie hierauf mit Alkohol und Äther aus.

Er fand anf diese Weise 15 und 16 Prozent Chlor. Nietzki konnte dagegen, wenn er in der gleichen Weise arbeitete und sodann im luftleeren Raume trocknete, nur 13—14 Prozent Chlor finden. Durch eine Reihe von Versuchen überzeugte er sich davon, dafs dies das Maximum von Säure ist, welches das Schwarz fixieren kann. Er digerierte gewogene Mengen der Base mit alkoholischer oder wässeriger Salzsäure und titrierte sodann den Überschufs an Säure in der Flüssigkeit zurück.

---

[1]) Berichte XI, S. 1093—1102.

Er fand auf diese Weise 13,8. 13,5, 13,2, 13,7 Prozent. Das Bichlorhydrat einer Base $C_{30}H_{25}N_5$ erfordert 13,4 Prozent; diese Menge entspricht der gefundenen so gut, daſs diese Formel des Schwarz wohl als die richtige anzusehen ist. Mit Schwefelsäure fand er 23 und 22,9 Prozent; das normale Sulfat $(C_{30}H_{25}N_5)\,H_2SO_4$ erfordert $= 17,7$ Prozent und das saure Sulfat $(C_{30}H_{25}N_5)_2(H_2S_4O)_3 = 24,4$ Prozent.

Das Platinchloridsalz gab keine konstanten Zahlen (zwischen 19 und 22 Prozent Platin).

Durch Erhitzen von Anilinschwarz mit Essigsäureanhydrid wird ein hellgraues Pulver erhalten, welches ebensowohl in Anilin wie in konzentrierter Schwefelsäure unlöslich ist. Die Analyse gibt Zahlen, welche der Formel $C_{30}H_{23}N_5(C_2H_3O)_2$ gut entsprechen.

Die Einwirkung von Reduktionsmitteln auf Anilinschwarz ist zum Teil recht interessant. Wenn die feingepulverte Base mit alkoholischem Kali und Zinkstaub erhitzt wird, bildet sich unter Entfärbung die Leukoverbindung, welche ebenso unlöslich wie der ursprüngliche Körper ist, sich an der Luft aber sofort wieder färbt.

Durch Kochen mit Zinn und Salzsäure oder saurem Zinnchlorür wird ein blaugrüner Körper erhalten, welcher nur langsam in das grüne Salz verwandelt wird, dagegen sehr rasch nach der Behandlung mit Alkali in die schwarze Base übergeht. Durch fortgesetzte Einwirkung von Zinn- und Salzsäure oder von Jodwasserstoffsäure 1,7 spez. Gew. und von gelbem Phosphor erhält man, neben harzigen Substanzen, Paraphenylendiamin $C_6H_4(NH_2)_2$ und Diparadiaminodiphenylamin $NH(C_6H_5NH_2)_2$. Wenn die Base des Schwarz oder eines der Salze mit Kaliumbichromat behandelt wird, erhält man ein violettschwarzes Produkt, welches verdünnte Säuren nicht mehr in Grün überführen. Dieser Körper hat sehr groſse Ähnlichkeit mit dem ursprünglichen Schwarz, durch Reiben nimmt er aber einen grünlichen Metallglanz an. Diese Verbindung scheint das Chromat des Schwarz zu sein, da sie ebensowohl bei dem Glühen wie bei dem Titrieren mit schwefliger Säure einen Gehalt an CrO_3 von 8,19 bis 8,33 Prozent ergab. Nietzki war der Ansicht, daſs diese Verbindung das unvergrünliche Schwarz der Industrie sei; wie wir später sehen werden, trifft dies nicht zu. In einer späteren Abhandlung berichtet Nietzki[1] noch, daſs er ein Anilinschwarz erhalten hat, welches vermutlich der Formel $C_{18}H_{15}N_3$ entspricht, durch Oxydation von Diparadiaminodiphenylamin oder in reichlicherer Menge durch Oxydation eines Moleküls dieser Base und eines Moleküls Anilin, und endlich durch Oxydation gleicher Moleküle von Paraphenylendiamin und Diphenylamin. Durch Erhitzen von essigsaurem Anilinschwarz während 6—8 Tagen mit 8—10 Teilen Anilin auf 150—160°, Eingieſsen in salzsäurehaltiges Wasser und Filtrieren des ausgefällten Chlorhydrats stellte Nietzki[2] eine neue Base dar, welche wesentlich

---

[1] Berichte XVII (1884), S. 226.
[2] Berichte IV, S. 1168, und VI, S. 1096.

verschieden vom Schwarz ist, deren in Wasser unlösliches Chlorhydrat leicht löslich ist in Alkohol, aus welchem es in kleinen kupferglänzenden Nadeln kristallisiert. Die alkoholische Lösung des Chlorhydrats ist blau, Alkalien färben sie schön karmoisinrot. Die Lösung der Base in Äther hat eine schöne fuchsinrote Farbe. Die Base selbst ist blau, unlöslich in Wasser, dagegen in den anderen gebräuchlichen Lösungsmitteln löslich. Sowohl die alkalische Lösung der Base wie die neutrale Lösung der Salze werden durch Kochen und Zinkstaub entfärbt; die Farbe kommt aber an der Luft sofort wieder zum Vorschein. Auch die sauren Lösungen werden durch Zink entfärbt. Konzentrierte Schwefelsäure löst den neuen Körper mit blauer Farbe; beim Erwärmen bildet sich eine Sulfosäure. Salpetersäure löst ihn dem Anschein nach unverändert, beim Erwärmen tritt aber Zersetzung ein. Die Analyse der Base und ihrer Salze leitete den Verfasser zunächst zu den Formeln $C_{36}H_{33}N_5$ oder $C_{36}H_{31}N_5$, spätere Analysen liefsen die Formel $C_{36}H_{29}N_5$ als die richtige erscheinen; der Körper bildete sich demgemäfs aus einem Molekül Schwarz und einem Molekül Anilin unter Abspaltung von Ammoniak. Doch ist es unwahrscheinlich, dafs er ein phenyliertes Schwarz ist, seinen Eigenschaften ebensowohl wie seiner Zusammensetzung nach dürfte er eher zu den Indulinen zu rechnen sein.

Antony Guyard[1]) zeigte, dafs Anilinschwarz gebildet wird durch Einwirkung einer Spur von Vanadiumsalz auf ein Gemenge von salzsaurem Anilin und chlorsaurem Kali oder Natron. Wenn zu einer Mischung von 100 g Wasser, 8 g salzsaurem Anilin und $3^1/_2$—4 g chlorsaurem Kali oder Natron 1 cc einer stark verdünnten Lösung von Vanadiumchlorür oder von vanadinsaurem Ammoniak hinzugefügt wird, wird die Flüssigkeit in einigen Augenblicken dunkler, und nach 48 Stunden ist sie in eine breiartige Masse von Anilinschwarz umgewandelt. Ein Teil Vanadiumchlorür genügt, um 1000 Teile salzsaures Anilin in Schwarz überzuführen. Nach Witz[2]) genügt 1 Teil Vanadium, um mit Hilfe der nötigen Chloratmenge 270000 Teile Anilinsalz in Schwarz überzuführen.

Indem Nietzki[3]) in der gleichen Weise Orthotoluidin oxydierte wie Anilin, erhielt er einen dem Anilinschwarz analogen Körper, welcher in Alkohol nur wenig, in Chloroform und Anilin leicht löslich ist.

Die Base, welche der Formel C_7H_7N entspricht, ist blauviolett, ihre Salze sind grün; Säuren fällen dieselben aus der Lösung der Base in Chloroform.

Kayser[4]) hat vom analytischen Gesichtspunkte aus Anilinschwarz, welches nach vier verschiedenen Methoden dargestellt wurde, untersucht: 20 g salzsaures Anilin, 10 g chlorsaures Kali, 240 cc Wasser und

---

[1]) Antony Guyard (Hugo Tamm), Bulletin de la Société chimique de Paris, 1876. XXV, S. 58.

[2]) Wagners Jahresbericht 1877, S. 1229.

[3]) Berichte XI. S. 1097.

[4]) Wagners Jahresbericht S. 977.

0,20 g vanadinsaures Ammoniak gaben eine grünschwarze Paste, welche filtriert, mit kochendem Wasser gewaschen, getrocknet und so lange mit Alkohol ausgezogen wurde, als die Flüssigkeit sich gelb färbte. Das Filtrat enthielt grofse Mengen freier Salzsäure. Der Niederschlag wurde sodann mit zweiprozentiger Sodalösung, hierauf mit Wasser und schliefslich nochmals mit Alkohol behandelt. Kayser erhielt so ein voluminöses Pulver von bräunlich-violettem Aussehen, welches durch Reiben Metallglanz annahm, keine Asche hinterliefs und frei von Chlor war.

Die Analysen gaben Zahlen, welche der empirischen Formel C_6H_5N entsprechen.

	Berechnet	Gefunden			
C	79,12 . .	78,80.	79,02.	78,16.	—
H	5,49	5,81.	5,63.	5,8.	—
N	15,38	—	—	15,75.	15,03.

Das fragliche Schwarz hat schwach basische Eigenschaften. Es löst sich in Schwefelsäure mit violetter Farbe, Wasser fällt es aus dieser Lösung wieder aus in Form von grünen Flocken, welche das Sulfat darstellen. Kreosot, Anilin und geschmolzenes Phenol lösen es mit dunkelblauer Farbe, die Anilinlösung nimmt rasch eine braune Farbe an. Wenn zu der Lösung in Kreosot oder Phenol 3—4 Volumteile Alkohol 0,83 spez. Gew. hinzugefügt werden, entsteht ein dunkel-indigoblauer Niederschlag. Die blaue Lösung wird durch Ammoniumsulfhydrat entfärbt, durch Säuren grün gefärbt. Die Salze der Base des Schwarz werden schon durch Wasser zerlegt, rascher noch durch Alkalien.

Kayser fand für das Chlorhydrat und das Sulfat einen Gehalt an Säure, welcher den Formeln $C_{12}H_{10}N_2$, HCl und $C_{12}H_{10}N_2$, H_2SO_4 entspricht.

Wie wir bereits erwähnt haben, ist Nietzki der Ansicht, dafs diese Salze etwas Säure zurückgehalten hatten.

Ein anderes Schwarz von Kayser, nach der Vorschrift Armand Müllers dargestellt, zeigte identische Eigenschaften und gab bei der Analyse die folgenden Zahlen:

C	78,80	77,95	—	—
H	5,34	5,77	—	—
N	—	—	15,30	15,26.

Ein drittes Schwarz wurde erhalten, indem bei gewöhnlicher Temperatur 20 g salzsaures Anilin, 10 g chlorsaures Kali, 400 cc Wasser und 60 cc Salzsäure von 32 Prozent sich selbst überlassen wurden. Nach vier Tagen hatte sich das Schwarz vollständig abgeschieden mit gleichen Eigenschaften und gleicher Zusammensetzung wie die vorhergehenden. Die Analysen ergaben:

C	78,48	78,23	—	—
H	5,74	5,57	—	—
N	—	—	15,69	15,19.

Ein viertes Schwarz endlich wurde dargestellt durch Kochen von 10 g Anilinferrocyanür mit 10 g chlorsaurem Kali und 220 cc Wasser.

Es entwichen Gase, Anilin, Cyanwasserstoffsäure und es entstand ein schwarzer Niederschlag, welcher mit Wasser und Alkohol ausgezogen wurde. Alkohol entzog ziemlich bedeutende Mengen einer rotbraunen Substanz; schliefslich hinterblieb eine schwarze Masse, welche zum gröfseren Teil mit braunschwarzer Farbe in Kreosot, Phenol und Anilin löslich war. Diese Färbung änderte sich nicht durch Alkalien, auch nicht durch Säuren.

Durch diese Eigentümlichkeit unterscheidet sich das Schwarz mit Ferrocyanür scharf von den nach den drei anderen Methoden erhaltenen Körpern, welche unter sich gleich zu sein scheinen.

Es gelang Kayser nicht, übereinstimmende Analysen von dieser Verbindung zu erzielen.

Im Jahre 1884 haben Liechti und Suida[1]) Anilinschwarz, welches sich durch freiwillige Zersetzung des chlorsauren Anilins bildet, näher untersucht. Das Salz wurde erhalten durch Eintragen von einem Molekül schwefelsauren Anilin in eine in der Kälte gesättigte Lösung von einem Molekül chlorsauren Baryts; die Mischung wurde dabei so lange umgerührt, bis die Umsetzung vollendet war. Nach kurzer Zeit scheiden sich weifse Prismen von 3—5 cm Länge und 2—3 mm Dicke ab. Diese bleiben in der Flüssigkeit vollständig unverändert, an der Luft dagegen werden sie sehr rasch blauschwarz, indem sie gleichzeitig Metallglanz annehmen; nach einiger Zeit zersetzen sie sich unter lebhaftem Verglimmen und Ausstofsen von aromatisch riechenden erstickenden Dämpfen. Wenn die noch feuchten Kristalle der Luft ausgesetzt werden, werden sie gleichfalls schwarz, und wenn man dafür Sorge trägt, dafs sie von Zeit zu Zeit — zur Verhütung von Verpuffung — angefeuchtet werden, werden sie, ohne ihre Form zu ändern, vollständig in Anilinschwarz übergeführt.

Es ist dies ein sehr interessanter Fall von Pseudomorphose.

Die Reaktionen der Lösung von chlorsaurem Anilin sind die folgenden: die Lösung läfst sich ohne Zersetzung kochen; fügt man Salzsäure, Eisenchlorid, Vanadiumchlorür hinzu und erwärmt, so tritt reichliche Bildung von Schwarz ein.

Mit verdünnter Schwefelsäure versetzt, scheidet die Lösung beim Erwärmen sehr wenig Emeraldin aus und wird dunkelviolett, beim folgenden Abkühlen tritt eine Ausscheidung von brauner Farbe ein.

Wird der Lösung etwas Kupfersulfat zugesetzt und dann gekocht, so tritt nur eine Braunfärbung ein; auf Zusatz von Salzsäure jedoch entsteht sofort ein reichlicher schwarzer Niederschlag. Weinsäure oder Essigsäure sind auf die Lösung selbst beim Kochen ohne Einwirkung; wird dann Eisenchlorid hinzugefügt, so entsteht sehr wenig Emeraldin, aber eine tiefbraune Lösung und schliefslich eine ebenso gefärbte Ausscheidung. Die Lösung von chlorsaurem Anilin kann mit verdünnter Salpetersäure längere Zeit ohne wesentliche Änderung gekocht werden;

---

[1]) Mitteilungen des Technologischen Gewerbemuseums in Wien, 1. Folge, August 1884, Nr. 3—4, S. 21.

ein folgender Zusatz von Eisenchlorid führt eine heftige Reaktion herbei, unter Bildung eines anfangs blauen, dann grün werdenden Niederschlags in einer rötlich gefärbten Flüssigkeit.

Zusatz von Kaliumbichromat und Schwefelsäure bringt sofort in der Lösung eine reichliche Schwarzbildung hervor. Wird die Lösung mit Chlorammonium gekocht, so tritt keine Änderung ein; auf folgenden Zusatz von Kupfersulfat entsteht sofort eine schwarze Ausscheidung, während die überstehende Flüssigkeit rötlich gefärbt erscheint.

Mit vanadinsaurem Ammonium gekocht, wird die Lösung braun gefärbt und es entsteht schliefslich eine braune, in Alkohol lösliche Fällung, welche auf Zusatz von Salzsäure nicht schwarz wird.

Wird die Lösung mit salzsaurem Anilin erwärmt, so erleidet sie keine Veränderung.

Wenn sie in der Kälte mit Salzsäure versetzt wird, so scheidet sich nach 24 Stunden viel Emeraldin aus, während die überstehende Flüssigkeit braun gefärbt ist. Nach dem Abfiltrieren wurde das Filtrat erwärmt, worauf neuerdings reichliche Emeraldinbildung eintrat und sich etwas eines ätherlöslichen braunen Körpers abschied. Wenn man abermals filtriert und die violette Flüssigkeit eindampft, wird wiederum Schwarz abgeschieden; aus dem Trockenrückstand nahm dann Wasser etwas salzsaures Anilin, Chlorammonium und eine beim Kochen mit Kaliumhydroxyd lebhaften Isonitrilgeruch zeigende Substanz auf.

Die schwarzen Kristalle, welche durch Umsetzung aus chlorsaurem Anilin erhalten werden, werden mit kaltem, dann mit kochendem Wasser gewaschen und schliefslich mit verdünnter Salzsäure, Alkohol und Äther behandelt.

Sie stellen dann prächtig stahlblau glänzende Prismen dar. Die ursprünglichen Kristalle sind das Chlorhydrat der auf diese Weise erhaltenen Base. Diese ist noch chlorhaltig, wie die Analyse ergab, und scheint der Formel $C_{18}H_{14}ClN_3$ zu entsprechen.

Berechnet für			Gefunden		
$C_{18}H_{14}ClN_3$	I	II	III	IV	V
C 70,2	70,59	69,44	—	—	—
H 4,6	5,72	4,86	—	—	—
Cl 11,5	—	—	12,01	12,05	—
N 13,7	—	—	—	—	13,11.

Das auf diese Weise hergestellte Schwarz unterscheidet sich also durch seinen Chlorgehalt wesentlich von denjenigen Körpern, welche Nietzki und Kayser analysiert haben. Dies ist übrigens nicht auffallend, da zu seiner Bildung 1 Molekül Chlorsäure auf 1 Molekül Anilin angewendet wird, während bei dem Schwarz mit Chlorat von Nietzki und Kayser etwa 2 Moleküle Anilin auf 1 Molekül Chlorat kommen.

Was die Eigenschaften anbelangt, so zeigen die Schwarz von Liechti und Suida, von Nietzki und Kayser und das elektrolytische Schwarz von Goppelsroeder und Coquillion die gröfsten Ähnlichkeiten. Liechti und Suida erhielten durch Behandlung ihres Schwarz (der Base oder des Chlorhydrats) mit Kaliumbichromat ein bronzefarbiges Pulver, welches beim Veraschen = 11,47—11,68 Prozent Cr_2O_3 zurückließ.

Das Chrom ist in dem Pulver, wenigstens zum Teil, als Chromsäure enthalten. Durch Erwärmen des Chlorhydrats ihres Schwarz während zwei Minuten mit einer Lösung von 2 g Chromsäure im Liter erhielten Liechti und Suida hingegen tiefschwarze, mattglänzende Kristalle, welche 10,75—11,81 Prozent Chromoxyd beim Veraschen ergaben; doch war das Chrom nicht mehr als Chromsäure, sondern als Chromoxyd nachweisbar; durch Behandlung mit Salzsäure konnte dem Produkt alles Chrom entzogen werden.

Das Schwarz enthielt ebenfalls Chlor, aber weniger wie das ursprüngliche Schwarz, außerdem noch S a u e r s t o f f.

Die Analyse ergab:

C   55,87
H   6,25
N   10,48
Cr   8,09
Cl   6,15
O   13,16 (aus der Differenz berechnet)

oder 9 Prozent, wenn man das Chrom auf freie Chromsäure berechnet.

Diese Analysen liefern den sicheren Nachweis, daß das Schwarz durch die Chromsäure oxydiert und gleichzeitig ein Teil des Chlors eliminiert wurde.

Kocht man das Schwarz etwa eine Stunde mit verdünnter Chromsäurelösung (2 $^0/_{00}$), so wird noch mehr Chrom aufgenommen, nämlich 15,02 Prozent.

Das ursprünglich basische Schwarz, welches mit Säuren grüne Salze liefert, wird sauer durch die Behandlung mit Chromsäure, verbindet sich mit Metalloxyden und wird nicht mehr grün durch Säuren.

Nur ein n a c h o x y d i e r t e s Schwarz zeigt die Eigenschaft, Chrom zu fixieren. Ein vermittelst salzsauren Anilins, Kaliumbichromat und Säure unter Verwendung der für die Bildung von $C_{18}H_{15}N_3HCl$ erforderlichen Mengenverhältnisse dargestelltes Schwarz enthielt nach dem vollständigen Auswaschen nur 0,16 Prozent Cr_2O_3.

Durch zwei Minuten dauerndes Kochen ihres Schwarz mit einer äußerst verdünnten Chorkalklösung, nachfolgendes Waschen mit Wasser, Salzsäure, nochmals mit Wasser, Trocknen bei 105^0 bekamen Liechti und Suida einen Körper von folgender Zusammensetzung:

C   62,58
H   6,16
N   12,65
Cl   8,66
O   9,85.

Somit war auch dieses Produkt sauerstoffhaltig.

Wie das mit Chromsäure nachoxydierte Produkt wird auch dieser neue Körper von Säuren nicht verändert. Liechti und Suida nennen ihr Schwarz **Emeraldin**, obwohl es nach dem Gesagten sicherlich nicht mit dem früher als Emeraldin bezeichneten Körper identisch ist. Sie erhielten aus demselben durch Destillation mit Zinkstaub Diphenylphenylendiamin [1]) $C_6H_5NH\text{-}C_6H_4\text{-}NHC_6H_5$ (Schmelzpunkt der Base 140°, des Diacetyl-Derivats 170—172°, des Dinitrosamins 108—110°). Aufserdem bildete sich Diparadiamidodiphenylamin: $H_2NC_6H_4\text{-}NH\text{-}C_6H_4NH_2$ Diphenylamin und in geringer Menge Paraphenylendiamin, Anilin und Ammoniak.

Noelting und **Jules Brandt**[2]) unterwarfen das auf verschiedenen Wegen dargestellte Anilinschwarz einer vergleichenden Untersuchung. Perkins, als Nebenprodukt bei der Darstellung des Mauveïns erhaltenes Produkt, das älteste Anilinschwarz, war noch nicht untersucht worden; es wird durch Oxydation mit Kaliumbichromat dargestellt und soll unvergrünlich sein. 100 g (= 1 mol) Anilin werden in 1 l Wasser und 260 g (= 2 mol) konzentrierter Schwefelsäure gelöst und 300 g (= 1 mol) Kaliumbichromat in 2 l Wasser zugesetzt. Das nach 48 Stunden in der Kälte abgeschiedene Anilinschwarz wird zur Entfernung des gebildeten violetten Farbstoffes mit Alkohol extrahiert und mit heifser verdünnter Schwefelsäure behandelt, bis auf Platin kein Rückstand verbleibt. Das Anilinschwarz bildet nun ein schwarzes, in konzentrierter Schwefelsäure mit violetter Farbe lösliches Pulver; eine Aschenbestimmung ergab 0,67 Prozent. Drei Analysen des nochmals mit Alkohol und destilliertem Wasser gewaschenen Produktes ergaben in Prozenten:

```
C     64,35   63,25   62,90
H      5,30    4,94    4,40.
N     10,00   10,24     —
```

Das Schwarz enthielt mithin noch beträchtliche Mengen Sauerstoff.

Als zweites Bichromat-Schwarz wurde das von Glanzmann[3]) beschriebene untersucht. 100 g Anilin und 80 g Kaliumbichromat werden in ein Liter Wasser gegeben, 100 g Salzsäure 22° Bé. mit 400 cc Wasser verdünnt, bei 60° C. langsam zugesetzt und zwei Stunden gekocht. Die Hälfte des so erhaltenen Oxydationsproduktes war in Alkohol löslich, der Rückstand enthielt 45 Prozent Chromoxyd, so dafs auf die von Glanzmann angegebene Weise sehr wenig eigentliches Anilinschwarz entsteht.

Es wurde ferner das nach der Angabe von Armand Müller gewonnene Anilinschwarz (s. S. 5) mit Alkohol und Salzsäure bis zur vollständigen Entfernung von Chlor mit konzentriertem Ammoniak erwärmt; es verblieb nach dem Auswaschen mit destilliertem Wasser ein bronzeglänzendes Pulver, welches bei zwei Stickstoffbestimmungen 13,28 Pro-

---

[1]) Calm (Berichte XVI, S. 2799) erhielt aus Anilin und Hydrochinon ein Diphenylparaphenylendiamin. Trotz gewisser Verschiedenheit im Schmelzpunkt ist dieser Körper wohl identisch mit demjenigen von Liechti und Suida.

[2]) Unveröffentlichte Untersuchungen.

[3]) Bull. de la Soc. ind. de Rouen 1874, S. 121.

zent N und 13,38 Prozent N. ergab. Diese Zahlen sind nicht im Ein-
klang mit Nietzkis Untersuchung über das Chlorhydrat (s. S. 14) und
Kaysers über die freie Base (s. S. 17) des auf gleichem Wege hergestellten Anilinschwarz. Das Produkt erwies sich noch als chlorhaltig,
während das von Nietzki analysierte chlorfrei war. Diese letzten
Mengen Chlor waren weder durch Digerieren in Alkalien noch durch
Auflösen in kalter konzentrierter Schwefelsäure 66° Bé. zu entfernen. Es
bestätigt dies die Beobachtungen Liechtis und Suidas über die Anilinschwarzbildung durch spontane Zersetzung von chlorsaurem Anilin. Auch
hier war ein Teil des Chlors nicht durch Auflösen in kalter konzentrierter Schwefelsäure zu entfernen. Beim Behandeln mit warmer konzentrierter Schwefelsäure erhielten Noelting und Brandt reichliche Dämpfe
von Salzsäuregas, welches durch Einleiten in Silbernitratlösung identifi-
ziert wurde. Es zeigte sich also, daſs das Chlorat unter Umständen
nicht nur oxydierend, sondern auch gleichzeitig chlorierend wirken
kann.

Noelting und Brandt untersuchten schlieſslich auch ein nach den Angaben von A. Riche in seinem Berichte über den Prozeſs Grawitz
dargestelltes Anilinschwarz. In 100 cc Wasser löst man 50 cc
Eisenchlorid von 43° Bé. und 20 cc Anilin; 23 g Natriumchlorat
werden in 100 cc Wasser gelöst, zur ersten Lösung zugesetzt und
das Ganze gelinde erwärmt. Das ausgeschiedene Anilinschwarz enthält beträchtliche Mengen Eisen, welche nach Riche nicht ohne Zerstörung des Schwarz entfernt werden können, es gelingt jedoch nach
Noelting und Brandt leicht durch ein öfteres Auswaschen mit verdünnter
Salzsäure. Eine Analyse des mit kochendem Wasser und Alkohol gut
gereinigten Produktes ergab 0,3 Prozent Asche und in drei Stickstoff-
bedingungen 10,27, 10,45 und 10,17 Prozent N. Das Schwarz von Riche
scheint Sauerstoff zu enthalten, weil es stickstoffärmer als das Armand
Müllersche Schwarz ist.

Die vergleichenden Untersuchungen ergaben also eine je nach der
Darstellungsmethode wechselnde Zusammensetzung des als Anilinschwarz
angesprochenen Farbstoffes.

Nach einer älteren Beobachtung Caros entsteht bei der gemäſsigten
Oxydation des Anilin in kalter alkalischer Lösung Azobenzol und ein
in Wasser mit rein gelber Farbe lösliches Produkt, welches durch Säuren
in einen grünen, unlöslichen Farbstoff von den wesentlichen Eigenschaften
des bei der Oxydation des Anilins in saurer Lösung entstehenden
Emeraldins übergeführt wird. Caro[1] ist es nun gelungen, dieses gelbe
Oxydationsprodukt in seine Muttersubstanz, das Paraminodiphenylamin,
überzuführen und es aus diesem durch Oxydation in kristallinischem
Zustande wiederzugewinnen.

---

[1] Verhandlungen der Gesellschaft deutscher Naturforscher und Ärzte zu
Frankfurt a. M. 1896, S. 119.

Dem gelben Oxydationsprodukt kommt demnach zweifellos die Konstitution eines Phenylparachinondiimides

$$HN = \langle \; \rangle = N\_C_6H_5$$

zu. Seine Bildung erklärt sich nach Bamberger und Tschirner[1]), welche die Oxydation des Anilins und anderer anologer Basen eingehend untersucht haben, durch folgendes Schema:

$$C_6H_5NH_2 \rightarrow C_6H_5N{\Large\langle}^{OH}_{H} \rightarrow C_6H_5N{\Large\langle}^{C_6H_4NH_2}_{H} \rightarrow C_6H_5N = C_6H_4 = NH.$$

Persulfate in saurer Lösung oxydieren Anilin zu Emeraldin. Sättigt man aber nach einer Mitteilung Caros[2]) konzentrierte Schwefelsäure mit Ammonium- oder Kaliumpersulfat und trägt die Lösung in Anilinwasser ein, so scheidet sich beim Neutralisieren Nitrosobenzol ab. Das die Oxydation so beeinflussende Umwandlungsprodukt der Persulfosäure konnte Caro nicht isolieren, doch beobachtete er dessen Bildung beim Eintragen von Persulfaten in konzentrierte Salpetersäure, sowie bei der Elektrolyse einer Schwefelsäure von der Dichte 1,45. Baeyer und Villiger haben später dieses Produkt eingehend untersucht und als Carosches Reagens oder Schwefelpersäure bezeichnet. Es ist einer ausgedehnten Anwendung fähig, kommt aber für das Anilinschwarz selbst nicht in Betracht.

E. Börnstein[3]) erhielt bei der Kalischmelze des Anilinschwarz p. p.-Diphenylphenylendiamin (welches von Liechti und Suida bei der Zinkstaubdestillation des Anilinschwarz ebenfalls erhalten worden ist) und einen in Benzol unlöslichen violetten Körper, der in konzentrierter Schwefelsäure mit tiefgrüner, beim Verdünnen blau und dann violett werdender Farbe löslich ist; der Körper ist in Alkohol, Chloroform und Aceton leicht löslich und ist durch Zink und Essigsäure unter Entfärbung reduzierbar.

In dem mit Kaliumchlorat hergestellten Anilinschwarz hat Börnstein geringe Mengen chlorhaltiger Nebenprodukte aufgefunden, von denen zwei isoliert wurden. Das eine schmilzt bei 337[0], ihm kommt vielleicht die Formel $C_{24}H_{18}O_2N_3Cl$ zu, das andere schmilzt bei 286[0] und hat vielleicht die Formel $C_{30}H_{21}O_2N_4Cl_3$; beide Verbindungen sind möglicherweise als gechlorte Chinonanilide aufzufassen.

E. Knechts[4]) Beobachtung über die Bildung von Anilinschwarz auf nitrierter Baumwolle[5]) sind ein neuer Beweis für die Anilinschwarzbildung ohne Metalle.

Ebenso wie das Chlorat ist auch das doppelchromsaure Anilin in reinem Zustande verhältnismäfsig beständig; wird aber Säure einer Lösung dieses Salzes zugesetzt, so bildet sich das Schwarz unverzüglich.

---

[1]) Berichte XXXI, S. 1522.
[2]) Zeitschrift für angew. Chemie 1898, S. 845.
[3]) Berichte XXXIV, S. 1284.
[4]) Journal of the Soc. of dyers and colourists 1897, S. 1419.
[5]) Berichte XXXIV, S. 1284.

Dieses findet in gleicher Weise auf dem Gewebe wie in Lösung statt.
Auf dieser Tatsache: ohne Säure kein Schwarz, beruhen mehrere
Methoden zur Bildung von Reserven unter Anilinschwarz. Das elegante
Verfahren von Prud'homme, welches später ausführlicher besprochen
wird, ist eine sehr interessante Ausnutzung dieser Tatsache. Häufig
wird zwischen Hänge-Schwarz und Direkt-Schwarz ein Unterschied gemacht. Hierdurch könnte die Ansicht hervorgerufen werden,
daſs zwischen diesen beiden Arten von Schwarz eine prinzipielle Verschiedenheit vorhanden sei. Das „Verhängen" hat aber unserer Meinung
nach lediglich den Zweck, dem Oxydationsmittel die nötige Zeit zu
seiner Einwirkung auf das Anilin zu lassen; die Lösung, welche die
zur Bildung des Schwarz erforderlichen Stoffe enthält, wird durch die
Verdunstung des Wassers konzentrierter, und die Oxydation geht dann
allmählich im Innern der Faser vor sich. Der Sauerstoff der Luft scheint
dabei seine Rolle zu spielen. Das „Verhängen" kann auch durch Erhöhen der Temperatur ersetzt werden. So entwickeln sich die Schwarz
von Lightfoot und Vanadiumschwarz in 1—2 Tagen in der Hänge; sie
können aber in einer bis zwei Minuten durch Dämpfen hervorgerufen werden.

Über den chemischen Mechanismus der Anilinschwarzbildung sind
wir heute leider noch nicht im klaren. Wie die Arbeiten von Nietzki,
Kayser, Liechti und Suida, Noelting und Brandt und anderen zeigen,
sind die auf verschiedenen Wegen gewonnenen Oxydationsprodukte von
ebenso verschiedener Zusammensetzung. In allen Fällen erweisen sich
die niedrigeren Oxydationsprodukte als ausgesprochene Basen, aber ihre
Salze sind unbeständig und schwer mit konstantem Säuregehalt dar-
stellbar. Die höheren Oxydationsprodukte sind dagegen imstande, sich
mit Metalloxyden zu verbinden und enthalten, wie die Analyse zeigt,
Sauerstoff, besitzen also phenol- oder säureartigen Charakter. Zudem
enthalten die mit gröſseren Mengen Chlorat dargestellten Anilinschwarz
häufig kernsubstituiertes Chlor, das sich durch Alkali nicht elimi-
nieren läſst. Es ist daher auf dem Wege der Analyse bis jetzt keine
Erklärung des Oxydationsprozesses gewonnen worden.

In neuerer Zeit haben Bambergers und Tschirners Arbeiten[1]
über die Oxydation von Anilin eine Aufklärung darüber gegeben, welche
Phase das Anilin auf dem Wege der Oxydation durchlaufen könnte, um
bis zu seiner höchsten Stufe, dem Nigranilin, zu gelangen. Nach den
Arbeiten dieser Forscher erscheint als erstes Oxydationsprodukt das
Phenylhydroxylamin, welches sich nach Bamberger und Lagutt mit einem
zweiten Molekül Anilin zu Amidodiphenylamin kondensiert. Dieses
oxydiert sich, wie schon Caro angegeben hat, zu Phenylparachinondiimid.
Das Diimid kann durch Eintritt dreier weiterer Moleküle Anilin in das
Dianilidochinondianil, das Azophenin, übergehen, welches als Ausgangs-
produkt der Induline dient.

---

[1] Berichte XXXI, S.1527.

$$C_6H_5NH_2 \rightarrow C_6H_5N\overset{H}{-}OH \rightarrow C_6H_5N\overset{H}{-}C_6H_4NH_2 \rightarrow C_6H_5N = C_6H_4 = NH \rightarrow$$

$$NC_6H_5$$

$$\rightarrow \quad NHC_6H_5$$

$$C_6H_5HN \quad NC_6H_5$$

Azophenin.

Hiermit wäre der Weg einer direkten Oxydation von Anilin zu einem Molekülkomplex von 30 Kohlenstoffatomen klargelegt. Ob dieser Weg auch weiter zur Bildung von Anilinschwarz führt, ob dessen Bildung durch Abzweigung von einer der obengenannten Oxydationsphasen stattfindet und inwieweit die Oxydationsmittel dessen Bildung beeinflussen, entzieht sich heute unserer Beurteilung.

Auf Vidals Formel[1]) für Anilinschwarz sei nur hingewiesen, da sie auf keine Experimentaluntersuchung gestützt ist. Die Bamberger-Tschirnersche Annahme bestätigt in gewissem Sinne die interessante und auch praktisch wichtige Bildung von Anilinschwarz von Ullrich und Fuſsgänger.

III. Das Vergrünen von Anilinschwarz.

Bei der Einwirkung von Oxydationsmitteln auf Anilin entsteht eine Reihe verschiedener Produkte, welche sich in drei Klassen einteilen lassen:

1. Das am wenigsten oxydierte Produkt, welches den Hauptbestandteil des Körpers ausmacht, welcher als „Emeraldin" bezeichnet wurde. Dieser Körper ist als Base blau, in Verbindung mit Säure lebhaft grün. Er ist wenigstens teilweise in Alkohol, Eisessig, Anilin, Phenol etc. löslich. Konzentrierte Schwefelsäure löst ihn mit rotvioletter Farbe.

Dieser Körper ist vermutlich identisch mit dem Produkt, welches entsteht bei mäſsiger Oxydation eines Moleküls Paraphenylendiamin und eines Moleküls Diphenylamin oder gleicher Moleküle von Paraminodiphenylamin und Anilin (Nietzki). Caro[2]) hat eine analoge Substanz erhalten, als er eine wässrige Lösung von freiem Anilin mit übermangansaurem Kali oxydierte, die gelbe Flüssigkeit hierauf mit Äther ausschüttelte und den erhaltenen gelben amorphen Körper mit Säure behandelte.

Die Zusammensetzung des „Emeraldins" ist nicht bekannt, es ist vermutlich niemals in reinem Zustande, sondern stets nur in Mischung mit „Nigranilin" erhalten worden.

---

[1]) Mon. scientifique 1902, S. 218.
[2]) Nietzki, Organische Farbstoffe, 4. Aufl. 1901, S. 254.

2. Durch weitergehende Einwirkung von Oxydationsmitteln auf dieses Emeraldin bildet sich das eigentliche Anilinschwarz, das „Nigranilin", um den von Rheineck vorgeschlagenen Namen beizubehalten. Nigranilin ist in den gewöhnlichsten Lösungsmitteln unlöslich, etwas löslich in Anilin und Phenol mit rötlicher, tiefdunkler indigoblauer Farbe. Seine Salze sind gleichfalls grün, die Farbe ist aber weit weniger lebhaft wie die der Emeraldinsalze.

Auf das Nigranilin beziehen sich die Analysen von Nietzki, Kayser und Goppelsroeder, wonach es ein Polymeres von C_6H_5N ist.

Ein chloriertes Nigranilin ist von Liechti und Suida dargestellt worden (s. S. 19).

Das Nigranilin bildet ohne Frage den Hauptbestandteil des gewöhnlichen Schwarz und findet sich auch jedenfalls in den weniger oxydierten Produkten, in den Emeraldinen. Durch die Einwirkung von Säuren, vornehmlich von schwefliger Säure, wird Nigranilin grün. Die letztgenannte Säure führt, als kräftiges Reduktionsmittel, das Nigranilin ganz oder teilweise in Emeraldin über.

Ein höher oxydiertes Produkt endlich ist das „unvergrünliche Schwarz", welches durch Oxydation des Nigranilins in der Wärme, unter gewissen Bedingungen sogar in der Kälte gebildet wird. Es wird nicht grün durch Säuren, selbst nicht durch schweflige Säure, vermutlich deswegen, weil es keine Salze bildet. Saures Zinnsalz reduziert es zu einem Leukoderivat, aus welchem durch Oxydation wieder das unvergrünliche Schwarz zurückgebildet wird.

Analytische Angaben, welche über das unvergrünliche Schwarz vorliegen, rühren von Liechti und Suida und Noelting und Brandt her (s. S. 20—22). Nach ihren Analysen soll es Sauerstoff enthalten und fähig sein, sich mit Metalloxyden (Chromoxyd) zu verbinden. Die unvergrünlichen Schwarz von Glanzmann (s. S. 7) enthalten gleichfalls dieses Oxyd.

Anderseits beweisen die Versuche von Liechti und Suida, daſs die Gegenwart eines Metalls keineswegs erforderlich ist zur Bildnng von unvergrünlichem Schwarz; die Genannten haben solches — in Substanz oder auf dem Gewebe — durch Oxydation chlorierten Nigranilins $C_{18}N_{14}ClN_3$ vermittelst einer verdünnten kochenden Lösung von Chlorkalk dargestellt.

Liechti erwähnt die Tatsache, daſs er seit 1876 im groſsen gewöhnliches Schwarz in unvergrünliches Schwarz durch Kochen mit verdünntem Chlorkalk übergeführt, und daſs er auf diese Weise bessere Resultate wie mit Chromsäure erlangt habe.

Die durch Färben oder Drucken auf dem Gewebe erhaltenen Anilinschwarz haben im allgemeinen die Eigenschaft, durch Säuren, besonders durch schweflige Säure, grün zu werden. Dieser Übelstand macht sich um so mehr bemerklich, je reiner das Anilin war, welches zur Erzeugung des Schwarz diente. Die Schwarz, welche mit schweren Anilinölen, die

Ortho- und Paratoluidin, selbst Xylidin enthalten, dargestellt werden, vergrünen weit weniger. Tatsächlich mehrten sich die Klagen der Industriellen über das Vergrünen in dem gleichen Verhältnisse, wie das Anilin reiner wurde. Es wäre nun freilich sehr einfach gewesen, auf das schwere Anilinöl zurückzugreifen, wenn das Schwarz mit reinem Anilin auf der andren Seite nicht viel schöner wäre.

Die Theorie des Vergrünens ist leicht aufzustellen. Anilin kann, wie wir gesehen haben, durch die Einwirkung oxydierender Säuren verschiedene Oxydationsprodukte bilden. Das e r s t e, Emeraldin, ist in basischem Zustande indigoblau, seine Salze sind lebhaft grün; das z w e i t e, das eigentliche Schwarz, das N i g r a n i l i n, ist in basischem Zustande tiefviolett, seine Salze sind dunkelgrün. Durch die Einwirkung von schwefliger Säure wird Nigranilin zu Emeraldin reduziert.

Kaliumbichromat führt Nigranilin in das von Nietzki analysierte Chromat über. Dieses wird nicht grün durch Säuren, welche keine reduzierende Wirkung ausüben; dagegen wird es grün durch schweflige Säure wegen der reduzierenden Eigenschaften derselben. Chromsäure, saure Eisenoxydsalze, Chlorate in Gegenwart von Kupfersalzen und Chlorammonium, saure Chromate, Hypochlorite und viele andere Oxydationsmittel führen gewöhnliches Schwarz in das über, was man in der Industrie „unvergrünliches Schwarz" zu nennen pflegt. Diese vergrünen nicht merklich, weder durch Säuren, noch durch schweflige Säure. Immerhin scheinen Schwarz, welche v o l l k o m m e n u n v e r ä n d e r l i c h gegen schweflige Säure und atmosphärische Einflüsse sind, nicht zu existieren, wenn es auch leicht gelingt, für die Praxis genügend unvergrünliche Nuancen zu erhalten.

Die Behauptung, dafs Kaliumbichromat allein ohne Säure ein gewöhnliches Schwarz nicht unvergrünlich mache, während Natriumbichromat diese Wirkung ausübe, ist sehr auffällig; eine Erklärung für diese angebliche Tatsache fehlt bis jetzt; vielleicht ist die Wirkung des Natriumbichromats auf eine Beimengung von Natriumbisulfat zurückzuführen.

Alle Schwarz, wie sie auch immer hergestellt sein mögen, lassen sich durch Oxydationsmittel in unvergrünliche Schwarz überführen.

Es war zuerst L a u t h, welcher im Anschlufs an sein Entwicklungsverfahren von Anilinschwarz auf Manganbister[1]) in einem Artikel im Moniteur scientifique[2]) sich über die Wichtigkeit einer Nachoxydation des Anilinschwarz wie folgt ausspricht:

„Nach dem Färben kann man mit Hilfe verschiedener Agentien die Nuance abändern oder ihre Intensität erhöhen; diese Tatsache scheint mir sehr bemerkenswert, sie dürfte einen Beweis dafür bieten, dafs in dem Augenblicke, wo das Mangansuperoxyd seine Wirkung ausgeübt hat, der erzeugte Farbstoff, welcher alle Eigenschaften des Schwarz

---

[1]) Franz. Patent 85 554 vom 5. Mai 1869 samt Zusatzpatent vom 15. Oktober 1869.

[2]) Mon. scientifique 1873, S. 794.

besitzt, trotzdem noch in einem unfertigen Zustande ist, und dafs eine nachträgliche Oxydation zweckdienlich ist, um ihn in seinen endgültigen Zustand überzuführen.

Kaliumbichromat (1 g im Liter), Kupfer-, Chrom- und Quecksilbersalze und vor allem eine Mischung aus chlorsaurem Kali, einem Kupfersalz und Chlorammonium (1 g von jedem Salz im Liter), erhöhen wesentlich die Intensität des Schwarz. Diese Behandlung mufs stattfinden nach dem Spülen, welches dem Färben folgt, und $^1/_2$ Stunde bei Siedehitze dauern. Hierauf wird in Wasser gespült und kochend geseift. Das eben beschriebene Verfahren ist zuverlässig; es liefert sehr schöne, vollständig echte Schwarz und greift die Faser nicht an."

Brandt[1]) empfiehlt das Überfärben des Anilinschwarz mit Anilinviolett, um es unvergrünlich zu machen. Er stellt fest, dafs entwickeltes Anilinschwarz Affinität zu basischen Farbstoffen besitzt.

Von Jeanmaire war Anfang des Jahres 1876 ein Verfahren zum Unvergrünlichmachen von Anilinschwarz ausgearbeitet worden, welches in der Fabrik Koechlin Frères seit April 1876 regelmäfsig benutzt wurde, und welches von dieser Firma anläfslich persönlicher Differenzen mit S. Grawitz veröffentlicht wurde[2]). Da das Verfahren noch heute grundlegend ist für die jetzt üblichen Methoden des Unvergrünlichmachens von Anilinschwarz, sei es hier in extenso angeführt:

„Anilinschwarz nimmt unter dem Einflusse von sauren reduzierenden Agentien, wie schweflige Säure oder Schwefelwasserstoff (in Lösung oder in gasförmigem Zustand), eine grünliche Färbung an, welche von seiner mehr oder weniger vollständigen Überführung in Emeraldin herrührt; Emeraldin, welches in alkalischem Zustande dunkelblau ist, wird durch die geringsten Mengen von Säure grün. Es existiert ein Körper, welcher höher oxydiert ist wie (das gewöhnliche) Anilinschwarz und durch alkalische oder saure Reduktionsmittel nicht mehr in Emeraldin verwandelt wird. Derselbe wird auf folgende Weise erhalten: Anilinschwarz wird nach dem Drucken und Fixieren fertiggemacht wie üblich und sodann in einem Bottich bei einer 75° C. übersteigenden Temperatur einer sauren Oxydation unterworfen. Es bleibt dann nur noch übrig, die Stücke zu seifen oder einfach zu spülen. —

„Von den geeignetsten Oxydationsmitteln mögen erwähnt sein: die Eisenoxydsalze, Chromsäure, gewisse leichtzersetzliche chlorsaure Salze, wie chlorsaures Aluminium u. s. w.

„Die Eisenoxydsalzlösung wird dargestellt aus einem Eisenoxydulsalz, welches mit der gleichen oder anderthalbfachen Menge Schwefelsäure von 66° versetzt wird, damit sich nicht Eisenoxyd auf dem Gewebe abscheide. Diese Lösung wird in der Stärke von 1—3 g im Liter verwendet; für eine Kufe zum Färben von 6—8 Stücken nimmt man etwa

---

[1]) Bull. Soc. ind. de Mulhouse 1876, S. 441.
[2]) Bull. Soc. ind. de Mulhouse 1876, S. 494 und 1877, S. 47.

1—2 l und behandelt eine halbe bis eine Stunde bei 80⁰ C.

„Da die Eisenoxydsalze im Handel weniger vorkommen wie die Eisenoxydulsalze, bereite man sich eine Lösung von Eisenoxydsalz wie folgt:

„20 kg Eisenvitriol werden gelöst in 60—70 l Wasser, 5 kg Kaliumbichromat und 15—18 l Schwefelsäure von 66⁰ werden hinzugefügt. Die angegebene Wassermenge ist erforderlich, weil die Flüssigkeit sich durch die Schwefelsäure erhitzt und saures schwefelsaures Eisenoxyd schwer löslich ist. Von dieser Flüssigkeit verden 4—8 l angewendet und verfahren wie oben angegeben wurde.

„Für den Artikel Schwarz und Orange ist die Anwendung von Chromsäure im Verhältnis von 3—400 g auf den Bottich für 6—8 Stücke (etwa 3—400 g Bichromat und $^1/_4$ l Schwefelsäure) vorzuziehen; im übrigen wird behandelt wie bei Eisen angegeben. Es bleibt dann nur übrig, das Orange in alkalischem Chromat zu entwickeln. NB. Für den Artikel „Schwarz und Echtblau" (Indigo) ist es erforderlich, einen kleinen Überschufs an Eisenoxydulsalz in der Flüssigkeit zu lassen (die Chromsäure würde das Blau zerstören). Für die oben angegebenen Verhältnisse verwende man 4 kg an Stelle von 5 kg Bichromat."

Unvergrünliche Schwarze werden auch nach den Vorschriften von Boboeuf, Paraf-Javal, Perso'z und anderen erhalten, sowie man die Temperatur, nachdem zunächst kalt gefärbt wurde, steigert, oder ohne vorher zu waschen, das fertige Schwarz dämpft.

Nach A. Kertess[1]) wird unvergrünliches Dampfanilinschwarz nur bei Abwesenheit von freier Mineralsäure erhalten. Die ältere Theorie, dafs sich unvergrünliches Dampfanilinschwarz nur durch höhere Oxydation bilde, mufs demnach in diesem Sinne ergänzt werden. Die Wirkung der Ferrocyanalkalien bei der Erzeugung von unvergrünlichem Dampfschwarz beruht darauf, dafs diese die Mineralsäuren unter Bildung von Ferrocyananilin neutralisieren.

Wenn unter solchen Verhältnissen — bei Ausschlufs freier Mineralsäure — Oxydation eintritt, entsteht unvergrünliches Schwarz. Kertess läfst die Frage offen, ob die Ferrocyanalkalien nicht auch dadurch zu der Bildung von unvergrünlichem Schwarz beitragen, dafs sie bei dem Dämpfen Berlinerblau geben, welches mit dem Anilinschwarz eine metallorganische Verbindung eingehen soll.

Zum Beweise seiner Ansicht führt Kertess die Resultate verschiedener Versuche an. Baumwollstoff wurde mit normalem Vanadium-Hängeschwarz foulardiert, getrocknet und gedämpft. Das Schwarz erwies sich als vergrünlich. Wird aber zu der gleichen Mischung eine gewisse Menge Ferrocyanammonium gegeben und auf die gleiche Konzentration gebracht, dann foulardiert und gedämpft, so ist das Schwarz unvergrünlich. Wird zu der letzteren Mischung Salzsäure

---

[1]) Chemiker-Zeitung 1890, S. 12.

im Überschufs hinzugefügt, ohne dafs die obige Konzentration überschritten wird, so entsteht wieder ve r g r ü n l i c h e s Schwarz.

Baumwollstoff wurde mit gewöhnlichem Hängeschwarz[1]) foulardiert und gedämpft im Mather-Platt oder im Dampfkasten. Das Schwarz war vergrünlich. Auch ein mit chlorsaurem Anilin und weinsaurem Anilin bereitetes Hängeschwarz, welches gedämpft wurde, erwies sich als vergrünlich. Die seitherige Zugabe der teueren Weinsäure zu Dampfanilinschwarz behufs Bildung von chlorsaurem Anilin ist nach Kertéss ohne Vorteil, da dem chlorsauren Anilin als solchem kein Einflufs auf die Bildung von unvergrünlichem Schwarz zukommt. Wenn in dem angegebenen Ansatze für Hängeschwarz anstatt des chlorsauren Natrons eine entsprechende Menge von chlorsaurem Ammoniak[2]) angewendet wird, erhält man gleichfalls vergrünliches Schwarz.

K e r t e s s erhielt sehr gutes unvergrünliches Schwarz nach der unten angegebenen Vorschrift, indem er den dort angegebenen Mengen Anilinsalz und Chlorat 7 l 630 cc Ferrocyanammoniumlösung hinzufügte.

Die F e r r o c y a n a m m o n i u m l ö s u n g wird bereitet durch Auflösen von 18 kg Ferrocyankalium in 32 l Wasser und von 9 kg schwefelsaurem Ammoniak in 13 kg Wasser. Beide Lösungen werden gemischt, das schwefelsaure Kalium läfst man auskristallisieren und verwendet das Klare. 1 l davon ist gleichwertig mit 340 g Ferrocyankalium.

Eine Mischung von obiger Zusammensetzung mit entsprechender Verdickung gibt auch als Druckfarbe sehr gute Resultate; es entsteht ein sattes Schwarz, welches vollkommen unvergrünlich ist und die längste Zeit gedämpft werden kann, ohne dafs die Faser im mindesten angegriffen wird. Versuche mit äquivalenten Mengen Ferricyanalkalien ergaben analoge Resultate, die Nuance fiel noch etwas satter aus; die gleiche Nuance läfst sich aber auch mit Ferrocyanalkalien durch eine geringe Erhöhung der Menge des Oxydationsmittels, des chlorsauren Natrons, erreichen.

Die Überlegenheit des Anilinschwarz mit Ferrocyankalium über jedes andere Anilinschwarz liegt darin, dafs die Neutralisation der Salzsäure bis zum Endpunkte getrieben werden kann, weil die Bildung des Schwarz hier auch ohne freiwerdende Salzsäure erfolgt.

M. P r u d ' h o m m e[3]) empfiehlt zur Erzeugung von unvergrünlichem Schwarz Mischungen von Anilin mit Toluidin und Xylidin. Ein Gemisch von gleichen Teilen Ortho- und Paratoluidin soll ein vortreffliches

---

[1]) 2600 g Anilinöl werden mit 2900 g Salzsäure von 19¹/₂⁰ Bé. gemischt, dann 1500 chlorsaures Natron in entsprechender Menge Wasser gelöst und 300 g Anilinöl zugefügt. Das Ganze wird auf 31¹/₂ Liter ergänzt und mit 60 cc Vanadiumlösung versetzt. Die Menge der Salzsäure kann bis auf 2500 g vermindert werden, ohne dafs die Intensität des Schwarz beeinträchtigt wird, mit 1800 g Salzsäure wird aber nur ein mattes Schwarz erzielt.

[2]) Nach Rosenstiehls Vorschlag, Mon. scientifique 1866, S. 361.

[3]) Soc. ind. de Mulhouse, Sitzungsbericht vom 9. April 1890. Bull. Soc. ind. de Mulhouse 1890, S. 320. S. auch S. 55.

Schwarz liefern, welches ohne Nachoxydation unvergrünlich ist. D'Andiran und Wegelin erhielten ein Patent[1]) auf dieses Verfahren, welches der Erfinder ihnen abgetreten hatte.

Die Zumischung von α- und β-Naphtylamin, namentlich aber von Paraphenylendiamin zum Anilin wurde P. Monnet (D. R.-P. 4257 vom 31. Mai 1886) patentiert. A. Scheurer[2]) vergröfserte diese Liste durch Hinzufügen von Tolidin, Benzidin und Dianisidin, nachdem Binder gefunden hatte, dafs Benzidin, wie Anilinschwarz oxydiert, ein Braun erzeugt und Scheurer selbst, dafs Dianisidin ein Bister gibt.

Dreher[3]) empfiehlt zum Unvergrünlichmachen des Anilinschwarz einen Zusatz von Meta-Nitranilin. Auch diese Base liefert für sich allein oxydiert ein Braun. Das Drehersche Bad für Oxydationsanilinschwarz enthält auf 1 kg Flotte 60 g Anilinöl, 60 g Metanitranilin, 160 g konzentrierte Salzsäure, 60 g Natriumchlorat, 25 g Ammoniumchlorid und 20 g Kupfernitrat. Diese Mengen von Salzsäure und Chlorat sind nach H. Schmid[4]) zu grofs und müssen zu einer Schwächung der Faser Anlafs geben, aufserdem verteuert das Metanitranilin die Farbe.

„Anilinsalz unvergrünlich" von Oehler liefert bei gänzlicher Unvergrünlichkeit ein schönes, tiefes Schwarz. Es wird nach den Angaben seines Erfinders Kallab in der gewöhnlichen Weise verwendet, doch ist ein Verhängen der Mather-Platt-Entwicklung vorzuziehen. Ein Druckschwarz besteht z. B. aus 100 g „Anilinsalz unvergrünlich", 30 g Natriumchlorat und 50 g Schwefelkupferpaste in einem Kilo Farbe; ohne jede Nachbehandlung wird dabei direkt zu unvergrünlichem Schwarz entwickelt. Ein in der Praxis beliebtes sehr resistentes Schwarz wird durch Vermischen von 1 Teil Anilinsalz unvergrünlich und 4 Teilen gewöhnlichem Anilinsalz erzeugt.

Nach A. Scheurer[5]) kann man das Jeannolle'sche Schwarz, ein Anilinschwarz, welches mit Eisensalzen dargestellt wird, und das deshalb eisenhaltig ist, durch Behandeln in einem heifsen Bade von Dinitrosoresorcin unvergrünlich machen.

A. Scheurer[6]) gibt ferner ein Verfahren an, wonach in Thann mit bestem Erfolg Anilinschwarz unvergrünlich gemacht wurde, und welches darin besteht, dafs die bisher gebräuchliche Nachbehandlung mit stark oxydierenden Mitteln bei höherer Temperatur, wie sie von P. Jeanmaire in die Praxis eingeführt wurde, in Gegenwart kleiner Mengen Anilinsalz ausgeführt wird. Das Nachbehandlungsbad besteht aus 10 g Anilinsalz, 10 g Kupferchlorid, 5 g Kaliumchlorat auf 1 Liter Wasser; man pflatscht die fertig entwickelten, gechromten und

---

[1]) Engl. Patent 4123 (1879).
[2]) Bull. Soc. ind. de Mulhouse 1890, S. 129.
[3]) D. R. P. 127361.
[4]) Chemiker-Zeitung 1892, S. 245.
[5]) Bull. de la Soc. ind. de Mulhouse 1900, S. 128.
[6]) Bull. de la Soc. ind. de Mulhouse 1902, S. 132.

trockenen Stücke in diesem Bad und dämpft sodann zwei Minuten
bei 100 °.

F. Weber[1]) empfiehlt, die Stücke mit Anilinsalz und Chlorat nach-
zubehandeln. Grofsheintz[2]) erhielt mit einem Bade, welches 6 g Anilin,
6 g Salzsäure[3]) und 5 g Natriumchlorat auf 1 Liter Wasser enthielt,
gute Resultate. Das Gewebe wird nach der fertigen Entwicklung des
Schwarz in diesem Bade geklotzt und trocken vier Minuten gedämpft,
hierauf gewaschen und geseift. Ein so behandeltes Schwarz ist sozusagen lichtecht, das Verfahren eignet sich aber nur für glattgefärbte
Stücke, da das Klotzbad die weifsen Stellen verschmutzt.

Mura[4]) nimmt zum Zwecke der Überoxydation des Anilinschwarz
in das unvergrünliche Derivat Natriumbichromat bei Gegenwart von
Anilinsalz. Durch Behandlung mit Bichromat allein erhielt er kein
unvergrünliches Schwarz. Nach seinen Angaben wird entweder in einem
Bade, welches 10 g Natriumbichromat und 2 g Anilinsalz im Liter enthält, geklotzt, getrocknet und drei Minuten gedämpft, oder man zieht
das entwickelte und chromierte Schwarz im gleichen Bade 20 Minuten
bei Kochhitze um. Nach Schmid verhindert das Murasche Verfahren
das Vergrünen des Schwarz, es trübt aber dessen Ton; das Scheurersche
Verfahren ist viel sicherer und in jeder Beziehung vorzuziehen[5]).

Kupferchlorat allein ist nach denselben Angaben auch imstande,
bei genügend langer Einwirkung das Anilinschwarz unvergrünlich zu
machen, in Gegenwart von Anilinsalz geht diese Wirkung aber viel
schneller vor sich. Die Höchster Farbwerke haben das dem
Kupferchlorat analoge Aluminiumchlorat vorgeschlagen.

Gedrucktes Anilinschwarz, für welches das Scheurersche Verfahren,
wie erwähnt, nicht anwendbar ist, kann nach H. Schmid durch einen
bleizuckerhaltigen Appret vor dem Vergrünen bewahrt werden.

Wie bereits angeführt, gaben die schweren Anilinöle, welche neben
Anilin auch Toluidine und Xylidine enthielten, ein weniger vergrünliches
Schwarz. Das rührt daher, dafs Paratoluidin und Metaxylidin bei der
Oxydation braune Substanzen liefern, welche den grünen Ton des an-
gegriffenen Schwarz verdecken.

---

[1]) Soc. ind. de Mulhouse, Sitzungsbericht vom 9. Mai 1900.
[2]) Ebenda 13. Juni 1900.
[3]) Die Stärke ist nicht angegeben, es ist also wahrscheinlich Säure von
180 Bé.
[4]) Soc. ind. de Mulhouse, Sitzungsberichte vom 14. März und 13. Juni 1900.
[5]) H. Schmid, Chemiker-Zeitung 1902, S. 261.

Zweites Kapitel.

Anwendung von Anilinschwarz im Zeugdruck.

I. Anilinschwarz in Pulver.

Die schwarzen Rückstände, welche sich bei der Fabrikation von
Perkins Violett (Mauveïn) bilden, werden zum Zeugdruck verwendet,
wie bereits in der historischen Einleitung (s. S. 3) erwähnt worden ist. In
der ersten Zeit handelte es sich nur um die Verwertung eines Neben-
produkts, sehr bald wurde aber Schwarz in Pulver seiner selbst wegen
regelmäſsig fabriziert.

Seine Darstellung beschrieben zuerst Boboeuf und Alland, dann im
Jahre 1866 Dullo. Von Gebrüder Heyl in Charlottenburg wird es seit
1870 in den Handel gebracht. Armand Müller beschrieb ein Verfahren
es darzustellen (s. S. 5); von Glanzmann (s. S. 6) wurden mit Hilfe von
Kaliumbichromat unvergrünliche Schwarz erzeugt.

Florian Ganzer[1]), Chemiker bei Dollfus-Mieg & Co., fabrizierte
im Oktober 1868 ein Schwarz in Teig für Albumindruck, indem er
einem Gemisch von Anilin und chlorsaurem Kali in kleinen Portionen
ziemlich konzentrierte Schwefelsäure hinzufügte. Nachdem die Reaktion
beendigt war, wusch er die schwarze Masse mit einer grossen Menge
kochenden Wassers aus und erhielt auf diese Weise ein sehr schönes,
vortrefflich zum Druck geeignetes Schwarz.

Zu derselben Zeit stellte auch Gustave Engel ein Schwarz in
Teig dar, indem er etwa 5 Stunden in einem Paraffinbade zwischen 140
und 160 ° 2 Teile Anilin und 1 Teil kristallisierte Pikrinsäure erhitzte.
Die Operation wird unterbrochen, wenn ein Tropfen der Flüssigkeit bei
dem Erkalten zu einer festen Masse erstarrt. Das Gemisch wird dann
auf eine Platte ausgegossen und nach dem Erkalten pulverisiert. Das
erhaltene grobkörnige Pulver wird mit verdünnter Salzsäure, hierauf mit
schwachem Alkali, zuletzt mit reinem Wasser ausgewaschen und dann
in einer möglichst geringen Menge konzentrierter Schwefelsäure heiſs
gelöst. Aus dieser Lösung wurde durch Ausfällung mit einer grofsen
Menge kalten Wassers ein sehr schönes Schwarz in Teig gewonnen,
welches vorzüglich zum Druck geeignet ist.

---

[1]) Nach einer Privatmitteilung von Herrn Gustave Engel.

Kruis[1]) endlich erhielt Schwarz durch Einwirkung der meisten Schwermetalle auf ein Gemisch von chlorsaurem Kali und salzsaurem Anilin.

Glanzmann[2]) macht folgende Angaben: 1 l Wasser und 100 g salzsaures Anilin werden zum Sieden erhitzt. Es wird langsam die Lösung von 30 g Kupfersulfat in 600 g Wasser zugegeben und nach weiterem Erwärmen die Lösung von 52 g Kaliumbichromat in 600 g Wasser eingetragen. Man kocht drei Minuten und filtriert.

Nach Dépierre[3]) mischt man die drei Lösungen: 1 kg Anilinsalz in 10 l Wasser, 350 g Salzsäure und 1 kg Schwefelsäure 60° Bé. in 3 l Wasser, 1 kg Natriumbichromat in 7 l Wasser. Das Gemisch wird eine halbe bis zwei Stunden zum Kochen erwärmt, hierauf der Niederschlag abfiltriert.

II. Bildung von Anilinschwarz auf dem Gewebe.

A. Historisches.

Wie schon erwähnt, ist Runge zuerst auf den Gedanken gekommen, das Oxydationsprodukt des Anilins auf dem Gewebe selbst entstehen zu lassen. Auch von Willm[4]) wurden einige Versuche in gleicher Richtung angestellt. Um die nämliche Zeit bemühten sich drei engliche Chemiker, Calvert, Clift und Lowe, die Reaktion industriell zu verwerten[5]).

E. Kopp[6]) untersuchte die Bildung von Anilinschwarz auf dem Gewebe und die Eigenschaften des so entwickelten Schwarz. Er druckte Anilinnitrat mit chlorsaurem Natron und fand, daſs das Schwarz mit Alkalien in Blau, mit Säuren in Grün umschlagt. Er konstatierte auch die Bildung von Anilinschwarz beim Verhängen oder Dämpfen eines mit salpetersaurem Anilin und rotem Blutlaugensalz bedruckten Lappens.

In seinen „Lectures on Coal Tar Colours" (S. 63), welche im Jahre 1863 erschienen sind, spricht sich Crace Calvert in folgender Weise über diese Frage aus: „Daſs Anilin unter Einwirkung gewisser Oxydationsmittel einen grünen Farbstoff bildet, ist eine Tatsache, welche dem Chemiker schon lange bekannt ist; trotzdem sind bisher alle Bemühungen, Seide oder Wolle mit dieser Substanz zu färben, fehlgeschlagen. Im Jahre 1860 haben aber Calvert, Clift und Lowe eine einfache und praktische Methode eingeführt, den Farbstoff unter dem Namen ‚Emeraldin' auf Baumwollstoff zu erzeugen. Muster, welche nach diesem

---

[1]) Dingl. polytechn. Journal CCIII, S. 483. Mon. scientif. 1874, S. 927.
[2]) Bull. Soc. ind. de Rouen 1874, S. 121.
[3]) Traité de la Teinture et de l'Impression, 3. partie 1893.
[4]) Mon. scientifique 1861, S. 75.
[5]) Engl. Patent vom 11. Juni 1860. Franz. Patent vom 12. Dezember 1860.
[6]) Bull. de la Soc. chimique de Paris 1860, S. 204.

Verfahren bedruckt waren, sind in der chemischen Sektion der Ausstellung von 1862 ausgestellt gewesen.

„Das Verfahren besteht darin, ein saures salzsaures Anilin auf den mit chlorsaurem Kali vorbereiteten Baumwollstoff aufzudrucken; nach wenigen Stunden findet die gleichmäfsige Entwicklung einer prächtigen grünen Farbe statt, welche man nur noch zu waschen braucht. Wenn das grüne Gewebe durch eine Lösung von Kaliumbichromat genommen wird, nimmt es eine tiefindigoblaue Farbe, genannt ‚Azurin‘, an.

„Die direkte Erzeugung dieser Farbe auf dem Gewebe ist von grofser Bedeutung; es ist wahrscheinlich, dafs auf ähnliche Weise später auch andere Teerfarben, ohne vorherige Behandlung, unmittelbar auf dem Gewebe hergestellt werden können.

„Nach dieser Methode wird man den grofsen Verlust von Anilin bei der Darstellung der Farbe vermeiden und gleichzeitig eine beträchtliche Ersparnis an Hilfsstoffen erzielen.

„Calvert, Clift und Lowe setzten sich gegen Ende des Jahres 1860 auch mit Wood und Wright in Verbindung behufs Ausnutzung ihres Verfahrens zur Darstellung von grünen und dunkelblauen Farben, welche sie für hinreichend gut hielten, um sie auf den Markt zu bringen; Wood und Wright haben die dunklen Nuancen, welche man als s c h w a r z e bezeichnen kann, nachträglich verbessert, indem sie dem chlorsauren Kali noch Eisenoxydsalze oder andere Oxydationsmittel hinzufügten, und aufserdem dadurch, dafs sie die in solcher Weise auf dem Gewebe erzeugte Farbe durch eine verdünnte Lösung von Kaliumbichromat oder Chlorkalk oxydierten. (Hierin besteht das eigentliche Neue des Verfahrens.)

„Man kann salpetersaures Kupfer mit salzsaurem Anilin mischen und das Gemisch — ohne Zusatz von chlorsaurem Kali — aufdrucken, es wird sich eine grüne oder dunkelblaue Farbe allmählich entwickeln. D i e s e s   d i r e k t e   D r u c k v e r f a h r e n   l i e f e r t   s o   t i e f e s   G r ü n o d e r   B l a u ,   d a f s   d i e s e l b e n   n a h e z u   i d e n t i s c h   m i t   S c h w a r z s i n d “ [1]).

In dem Werke von Crace Calvert findet sich ein Muster von Emeraldin, welches dunkelgrau aussieht, und ein von Wood und Wright gedrucktes Muster, welches richtiges Schwarz ist.

J. L i g h t f o o t in Accrington vervollkommnete die Erzeugung von Anilinschwarz im Jahre 1863 in so bahnbrechender Weise, dafs man ihn allgemein als den eigentlichen Erfinder anzusehen pflegt.

Die Druckfarbe von Calvert, Clift und Lowe mit stark saurem Anilinchlorhydrat greift die Kupferwalzen sehr an, doch entwickelt sich

---

[1]) E. Kopp veröffentlichte im Moniteur scientifique 1861, S. 249, folgende Beobachtung eines Redakteurs der Chemical News: Wird ein mit einem Anilinsalz bedrucktes Gewebe durch Kaliummono- oder -bichromat gezogen, so färbt es sich sofort schmutziggrün; diese Nuance wird rotblau, wenn sodann in Seifelösung gekocht wird. Bei Anwendung genügend starker Anilinlösung wird der Stoff in dem Chromat-Bad nahezu schwarz.

die Farbe weit besser, als wenn man mit Holzformen arbeitet. Ohne
Frage hat diese Beobachtung Lightfoot veranlafst, der Druckfarbe selbst
Kupfer zuzusetzen.

Er beschreibt[1]) sein Verfahren mit folgenden Worten: „Ich nehme
1 l Wasser und löse in diesem 25 g chlorsaures Kali; ich füge sodann
Anilin oder eine analoge Verbindung, vorzugsweise aber Anilin,
im Verhältnis von 50 g und eine gleiche Menge Salzsäure hinzu. Wenn
diese Stoffe gut vermischt sind, füge ich 126 cc Essigsäure und 50 g
Kupferchlorid vom spez. Gewicht 1,44 hinzu und 25 g Chlorammonium
oder eine gleichwertige Menge eines andern Alkalichlorids. Nachdem
ich das Gewebe oder das Garn mit dieser Lösung durchtränkt habe,
winde ich aus und trockne; ich lasse nun zwei Tage liegen und nehme
hierauf durch eine schwache Seife- oder Sodalösung oder noch besser
durch schwache Chlorkalklösung. Durch diese Behandlung erhalte ich
intensives Schwarz.“

Wenn man drucken will, genügt es, an Stelle von Wasser eine
gleiche Menge Stärkeverdickung anzuwenden. Glanz, Echtheit und billiger
Preis dieses Schwarz erklären die Bedeutung der Lightfootschen Entdeckung und den Eifer, womit sich jedermann bemühte, sie auszunützen.
Unglücklicherweise hafteten aber dem Verfahren in seiner ursprünglichen
Gestalt noch schwerwiegende Übelstände an. Es wurde auch bald von
dem Erfinder selbst, welcher eine Reihe von Metallen bezeichnete,
welche das Kupfer ersetzen können, und aufserdem von allen Koloristen,
welche Interesse an seiner Vervollkommnung hatten, abgeändert.

In erster Linie griff das Kupferchlorid, welches die Druckfarbe enthält, die Stahlrackeln an und verursachte das, was der Colorist als
„Rackelstreifen“ zu bezeichnen pflegt; die Säure schädigte aufserdem
die Walzen. Anderseits veränderte sich die Druckfarbe schon bei gewöhnlicher Temperatur in solcher Weise, dafs die Oxydation des Anilins
teilweise vor dem Druck stattfand und infolgedessen später das Schwarz
nicht satt genug ausfiel; schliefslich ward oft das Gewebe selbst durch
die Säure oder die sauren Salze angegriffen.

Diesen Übelständen suchte Kopp[2]) auf folgende Weise abzuhelfen:
Das Gewebe wird zunächst geklotzt mit einer schwachen Lösung von
chlorsaurem Kali, welche, der Ware entsprechend, 2—4 g des Salzes
im Liter enthält; gleichzeitig wird eine bestimmte Menge arsenigsaures
Natron hinzugefügt (die Menge des trocknen arsenigsauren Natrons ist
in der Regel ein wenig gröfser wie diejenige des chlorsauren Kalis).
Nach dem Trocknen wird die verdickte Anilinfarbe aufgedruckt; diese
enthält im Liter etwa 70 g trocknes salzsaures Anilin und die Hälfte
davon chlorsaures Kali und Eisenchlorür. Nach diesem Verfahren kann
man also ohne Kupfersalze arbeiten.

Das Eisenchlorür geht durch Oxydation in basisches Eisenchlorid

---

[1]) Französ. Patent 57192 vom 28. Januar 1863.
[2]) Moniteur scientifique 1863, S. 531.

über; es besitzt aber demungeachtet sauren Charakter und ist imstande, auf das Anilinsalz einzuwirken; es spielt somit die gleiche Rolle, welche bei dem alten Verfahren dem Kupferchlorid zufiel. Die Gewebe, welche in dieser Weise bedruckt sind, werden im übrigen ebenso behandelt; sie erfordern die gleichen Vorsichtsmaſsregeln; sie werden etwas weniger leicht angegriffen; auch scheint es, daſs einige daneben aufgedruckte Farben, z. B. Schwarz und Violett aus Krapp, leichter gut gelingen.

Von Camille Koechlin wurde das Verfahren Lightfoots in der Weise abgeändert, daſs er das Gewebe zuerst in Kupfersulfat klotzte und sodann ein Gemisch von chlorsaurem Kali und salzsaurem Anilin[1]) aufdruckte. Diese Methode ist kostspielig; auſserdem wird die Zahl der mit Anilin gleichzeitig zu verwendenden Farben dadurch eine sehr beschränkte.

In einem mit Ω gezeichneten Artikel des Moniteur scientifique 1864, S. 433, wird bemerkt, daſs auch versucht worden ist, die Gewebe mit Kaliumbichromat anstatt mit Kupfersalz vorzubereiten.

Cordillot[2]) machte den Vorschlag, das Kupfersalz im Verfahren Lightfoots zu ersetzen durch Ferricyanüre, speziell durch Ferricyanammonium in Verbindung mit chlorsaurem Kali, Weinsäure und salzsaurem Anilin[3]). In mancher Beziehung war die Methode von Cordillot den vorher genannten überlegen; sie hatte aber auch ihre Schwächen: hoher Preis und Unbeständigkeit der Druckfarbe und höhere Temperatur des Oxydationsraumes (40—50 ^{0}). Immerhin hat sie groſse Vorzüge: das Schwarz ist schön, auſserordentlich echt und wird durch Dämpfen unvergrünlich. Für Dampfschwarz wird das salzsaure Anilin durch weinsaures ersetzt; es ist auch gelungen, an Stelle des teuren Ferricyanammoniums das billigere Kalisalz und schlieſslich durch Vermehrung des Chlorats (vorzugsweise chlorsaures Natron oder chlorsaurer Baryt) selbst Ferrocyankalium anzuwenden. Mit solchen kleinen Abänderungen wird. heute noch das Verfahren von Cordillot, besonders für Dampfschwarz und Entwicklung im später zu beschreibenden Mather-Platt-Apparate in allergröſstem Maſsstabe benutzt.

Cordillot war Kolorist bei Huguenin-Schwartz & Conilleau in der Fabrik La Mer-Rouge bei Mülhausen. Herr Ed. Albert Schlumberger[4]) hat in einem Schreiben an Herrn Alb. Scheurer (datiert vom 28. Mai 1889) eine Beschreibung der Versuche Cordillots gegeben. Seine wichtigsten Angaben mögen hier Platz finden: „Die ersten Versuche, welche Cordillot in der Fabrik La Mer-Rouge angestellt hat, um Anilinschwarz zu erzeugen, datieren nach unserem Laboratoriumsjournal vom 22. April 1863. Sie wurden gemacht mit einer Druckfarbe, welche Eisenchlorid, Chromchlorid, chlorsaures Kali, Chlorammonium und Anilin-

---

[1]) Dictionnaire de Wurtz, Bd. I, S. 326.

[2]) Franzöz. Patent 60896 vom 2. Dezember 1863.

[3]) Vergl. Moniteur scientifique 1863, S. 434, und Schützenberger, Traité des matières colorantes, Bd. I, S. 513.

[4]) Sitzungsbericht der Société industrielle de Mulhouse vom 12. Juni 1889.

salz enthielt." Im Laufe des darauffolgenden Jahres wurde versuchsweise Schwarz mit Eisensulfat, dann mit Eisennitrat und Eisentartrat
dargestellt. „Am 16. Januar 1864 wurde das Schwarz mit Ferricyanammonium entdeckt, welches sofort in grofsem Mafsstabe ausgeführt
wurde."

Nach einer Privatmitteilung Cordillots sind die ersten Versuche mit
Ferricyanammonium, welche bereits den gewünschten Erfolg hatten, schon
im Oktober 1863 ausgeführt worden. Das Verfahren wurde von der
Firma Huguenin-Schwartz & Conilleau Herrn Müller-Pack in Basel zum
Verkauf angeboten und auch angekauft, nachdem durch Versuche, welche
Herr Albert Schlumberger leitete, der Nachweis erbracht worden war,
dafs das neue Verfahren folgenden Anforderungen entspricht: Es konnten
40 Stücke gedruckt werden, ohne die Rackeln zu schärfen; die Farbe
entwickelt sich bei feuchter Wärme in der Oxydationskammer; das
Schwarz hält kochende Seifen aus, ist nach der Appretur tadellos; das
Gewebe wird nicht angegriffen.

Während der Unterhandlungen mit Herrn Müller-Pack wurde das
Verfahren streng geheim gehalten; auf diese Weise erklärt es sich auch,
dafs die erste Aufzeichnung im Laboratoriumjournal vom 16. Januar
1864 herrührt.

Die wertvollste Verbesserung des Lightfootschen Anilinschwarz-
verfahrens verdanken wir Charles Lauth [1]); auch sein Verfahren ist heute
noch, neben dem Verfahren mit Vanadium, von dem weiter unten die
Rede sein wird, in Gebrauch.

Lauth hatte nach vielen Versuchen erkannt, dafs die Gegenwart
von Kupfer oder einer leicht reduzierbaren [2]) Metallverbindung für die
Bildung von Schwarz unumgänglich erforderlich ist. Da man auf der
andern Seite im Betrieb die Wahrnehmung gemacht hatte, dafs lösliche
Metallsalze, besonders aber Kupfersalze, unmöglich verwendet werden
können, so nahm Lauth seine Zuflucht zu einer unlöslichen Kupfer-
verbindung, welche während des Druckens unlöslich war, aber nachträglich löslich und wirksam wurde: Schwefelkupfer erfüllt diesen Zweck;
in der Oxydationskammer wird es durch das Chlorat in Sulfat übergeführt, so dafs man nunmehr wieder unter gleichen Bedingungen arbeitet
wie Lightfoot.

Lauth gibt folgende Vorschrift an: 10 l Stärkeverdickung, 350 g
chlorsaures Kali, 300 g Schwefelkupfer in Teig, 300 g Chlorammonium
und 800 g salzsaures Anilin. Die mit diesem Gemisch bedruckten Stoffe
kommen in die Oxydationskammer und werden nach der Entwicklung
des Schwarz mit reinem oder alkalischem Wasser gewaschen [3]).

Lauths Methode ermöglichte es der Industrie, die schöne Entdeckung von Lightfoot in grofsem Mafsstabe zu verwerten.

---

[1]) Bulletin de la Société chimique de Paris, Bd. II, S. 416, 1864.
[2]) Nach der gegenwärtigen Theorie über die Bildung von Schwarz müfste
es vielmehr heifsen: „eines Metalls, dessen Chlorat sich leicht zersetzt".
[3]) Dictionnaire de Wurtz, Bd. I, S. 325.

Camille Koechlin hat schliefslich die letzte Hand angelegt an das Gebäude, dessen Errichtung so viele Mühen erfordert hat. Er ersetzte das salzsaure Anilin durch weinsaures, welches von absoluter Unschädlichkeit selbst für die feinsten Gewebe ist und zudem vor dem salzsauren Salz noch den schwerwiegenden Vorzug besitzt, Beizen, welche gleichzeitig auf den Stoff aufgedruckt sind, nicht anzugreifen. Das weinsaure Salz wäre für sich allein unfähig, Schwarz zu erzeugen; bei Gegenwart von Chlorammonium, dessen Menge man daher beträchtlich vermehrt, findet eine langsame doppelte Umsetzung auf dem Gewebe und dieser entsprechend die Bildung von salzsaurem Salz statt. Man arbeitet dann wieder unter den gewöhnlichen Bedingungen des Lauthschen Verfahrens[1]). Koechlin empfiehlt auch, an Stelle des teuren weinsauren Salzes ein basisches Anilinsalz zu verwenden, welches erhalten wird, wenn Anilin mit Salzsäure neutralisiert[2]) und dann nochmals die gleiche Menge freier Base hinzugefügt wird. Je saurer das Anilinsalz ist, um so rascher entwickelt sich die Farbe; das Gewebe wird aber in diesem Fall geschwächt; wenn allzu basische Salze oder nur Anilin zur Verwendung gelangen, geht die Entwicklung der Farbe überhaupt nicht vor sich; man war daher in der Praxis genötigt, eine mittlere Grenze ausfindig zu machen[3]).

Alfred Paraf[4]) schlägt vor, zum Drucken von Anilinschwarz salzsaures Anilin in Kieselfluorwasserstoffsäure von 8 ^{0} Bé. zu lösen, zu verdicken, dann auf Gewebe, welches mit chlorsaurem Kali präpariert ist, aufzudrucken und in der Hänge bei 32—35 ^{0} zu entwickeln. Wenn man nicht zu befürchten braucht, die Mitläufer zu verderben, kann man das chlorsaure Kali auch direkt der Druckfarbe zusetzen. Dieses Schwarz enthält kein Metall und bietet nach der Angabe Parafs den grofsen Vorteil, dafs es nicht vergrünt. Es entwickelt sich aber nur, wenn mit Kupferwalzen gedruckt wird, wodurch eben Kupfer in die Farbe kommt.

Reines, nicht saures chlorsaures Anilin liefert nach Rosenstiehl bei der Temperatur der Oxydationskammer kein Schwarz, wohl aber, wenn eine Spur von Kupfersalz zugegen ist. Diese Tatsache ist bei der Theorie der Anilinschwarzbildung S. 12 bereits besprochen worden.

Higgin[5]) empfiehlt, in dem Gewebe ein unlösliches Chromat niederzuschlagen, welches bei nachherigem Färben oder Drucken zur Bildung eines weit echteren Schwarz dienen soll.

---

[1]) Dictionnaire de Wurtz, Bd. I, S. 325.

[2]) G. Witz schlug 1873 vor, eine Lösung von 1 Teil Methylviolett in 1000 Teilen Wasser als Reagens anzuwenden. Ein Ueberschufs an Salzsäure färbt die violette Lösung grün.

[3]) Die zahlreichen Rezepte, welche sich in den bekannten Handbüchern von Lauber, Stein, Kertess, Kielmeyer u. s. w. finden, sind alle nur Modifikationen des Lightfoot-Lauthschen.

[4]) Société industrielle de Mulhouse, Sitzung vom 30. August 1865.

[5]) Französ. Patent 73054 vom 26. September 1866.

In einem Zusatzpatent vom 25. Oktober 1866 läfst sich Higgin auch die Anwendung von **wolframsaurem Chrom** in Mischung mit Chlorat und Anilinsalz patentieren.

Nach Kielmeyer[1]) hatte dieses Druckschwarz den Vorteil, während des Verhängens und Aussiedens nicht in die Nachbarfarben auszulaufen, sondern seine scharfen Konturen zu behalten. Andererseits aber reduzierte sich die Wolframsäure zu Wolframoxyd, welches bei Anwendung von salzsaurem Anilin sich als rotes Wolframchlorid auf der Stahlrackel absetzte und infolgedessen die Druckfarbe unbeliebt machte.

Alfred Paraf[2]) erhält Anilinschwarz durch Aufdruck einer mit Stärke verdickten Farbe, welche salzsaures Anilin oder ein anderes Anilinsalz (340 g), chromsaures Chrom in Teig (500 g) und chlorsaures Kali enthält; er entwickelt die Farbe im Oxydationsraum. Das Schwarz verträgt das Dämpfen. In bestimmten Fällen ist es vorteilhaft, zur Beschleunigung der Oxydation der Druckfarbe 2—3 Prozent Kieselfluorwasserstoffsäure oder arsenige Säure hinzuzufügen. Um die Zersetzung der Druckfarbe durch die Chromsäure, welche ganz allmählich in Freiheit gesetzt wird, zu verhindern, wird eine geringe Menge einer Substanz hinzugefügt, welche, wie z. B. Chlorbaryum, mit der Chromsäure eine unlösliche und indifferente Verbindung bildet. Wenn auch der Verfasser in erster Linie chromsaures Chromoxyd empfiehlt, so beansprucht er doch auch im weiteren Sinne überhaupt die Anwendung von Chromsäure als Mittel, um in einer Operation zu oxydieren (im Gegensatz zu dem nachfolgenden Chromieren, wie es längst üblich war) vermittelst unlöslicher oder nur teilweise löslicher Chromsalze, welche fähig sind, Chromsäure in der Hänge oder bei dem Dämpfen in Freiheit zu setzen; genannt werden **chromsaures Eisenoxyd**, basisch-chromsaures Blei[3]) oder auch die löslicheren Salze, Doppelchromat des Chroms und Mangans, Chromat des Mangans u. s. w.

F. Witz[4]) empfiehlt für chromsaures Chromoxydschwarz die folgende Vorschrift: 60 l Wasser, 8 kg Stärke, 6 kg geröstete Stärke, $^1/_2$ kg Anilinöl und 4,3 kg Natriumchlorat verkochen und kalt zusetzen 9 kg Anilinsalz. Diesem werden vor dem Gebrauch auf ein Liter der Farbe 250 g Salmiak und 150 g chromsaures Chromoxyd zugesetzt.

Zur Darstellung des chromsauren Chromoxyds mischt F. Witz kochende Lösungen von 12,586 kg Chromalaun in 70 l Wasser und 13,713 kg Kaliumchromat in 70 l Wasser. Man läfst absitzen, wäscht gut und erhält eine Paste von 33 kg.

Nach einem zweiten Patente 84185 vom 27. Januar 1867[5]) versucht

---

[1]) Kielmeyer, Entwicklung des Anilinschwarz, Leipzig 1893.

[2]) Französ. Patent 71692 vom 24. Mai 1866.

[3]) Dasselbe Verfahren unter Anwendung von neutralem Bleichromat liefs sich Joseph Schmidlin später (1881) in England patentieren.

[4]) Sitzungsbericht der Société industrielle de Mulhouse vom 14. Dezember 1892.

[5]) Wagners Jahresbericht 1869, S. 583.

Higgin, ein Anilinchlorid darzustellen, welches keinen Überschuſs an Säure enthält, um dieses in Verbindung mit chlorsaurem Kali und einem Kupfersalz der Druckfarbe zuzusetzen. Er mischt zu diesem Zwecke Anilin mit der Lösung eines Metallchlorids, dessen Base die Bildung von Anilinschwarz nicht verhindert. Bei günstigen Mengenverhältnissen wird die Fällung der Metallbase zum groſsen Teil oder sogar vollständig vermieden, so daſs schlieſslich ein lösliches Chlorid erhalten wird, welches Chlor in Verbindung mit Metallanilin enthält. Die Chloride des Eisens und Chroms werden vornehmlich empfohlen. So genau an und für sich die Beobachtung von Higgin ist, so unrichtig ist seine Auslegung derselben, wie bereits auf S. 12 auseinandergesetzt wurde.

In derselben Patentschrift behält sich Higgin auch den Ersatz von Schwefelkupfer durch Rhodankupfer vor. Diese Verbindung kam in England unter dem Namen „white paste" im Gebrauch. Ed. Lauber[1]) empfahl folgende Vorschrift zum Druck mit Rhodankupfer. 6 kg Stärke, $1^{1}/_{2}$ kg lichtgebrannte Stärke, 48 l Wasser, 6 l Traganthschleim (62 g im Liter) werden gekocht, heiſs 2060 g chlorsaures Kali und 1500 g Chlorammonium und schlieſslich 12 kg Anilinsalz, $^{5}/_{8}$ l Anilinöl und 1875 g Rhodankupfer zugegeben. Nach Lauber oxydiert sich dieses Schwarz zwar langsamer als das Schwarz mit Schwefelkupfer, hat aber den Vorteil, weniger Vorsichtsmaſsregeln beim Drucken und Oxydieren zu erheischen.

A. Spirk[2]) empfiehlt als vorzügliche Handdruckfarbe: In 2600 g noch heiſsen Stärkekleisters werden 30 g Grünspan, 30 g chlorsaures Kali und 15 g Salmiak gelöst und nach dem Erkalten dieses Gemisches demselben 75 g salz- oder salpetersaures Anilin hinzugefügt.

Die Farbe entwickelt sich innerhalb 8—12 Stunden in der Hänge und wird durch eine Sodapassage in Tiefschwarz übergeführt. Spirk beschreibt auch mehrere Verfahren für Walzendruck mit Verwendung von schwefelsaurem Kupfer und salzsaurem oder weinsaurem Anilin und auſserdem folgendes Schwarz mit wolframsaurem Chrom (letzteres erhalten durch doppelte Umsetzung zwischen Chromchlorid und wolframsaurem Ammoniak): 2 l Wasser, 270 g Weizenstärke, 375 g wolframsaures Chromoxyd in Teig werden gut verkocht. Dem noch lauwarmen Gemenge fügt man 60 g chlorsaures Kali, 30 g Salmiak und 210 g salzsaures Anilin hinzu.

Das französische Patent von Lauth Nr. 85 554 vom 5. Mai 1869 hat in erster Linie Wert für das Färben und Fixieren von einem nach irgend einer Methode entwickelten Schwarz. Er beschreibt aber auch ein Druckverfahren, wobei ein neutrales Anilinsalz, regeneriertes oder gefälltes Mangansuperoxyd und Chlorammonium oder irgend ein anderer

---

[1]) Lauber, Handbuch des Zeugdrucks, 1. Auflage, Fabrikationsband, S. 159.
[2]) A. Spirk, Praktisches Lehrbuch der Färberei und Druckerei 1869, S. 85; Dingl. Polyt. Journal, Bd. 189, S. 255; Wagners Jahresbericht 1867, S. 783.

Körper verwendet wird, welcher fähig ist, Mangansuperoxyd unter Mithilfe von Dampf zu zerlegen; nach dem Drucken wird gedämpft.

Mangansuperoxyd kann durch andere Metalloxyde oder Säuren, welche reich an Sauerstoff sind, ersetzt werden.

Da die Erfahrung die Koloristen gelehrt hatte, daſs reines chlorsaures Anilin, wenn es in Abwesenheit von Metall, z. B. mit Holzformen, aufgedruckt wird, bei der Temperatur der Oxydationskammer kein Schwarz liefert, wohl aber mit gröſster Leichtigkeit, wenn auch nur Spuren von Kupfer zugegen sind, so untersuchte Lightfoot[1]), ob andere Metalle ein analoges Verhalten zeigten. Er druckte mit der Holzform eine Druckfarbe aus basischem salzsaurem Anilin und chlorsaurem Ammoniak, verdickt mit Stärke, auf und lieſs die fraglichen Metalle, indem er sie in Form von dünnen Plättchen auf die Gewebe auflegte, 15 Minuten lang auf diese einwirken. Der Stoff wurde sodann an einem feuchtwarmen Ort während 12 Stunden aufgehängt und nachher durch ein alkalisches Bad gezogen. Mit V a n a d i u m entwickelte sich die Farbe am raschesten; dann kam Kupfer, Uran, endlich Eisen; die anderen Metalle hatten nur wenig Einfluſs uuf die Bildung der Farbe.

Diese Resultate wiesen darauf hin, die Vanadiumsalze, als sie der Industrie zugänglich wurden, an Stelle von Kupfersalzen zu verwenden, mit groſsem Vorteile, wie wir noch sehen werden.

K r u i s[2]) studierte die Wirkung verschiedener Salze von Schwermetallen auf gelöstes chlorsaures Anilin in der Kälte und Wärme; er stellte fest, daſs alle mehr oder weniger rasch einwirken unter Bildung dunkelgrüner Niederschläge, welche an der Luft schwarz oder grau werden. Schwarz bilden jedoch wenige derselben, wenn sie mit chlorsaurem Anilin aufgedruckt werden und in die Hänge kommen; auſser Kupfer (und Vanadium, mit welchem Kruis keinen Versuch gemacht hat) sind es nur noch Eisen, Mangan und Cer. Das schönste Schwarz wird, nach Kruis, mit Cer (Bisulfat) erhalten; es übertrifft an Tiefe, Feuer und Reinheit der Farbe das mit Kupfersalzen dargestellte. Das Schwarz mit Mangan gleicht dem mit Kupfer; das mit Eisen ist nach demselben Autor minderwertig.

Nach Versuchen von O. N. W i t t[3]) sind reine Cersalze zur Entwicklung von Anilinschwarz vollkommen untauglich. Die von K r u i s erhaltenen Resultate müssen daher auf ein anderes, in seinen Cersalzen enthaltenes Metall zurückzuführen sein.

Auf S. Grawitz' französisches Patent 105 130, wonach Anilinschwarz sich in der Hänge auch ohne Säure entwickeln soll, und das nur drei Tage später datierende Zusatzpatent, in welchem in saurer Druckfarbe das Schwarz entwickelt wird, sei hier hingewiesen. Die

---

[1]) Bull. Soc. ind. de Mulhouse 1871, S. 285.
[2]) Dingl. polyt. Journal CCIII, S. 483. Moniteur scientifique 1874, S. 927.
[3]) Chemische Industrie 1896, S. 156.

Patente bilden entweder eine Wiedergabe der Arbeiten Lightfoots, Higgins und anderer oder sie enthalten Angaben, die überhaupt nicht ausführbar sind.

Wehrlin[1]) änderte das Dampfschwarz Cordillots (s. S. 37 ff.) 1874 in der Weise ab, dafs er nicht mehr Ferricyanammonim, sondern die Ferro- oder Ferricyanverbindung des Anilins in die Druckfarbe ein-führte. Diese Verbindungen wurden vorher durch direkte Vereinigung der betreffenden Säuren und der Base dargestellt.

Wehrlin beschreibt im Bulletin de Mulhouse, 1870, S. 386 die Darstellung von Ferrocyananilin.

Man giefst eine Lösung von Weinsäure in eine Lösung von Ferrocyankalium, filtriert vom Weinstein; die Flüssigkeit zeigt 23^0 Bé. Man löst in derselben die berechnete Menge Anilin bei 50^0 und läfst kristallisieren. Zum Drucken verwendet man Ferrocyananilin, mit weifser und gebrannter Stärke verdickt, Chlorammonium und Kaliumchlorat oder Ferrocyananilin, verdickt und Anilinchlorat (das genaue Rezept ist nicht angegeben). Eine einfache und billige Vorschrift zur Darstellung von Ferrocyananilin findet sich in den Erläuterungen zu den Mustertafeln.

Ähnlich läfst sich Ferricyananilin darstellen und anwenden; die Farbe ist aber zersetzlicher.

Ernest Schlumberger (Bull. Mul. 1874, S. 390) bereitet Ferrocyananilin aus: 2 kg Anilin und 2 kg Salzsäure von 19^0 B. Erkalten lassen. Anderseits werden 2400 g gelbes Blutlaugensalz in 4200 g siedendem Wasser gelöst, auf 56^0 erkalten gelassen und dann das salzsaure Anilin hinzugefügt. Beim Erkalten kristallisiert Ferrocyananilin aus. Das feuchte Salz hält sich einige Tage.

Schlumberger ist der Meinung, dafs es vorteilhafter ist, Ferrocyananilin und im allgemeinen Ferrocyanüre anzuwenden, anstatt Ferricyanüre, und dementsprechend die Menge des Chlorats zu erhöhen. (Auf 100 g gelbes Blutlaugensalz braucht man 4 g Kaliumchlorat, um es in rotes überzuführen.) Brandt (Bulletin de Mulhouse 1874, s. S. 394) veröffentlichte allgemeine Angaben, gibt aber keine detaillierten Vorschriften.

Wehrlin rühmt, dafs diese Schwarz aus Ferrocyananilin sehr schön scien und sich ohne vorherige Oxydation durch einfaches Dämpfen fixierten. Der Lösung des Salzes, welche mit Weizenstärke und lichtgebrannter Stärke verdickt ist, werden Salmiak und chlorsaures Kali hinzugefügt. Koupiert liefert diese Druckfarbe sehr schöne Grau, welche seifen- und chlorecht sind. Ein sehr intensives Schwarz wird auch erhalten, wenn man Ferrocyananilin und chlorsaures Anilin, welches mit lichtgebrannter Stärke verdickt ist, mischt.

Ein nach diesen Methoden erzeugtes Schwarz vergrünt nicht an der Luft, wie das Schwarz mit Schwefelkupfer. Ferricyananilin gibt unter gleichen Bedingungen wie die Ferrocyanverbindung sehr schönes

---

[1]) Bulletin de la Société industrielle de Mulhouse 1874.

Schwarz, welches bei Anwendung gleicher Mengenverhältnisse wesentlich kräftiger ist.

Ernest Schlumberger[1]) bespricht ebenfalls diese Methode und empfiehlt seinerseits Ferrocyananilin, welches durch Umsetzung von salzsaurem Anilin und gelbem Blutlaugensalz erhalten wird; er bemerkt dabei, dafs dieses Salz vor der Ferricyanverbindung grofse Vorzüge besitzt. „Während die Druckfarbe mit Ferricyanüren sich zersetzt und nach kurzer Zeit ungeeignet zum Druck wird, hält sich die mit Ferrocyanür unbegrenzte Zeit. Diese hat aufserdem den Vorteil, die Rackeln nicht anzugreifen, was Farben, welche Ferricyanwasserstoffsäure enthalten, stets tun.“

Ch. Brandt[2]) äufserte sich über dieselbe Frage ähnlich wie Schlumberger und bemerkt über das Schwarz von Cordillot: „Es war kein Dampfschwarz, es war aber der Ausgangspunkt für alle Anilinschwarz mit Cyanverbindungen; es liefert ein vorzügliches Dampfschwarz, wenn man die Verhältnisse abändert. Damit sich das Schwarz durch einfache Oxydation ohne Dämpfen entwickeln konnte, war man gezwungen, diese Druckfarbe sehr sauer zu halten und bei hoher Temperatur zu oxydieren. Trotz alledem erhielt man aber nur ein wenig intensives, zu bläuliches Schwarz; es war in keiner Beziehung dem Schwarz mit Schwefelkupfer, welches es ersetzen sollte, ebenbürtig. Hätte man dagegen versucht, das Schwarz durch Dämpfen anstatt durch Oxydation zu entwickeln, so wäre man schon lange zum Ziel gekommen.“

In dem schon S. 37 erwähnten Berichte von Albert Schlumberger über die Einführung von Anilinschwarz in der Fabrik La Mer-Rouge wird mitgeteilt, dafs nach der Einführung des Cordillotschen Schwarz mit Ferrocyanammonium im Jahre 1862 ein Schwarz mit chlorsaurem Anilin, Eisenoxyd und salpetersaurem Kupfer, im Jahre 1868 ein Schwarz mit salpetersaurem Chrom hergestellt wurde. Seit Mai 1872 wurde während mehrerer Monate Schwarz, welches nur aus Anilinsalz und chlorsaurem Kali bestand, auf mit Kupfer präparierte Gewebe gedruckt. Sodann wurden viele mit Chromat präparierte Stücke gedruckt.

Albert Schlumberger fährt dann wörtlich fort: „Endlich am 7. Mai 1874 liefs Herr Frey, einer unserer Chemiker, chlorsaures Eisen, chlorsaures Kupfer, chlorsaures Chrom und chlorsaures Aluminium auf salzsaures Anilin einwirken und bekam auf diese Weise Niederschläge, welche zwischen sattem Grünschwarz und Gelbschwarz variierten. Das Schwarz mit chlorsaurem Eisen wurde als das beste erkannt. Die verschiedenen schwarzen Niederschläge wurden, teils in trocknem, teils in feuchtem Zustande, gasförmiger schwefliger Säure und den verschiedenartigsten Säuren ausgesetzt; sie wurden nacheinander mit den kräftigsten Säuren behandelt; stets erwies sich der Niederschlag mit chlorsaurem Eisen als der widerstandsfähigste, welcher nicht grün wurde.

---

[1]) Bulletin de la Société industrielle de Mulhouse 1874.
[2]) Ebenda, S. 390.

Das Schwarz mit Eisen wählten wir daher heraus und bedruckten nach diesem Verfahren unsere Moleskin. Am 2. Juni 1874 wurde die Druckvorschrift mit Eisen formuliert; nach dieser drucken wir heute (1893) immer noch, nachdem wir sie inzwischen allerdings verbessert und abgeändert haben."

A. Guyard[1]) und Witz[2]) veröffentlichen ihre hochinteressanten Studien über die Anwendung von Vanadium bei der Erzeugung von Anilinschwarz in Pulver, in Färberei und Zeugdruck. Guyard hatte nachgewiesen, daſs mit Hilfe von 1 Teil Vanadium mit Leichtigkeit mehr wie 1000 Teile salzsaures Anilin bei Gegenwart der erforderlichen Menge chlorsauren Kalis in Schwarz übergeführt werden. Witz hat gefunden, daſs diese Umwandlungsfähigkeit des Vanadiums eine ganz auſserordentlich groſse ist, und daſs $^1/_{135\,000}$, ja selbst $^1/_{270\,000}$ davon genügen, um beim Drucken in wenigen Tagen eine genügende Oxydation bei 25^0 zu erzielen.

Im Betrieb verwendet er 0,0012 g Vanadium für 1 Liter einer Druckfarbe, welche etwa 80 g salzsaures Anilin enthält, somit $^1/_{66\,700}$ vom Gewicht dieses Salzes. Die für Schwarz anzuwendende Menge Vanadium variiert im allgemeinen im umgekehrten Verhältnis mit dem Gehalt der Druckfarbe an Anilin, der Temperatur und der Zeit, welche auf die Oxydation verwendet wird.

Das salzsaure Anilin wird leicht basisch gemacht durch Zusatz von $^1/_2$ bis 1 cc Anilin oder einer gleichen Menge Ammoniak von 22^0 zu dem Liter Druckfarbe. Das Verhältnis zwischen salzsaurem Anilin und chlorsaurem Kali beträgt 1 : 0,417; Lauth hat ein nahezu gleiches Verhältnis 1 : 0,437 empfohlen.

Schmidlin[3]) empfiehlt ein Anilinschwarz für Druck aus Anilinsalz, chlorsaurem Kali, unlöslichem Chromat und Eisensalz. Die Anwendung unlöslicher Chromate, im besonderen von Bleichromat, ist, wie wir S. 40 gesehen haben, 1866 bereits Alfred Paraf durch Patent geschützt worden. In seinem deutschen Patent[4]) gibt Schmidlin folgende Formel: 40 l Stärkekleister, 6 kg chromsaures Blei, 6 kg Chlorammonium, 6 kg Anilinsalz und 1,5 kg chlorsaures Natrium.

Sansone empfiehlt[5]) folgende Verhältnisse für das Schmidlinsche Verfahren: 1000 g Wasser, 120—150 g Stärke werden gekocht und vor dem Abkühlen 200 g Anilinsalz und 200 g Salmiak beigemischt, kalt gerührt und 50 g Natriumchlorat zugesetzt. Vor dem Drucke fügt man 200 g chromsaures Blei (Chromgelb in Teigform) zu. Drucken, 5 Minuten dämpfen, waschen und seifen. Nach Sansone kann diese Farbe noch etwas abgeschwächt werden; sie liefert im Verhältnis von 100 g Anilinsalz zu 1000 g Verdickung noch ein gutes Schwarz.

[1]) Antony Guyard (Hugo Tamm) Bulletin de la Société chimique de Paris XXV, 1876, S. 58.

[2]) Bulletin de la Société industrielle de Rouen 1876, S. 310—334.

[3]) Engl. Patent 3101, 1879.

[4]) D. R.-P. 13428.

[5]) Sansone, Der Zeugdruck, Berlin 1900, S. 193.

Glenck[1]) bemerkt, dafs chlorsaurer Baryt und chlorsaures Natron und sogar Chlorsäure in Lösung in grofsem Mafsstabe im Zeugdruck an Stelle von schwerlöslichem chlorsaurem Kali gebraucht werden. Chlorsaurer Baryt wird vornehmlich zu den Druckfarben mit Ferrocyankalium verwendet; zu Farben, welche Sulfate enthalten, darf er nicht gebraucht werden, weil das entstehende Bariumsulfat die Nuancen stumpf erscheinen läfst.

Goppelsroeder[2]) erzeugt das Anilinschwarz durch Elektrolyse direkt auf dem Gewebe.

In dem Mafse, als es den Bemühungen der Koloristen gelang, das Anilinschwarz zu einer technisch leicht handlichen Druckfarbe zu machen, verdrängte es die bisher üblichen Farben für Schwarz, welche entweder aus einer Kombination von Ultramarinblau und Krapplack, oder aus Eisenlacken des Blauholz- und Galläpfelextraktes bestanden. Aus einer im Jahre 1892 von A. Scheurer veröffentlichten Statistik[3]) ist ersichtlich, dafs im Elsafs allein in der Zeit von 1864—1892 1 500 000 Stücke à 50 m mit Lauthschen Schwarz gedruckt wurden.

Die Überlegenheit des Lauthschen Schwarz veranlafste auch schnell dessen Aufnahme in die seinerzeit gangbaren Schwarzkombinationen mit anderen Farben, so mit Chromgelb, Chromorange, Eisenchamois, Nankin u. s. w. Seine gröfste Ausdehnung fand es dann in Verbindung mit dem 1869 in den Handel gebrachten künstlichen Alizarin. Dank der Abwesenheit von Eisenbeizen und der guten Eigenschaft, in warmen Bädern die mitgedruckten Farben nicht zu verunreinigen, konnten alle hier genannten Kombinationsartikel mit Anilinschwarz besser und müheloser dargestellt werden, als es bisher der Fall gewesen war.

B. Die heutigen Druckverfahren der Praxis.

Nachstehend soll eine Zusammenstellung der heute üblichen Anilinschwarzdruckfarben und derjenigen Artikel gegeben werden, in welchen Anilinschwarz in Kombination mit anderen Farben Anwendung findet.

Von den vielen vorgeschlagenen Oxydationsmitteln haben sich nur vier dauernd einzubürgern gewufst, und man verwendet demgemäfs heute das Schwefelkupferschwarz, das Bleichromatschwarz, das Vanadiumschwarz und schliefslich das Ferrocyankaliumschwarz. — Die allen diesen Druckfarben zugrunde liegende Basis ist das Anilin; fast alle anderen Basen liefern durch Oxydation auf dem Gewebe Farben, welche sich weder durch ihre Töne noch durch ihre Tiefe auszeichnen; man verwendet sie daher heute nur als Bei-

---

[1]) Dingl. polyt. Journal CCXL, S. 255. Wagners Jahresbericht 1881, S. 874.

[2]) Dingl. polyt. Journal CCXLV, S. 125. Wagners Jahresbericht 1882, S. 968.

[3] Société industrielle de Mulhouse 1892. Sitzungsberichte des Com. für Chemie, S. 77 u. 81.

mischungen zum Anilin, um dem hierdurch erzeugten Schwarz, wie schon auf Seite 30, 31 besprochen wurde, einen höheren Grad von Unvergrünlichkeit zu verleihen. —

Durch die jüngsten Bemühungen von Ed. Ullrich und F. Fufsgänger hat sich dem Anilin als gleichwertige, in manchen Punkten sogar überlegene oxydable Base das Paraamidodiphenylamin an die Seite gestellt, und werden wir im Anschlufs an obengenannte vier Druckfarben auch das Diphenylaminschwarz von Höchst besprechen.

Anilin wird fast ausschliefslich als salzsaures Salz verwendet, welches in der Praxis schlechtweg als „Anilinsalz" bezeichnet wird. Es ist billiger als die meisten anderen und besitzt vor dem Sulfat den Vorzug gröfserer Löslichkeit. Sowohl Anilinöl wie Anilinsalz kommen in tadelloser Reinheit auf den Markt. Wird Anilinsalz in den Druckfabriken selbst dargestellt, so eignet sich die von Witz erwähnte Methylviolettlösung (1 g im Liter) sehr gut als Indikator. (Dasselbe wird durch freie Säure grün gefärbt.) Häufig wird Anilinschwarz, wie bereits erwähnt, mit einem Viertel oder gröfseren Bruchteil seines Gewichts an „Anilinsalz unvergrünlich" von Oehler versetzt.

Als Oxydationsmittel des Anilins dient fast ausschliefslich Natriumchlorat. Es kommt seit seiner Darstellung auf elektrolytischem Wege im Zustande grofser Reinheit in den Handel und besitzt dem früher gebräuchlichen Kaliumchlorat gegenüber den Vorteil gröfserer Löslichkeit und etwas niedrigeren Preises. —

Als häufigen Zusatz zu allen Anilinschwarzdruckfarben nimmt man Chlorammonium. Es soll zufolge seiner hygroskopischen Eigenschaften und seiner bei höherer Temperatur eintretenden Dissoziation die Reaktion auf der Faser beim Dämpfen einleiten. —

Das Schwefelkupferschwarz enthält als Sauerstoffübertrager unlösliches Schwefelkupfer, welches der Farbe in Pastenform beigemengt wird, und welches durch doppelte Umsetzung zwischen käuflichem Schwefelnatrium und Kupfervitriol dargestellt wird. Es ist wichtig, die gewonnene Paste von schwarzem Schwefelkupfer gut zu waschen bis zur gänzlichen Abwesenheit jeglicher Spuren von überschüssigem Schwefelnatrium oder Kupfersulfat; das erstere überzieht die kupferne Druckwalze mit einem Hauch von Schwefelkupfer, der die unangenehme Eigenschaft besitzt, etwaige Walzendefekte dem Auge schwer sichtbar zu machen; Kupfersulfat verursacht die Ausscheidung von metallischem Kupfer auf den Stahlrackel und die damit Hand in Hand gehende Zerstörung der Rackelschneide. — Übrigens hat selbst sehr sorgfältig bereitetes Schwefelkupferschwarz stets die unangenehme Eigenschaft, die Kupferwalze etwas zu beschlagen. Durch Polieren wird diese dünne Schwefelkupferschicht wieder entfernt. —

Die Haltbarkeit der Farbe wird wesentlich erhöht, wenn ihr nach einem Vorschlage H. Schmids 3 g Rhodankalium für 1 Liter Druckfarbe zugesetzt werden. Es wird hierdurch aus eventuell zu Sulfat oxydiertem Schwefelkupfer unlösliches Rhodankupfer gefällt.

Das Schwefelkupferschwarz hat den Vorteil, beim Dämpfen oder Verhängen nicht zu fliefsen, seine scharfen Konturen beizubehalten und ein tiefes Schwarz zu erzeugen, welches, wenn mit beigemengtem Anilinsalz unvergrünlich erzeugt, selbst in grofsen Effekten kein Nachchromiren erfordert. Es eignet sich daher vor allem zum Druck für Hemdenartikel und in Verbindung mit Dampffarben oder aufgedruckten Beizen. — Es wird am vorteilhaftesten durch eine langsame Oxydation entwickelt, wie sie der Preibisch-Apparat ermöglicht; im Mather Platt passiert man am besten drei Minuten bei höchstens 65 ° C. Vielfach entwickelt man es auch noch durch Verhängen. In Verbindung mit Dampffarben ist eine Passage durch Ammoniakgas nach dem Vordämpfen unerläfslich.

Da es selbst bei sorgfältiger Darstellung sich schlechter druckt als das Ferrocyanschwarz und vor allem ein viel häufigeres Aufschärfen der Rackel erfordert, so wurde es in letzter Zeit vielfach dort durch das Ferrocyanschwarz ersetzt, wo dessen Eisengehalt nicht schädlich auf die mitgedruckten Farben bei den Nachbehandlungen wirken kann. — Ein Schwefelkupferschwarz der Praxis ist das folgende:

<pre>
   12 l Wasser,
 1875 g Weizenstärke,
  750 „ dunkelgebrannte Stärke und
  500 „ Natriumchlorat, kochen, dazu
 1500 „ Anilinsalz,
   90 „ Anilin und vor dem Gebrauch
  830 „ Schwefelkupfer in Teig.
</pre>

Schwefelkupfer in Teig:

<pre>
   24 kg Kupfervitriol in
  200 l   Wasser lösen und dazu unter Umrühren eintragen
 12,5 kg Schwefelnatrium in
   50 l   Wasser gelöst;
</pre>

auf flachen Leinwandfiltern mit heifsem Wasser bis zur Entfernung von allem Schwefelnatrium oder Kupfersulfat auswaschen.

Das obige Schwarz enthält 85,5 g salzsaures Anilin, 5 g Anilinöl und 28,5 g Chlorat im Liter Druckfarbe. Zur Beurteilung einer Anilinschwarzdruckfarbe möge angegeben werden, dafs nach der bekannten Annahme, wonach Anilinschwarz ein um zwei Wasserstoffatome ärmeres Anilin darstellt:

$$C_6H_5\text{-}NH_2 = C_6H_5N + H_2,$$

auf 100 Teile Anilinsalz 37,5 Teile Kalium- oder 32,7 Teile Natriumchlorat zur Oxydation kommen. Doch ist die zweckentsprechendste Bemessung der Chloratmenge stets von den jeweiligen Fabriksverhältnissen abhängig.

Der Zusatz von gebrannter Stärke zur Druckfarbe trägt infolge ihrer reduzierenden Wirkung wesentlich zur Konservierung der Faser bei.

Kallab empfiehlt folgende Zusammensetzung der Druckfarbe:

<pre>
   70 Prozent Verdickung,
   10   „   Anilinsalz Oehler,
</pre>

15 Prozent Wasser und

5 „ Schwefelkupferteig.

Die Verdickung besteht hierbei aus:

800 g Traganthschleim $^{66}/_{1000}$,

3000 „ Wasser,

720 „ Weizenstärke,

720 „ gebrannte Stärke und

220 „ chlorsaures Natron.

Bei schweren Mustern empfiehlt es sich nach Kallab, der Druckfarbe 50—60 g Ammoniak für 1 kg Anilinsalz zuzusetzen, um Anilin freizumachen und so dem Morschwerden der Faser vorzubeugen, da man annehmen könne, dafs bei Bildung von Anilinschwarz aus einem Kilo Anilinschwarz nahezu 19 g salzsaures Gas frei werden. Derselbe Zweck wird auch durch Zusatz von etwas Ferrocyankalium zum Schwefelkupferschwarz erzielt.

Nach dem Entwickeln wird am besten heifs durch Lauge genommen, gut gewaschen und hierauf im Strang zuerst mit Chlorsodalösung behandelt, dann heifs geseift.

Das Bleichromatschwarz enthält aufser einem Sauerstoffüberträger — meistens Schwefelkupfer — noch Bleichromat, welches einerseits als Oxydationsmittel, anderseits als Neutralisationsmittel dient.

Es eignet sich noch mehr wie das Schwefelkupferschwarz zur Ausführung feiner Druckmuster und namentlich in Kombinationen mit anderen säureempfindlichen Farben, da es infolge seines Gehaltes an festem Bleichromat beim Entwickeln seine Konturen nicht verschiebt.

Es wurde von Schmidlin eingeführt, und wir haben bereits auf S. 45 seine sowie Sansones Vorschrift angeführt.

Der Nachteil des Bleichromatschwarz ist der bräunliche, harte Ton des entwickelten Schwarz. Es druckt sich ziemlich schlecht wegen des Gehalts an festen Körpern. Man kann es bis zu 15 Minuten ohne Gefährdung der Faser dämpfen.

Folgendes ist eine Vorschrift aus der Praxis:

1750 g Weizenstärke,

750 „ dunkelgebrannte Stärke,

12 l Wasser,

500 g chlorsaures Natron,

1 l Bleichromat (Chromgelb) in Teig,

1500 g Anilinsalz.

Nach dem Erkalten beizufügen

30 g Schwefelkupfer in Teig

auf je 1 l Farbe.

Bleichromat in Teig:

10 kg Kaliumbichromat, gelöst in 30 l Wasser,

30 „ essigsaures Blei (Bleizucker), gelöst in 30 l Wasser,

auf flachem Filter filtrieren, abtropfen lassen; den Niederschlag auf dem Filter mit heifsem Wasser auswaschen. Die Paste auf 35 kg einstellen.

Das Schwarz erfordert kein Nachchromieren. In Verbindung mit Dampffarben, die ein 15 oder 20 Minuten übersteigendes Dämpfen erfordern, muſs nach dem Vordämpfen durch Ammoniakgas genommen werden.

Das Vanadiumschwarz wird mittels Zusatzes von Vanadsalzen, auf deren sauerstoffübertragende Wirkung bereits Witz hingewiesen hat, und dem wir dieses Schwarz verdanken, hergestellt. Man benutzte ursprünglich das Natriummetavanadat.

H. Schmid[1]) empfahl jedoch als geeignetere Form das Vanadiumchlorür. Nach seinen Angaben werden zu dessen Darstellung 20 g Ammoniummetavanadat in 100 cc Salzsäure und 200 cc Wasser gelöst, mit etwa 15 cc käuflichem Natriumbisulfit kochend reduziert, bis Blaufärbung die Gegenwart von Vanadiumchlorür anzeigt; man verdünnt sodann auf 20 l. Ein Liter dieser Lösung entspricht einem Gramm Ammoniumvanadat oder etwa 0,5 g metallischem Vanadium. In der Praxis verwendet man je nach der Art der Ware und den örtlichen Verhältnissen sehr verschiedene Mengen Vanadium. Auf 1 kg Anilinöl oder 1,5 kg Anilinsalz werden von 0,8—3 g Vanadat als Vanadinchlorür zugesetzt.

Statt mit Bisulfit kann die Reduktion auch mit 10 g Glyzerin bewerkstelligt werden.

Das Vanadiumschwarz ist infolge der Anwesenheit des Sauerstoffüberträgers im gelösten Zustande nicht so haltbar, als Druckfarbe, wie die beiden vorher besprochenen. Es dunkelt im Kübel ziemlich schnell nach, und zwar um so mehr, je vanadinreicher die Farbe ist.

Solches stark abgedunkeltes Schwarz muſs mit Vorsicht verwendet werden, da das Schwarz statt in der Faser sich bereits innerhalb der Farbe gebildet hat und beim darauffolgenden Seifen abfällt.

Der Vorzug des Vanadiumschwarz ist die Abwesenheit jeglicher Mengen Metall, welche — die Spuren Vanadiums kommen hier nicht in Betracht — begleitende Farben bei den späteren Operationen des Waschens und Seifens beeinträchtigen können. Es wird deshalb mit Alizarinrot und Rosa und vornehmlich zum Druck auf fertig gefärbtes Paranitranilinrot verwendet.

Nachstehendes Rezept ist aus der Praxis:

     6700 g Weizenstärkekleister,
     1000 „ dunkelgebrannte Stärkeverdickung,
     1000 „ Wasser,
      800 „ Anilinsalz,
      150 „ Anilinöl,
      400 „ Natriumchlorat.

Vor dem Gebrauch zusetzen

     500 cc Vanadiumchlorürlösung.

Vanadiumchlorürlösung: 8 g Ammoniumvanadat mit 40 g Salzsäure und 80 cc Wasser lösen, mit 10 g Glyzerin in der Wärme reduzieren und mit Wasser das Ganze auf 2 l stellen.

---

[1]) Dinglers Polyt. Journal, 251, S. 43.

Es empfiehlt sich, die Vanadiumchlorürlösung in möglichst verdünntem Zustande zuzusetzen, und danach gut umzurühren, um lokale Oxydation zu vermeiden.

Die Entwicklung des Vanadiumschwarz kann in der Hänge oder im Oxydationskasten erfolgen. Das oben angegebene Schwarz wird durch eine zwei Minuten lange Passage durch den Mather-Platt-Vordämpfapparat bei 95 ° C. schön entwickelt. — Ein Chromieren ist nicht erforderlich.

Das nachstehende Schwarz ist von Dépierre zum Aufdruck auf Alizarinrot gefärbte Ware empfohlen.

$$9 \text{ kg Weizenstärke,}$$
$$1 \text{ „ dunkelgebrannte Stärke,}$$
$$95 \text{ l Wasser,}$$
$$3300 \text{ g Kaliumchlorat,}$$
$$20 \text{ „ Methyl-Violett (zum Markieren der Farbe);}$$

kochen, kalt zusetzen:

$$6450 \text{ g Anilinöl,}$$
$$5700 \text{ „ Salzsäure und}$$
$$345 \text{ cc Vanadiumlösung.}$$

Vanadiumlösung: 8 g Ammoniumvanadat,
$$70 \text{ „ Salzsäure und}$$
$$8 \text{ „ Glyzerin 30 °,}$$

bis zur vollendeten Reduktion erhitzen und 80 g Wasser zufügen.

Dieses Schwarz wird durch 24 stündiges Verhängen und nachheriger Mather-Plattpassage entwickelt. Man passiert durch Kreide bei 70 ° C., wäscht und seift leicht.

Dépierres Schwarz ist bedeutend schwächer als das zuvor erwähnte. Es enthält nur 64 g Anilinöl, 57 g Salzsäure und 33 g Kaliumchlorat im Liter Druckfarbe. Die angewendete Salzsäure genügt nur zur Neutralisation von 45 g Anilinöl.

Das Ferrocyanschwarz ist entschieden das bequemste und am meisten verwendete Druckschwarz. Es verbindet mit einer sehr guten Haltbarkeit die Eigenschaft, sich bequem und gefahrlos drucken zu lassen und die Faser nicht oder nur unwesentlich anzugreifen. Es ist aber nach dem Verhängen und Vordämpfen nicht so gut entwickelt wie die vorhergehenden Schwarz und bedarf einer guten Nachchromierung.

Man einverleibt der Druckfarbe entweder direkt das Ferrocyananilin, oder man erzeugt es, was bedeutend bequemer und allgemeiner üblich ist, in der Druckfarbe selbst durch doppelte Umsetzung zwischen Anilinsalz und Ferrocyan-Kalium oder -Natrium. Es eignet sich für den Druck von Anilinschwarzböden, Soubassements (Gründel) oder schweren Mustern. Das Entwickeln erfolgt am besten durch eine Mather-Plattpassage von drei Minuten bei möglichst hoher Temperatur. Das Druckschwarz, welchem das Anilin als Ferrocyansalz zugesetzt wurde, verträgt mitunter nach diesem Vordämpfen noch ein zweites längeres Dämpfen ohne Druck; auf geölter Ware ist es nicht empfehlenswert.

Das folgende ist ein solches Ferrocyananilinschwarz aus der Praxis:

13 l Stärke (200 g im Liter),
1 „ Traganth (60 g im Liter),
1000 g Anilinsalz,
150 „ Anilin,
2000 „ Ferrocyananilin in Teig,
150 „ Essigsäure und
900 „ Natriumchlorat.

Dieses Schwarz wird zur Entwicklung durch den Mather-Platt passiert, 20 Minuten ohne Druck gedämpft, hierauf durch Soda |genommen oder geseift.

Ein anderes Ferrocyanschwarz mit Verwendung von salzsaurem Anilin ist das folgende:

120 g Weizenstärke,
80 „ gebrannte Stärke,
45 „ Natriumchlorat und
500 cc Wasser

kochen, dazu

50 g Ferrocyankalium,

kalt dazufügen

85 g Anilinöl,
112 „ Salzsäure 19 ⁰ Bé.

und mit Wasser auf 1 l stellen.

Die in diesem Druckschwarz verwendete Salzsäure neutralisiert 76 g Anilin. Es verbleibt somit 9 g Anilinöl als freie Base. Die 76 g Anilinöl entsprechen 106 g trockenen Anilinchlorhydrat. Es ist das ein ziemlich hoher Gehalt an Base; je nach den örtlichen Verhältnissen kann das Anilinsalz und entsprechend die Menge Chlorat und gelbes Blutlaugensalz reduziert werden. Dieses Schwarz verträgt höchstens eine drei Minuten lange Passage durch den Mather-Platt; will man länger dämpfen, so muſs nach dem Mather-Platt durch Ammoniakgas genommen werden.

Ein anderes Dampfanilinschwarz ist das folgende von Dépierre empfohlene:

12 l Wasser,
5 „ Traganthwasser $^{75}/_{1000}$ und
2,4 kg Weizenstärke

kochen, heiſs zufügen

1440 g Kaliumchlorat,
960 „ Anilinöl,
2880 „ Anilinsalz und
194 „ rotes Blutlaugensalz.

Es entwickelt sich durch ein Dämpfen von 15 Minuten, verträgt aber auch eine längere Einwirkung.

Es seien anschlieſsend an dieses Dampfanilinschwarz der Vollständigkeit halber die Beschreibung zweier Schwarz gegeben, welche wir seinerzeit Herrn Ed. Kopp verdankten, und die in Rouen verwendet wurden. In ihnen wird Anilin als chlorsaures oder weinsaures Salz verwendet; seit der Einführung des Ferrocyananilinschwarz sind sie kaum mehr im Gebrauch.

Schwarz mit chlorsaurem Anilin:

  1 kg 800 g Stärke,
  1 „ 800 „ lichtgebrannte Stärke,
10 l chlorsaures Anilin.

Gut kochen, wenn lauwarm

  1 kg 200 g kristallisiertes Anilinsalz hinzugeben, in der Kälte
  1 „ Schwefelkupfer, angerührt mit
  2 l Wasser hinzufügen.

Chlorsaures Anilin.

  2 kg 500 g chlorsaure Tonerde,
  2 „ 500 „ Wasser und
600 g Anilinöl werden gemischt und auf 40° C. erwärmt.

Chlorsaure Tonerde.

4 l Wasser und
1 kg schwefelsaure Tonerde lösen und
1 „ chlorsauren Baryt hinzufügen.

Gut umrühren, absitzen lassen und das Klare abziehen.

Schwarz mit chlorsaurem Anilin.

16 kg Stärke,
15 „ lichtgebrannte Stärke,
32 l Wasser und
96 „ chlorsaures Anilin gut kochen und in der Kälte
  3 kg 600 g Schwefelkupfer hinzufügen.

Chlorsaures Anilin[1]).

a)   8 kg chlorsaures Kali,
       8 Chlorammonium,
     48 l warmes Wasser.

b)   19 kg 200 g Weinsäure lösen in
     44 l Wasser und
     16 „ Anilinöl hinzufügen.

a und b mischen, absitzen lassen und das Klare abziehen.

---

[1]) Ist jedenfalls ein Gemisch von chlorsaurem und weinsaurem Anilin.

Schwarz mit Anilintartrat.

15 kg lichtgebrannte Stärke,
15 l Wasser,
2½ kg Chlorammonium,
2 „ chlorsaures Natron und
5 l Anilinöl kochen, in der Kälte hinzufügen
2½ kg Schwefelkupfer in Teig und
5 „ feinstgepulverte Weinsäure.

Das Diphenylaminschwarz wurde den Farbenfabriken Höchst a. M. durch D. R.-P. 134559 vom 4. April 1901 geschützt. Bei der technischen Bedeutung dieses Verfahrens geben wir nachstehend die Patentbeschreibung in extenso:

Verfahren zur Darstellung von unvergrünlichem Oxydations- oder Dampfschwarz.

Patentanspruch:

Verfahren zur Darstellung von unvergrünlichem Oxydations- oder Dampfschwarz, darin bestehend, dafs man die leicht oxydierbaren primären, sekundären oder tertiären Amido- oder Amidooxy-Derivate der Diphenylaminreihe oder deren Homologen auf der Faser im Färbe- oder Druckwege oxydiert.

Beschreibung.

Das in den Färbereien und Druckereien bis jetzt hergestellte Oxydations- oder Dampfschwarz hat den Nachteil, dafs es leicht „vergrünt", indem es durch Einwirkung von ganz verdünnten Säuren, wie sie der Schweifs enthält, oder rascher durch Reduktionsmittel, wie schweflige Säure, die oft in der Luft und besonders auch in den Lagerräumen enthalten ist, eine grünliche Nuance annimmt, wie sie das Zwischenprodukt der Schwarzbildung, das Emeraldin, zeigt. Dieses Vergrünen macht sich häufig beim Tragen von mit Anilinschwarz gefärbten Stoffen in unangenehmer Weise bemerkbar. Bis zu einem gewissen Grade ist es wohl gelungen, den Mifsstand zu beheben, doch ist absolut unvergrünliches Anilinschwarz bis jetzt noch nicht erhalten worden. Aufserdem hat das Anilinschwarz den Fehler, dafs die Baumwollfaser durch die zur Bildung des Schwarz notwendige Säuremenge sehr leicht angegriffen und morsch wird. Wir haben nun gefunden, dafs man durch Oxydation der primären, sekundären oder tertiären Amido- oder Amidooxy-Derivate der Diphenylaminreihe auf der Faser ein volles, tiefes Schwarz erhält, welches vollständig unvergrünlich ist und die Faser nicht angreift. Als besonders brauchbar für unsere Zwecke haben sich erwiesen das p.-Amido-p.-oxydiphenyl- oder phenyltolylamin, das Dimethyl-p.-Amido-p.-oxydiphenyl- und phenyltolylamin, das p.-Amidodiphenylamin, das p.-Amidomethyldiphenylamin, das Diamidodiphenylamin und das Dimethyldiamidodiphenylamin. Man verbraucht von diesen Verbindungen nur ungefähr den dritten Teil derjenigen Anilinmenge, die für ein volles, tiefes Schwarz erforderlich ist, und während bei dem Anilin neben dem Oxydationsmittel auch noch ein Sauerstoffüberträger, wie Vanadinsalzlösung, Ferrocyankalium, Schwefelkupfer u. s. w., nötig ist, geht die Schwarzbildung so leicht von statten, daſs der Sauerstoffüberträger vollständig entbehrlich wird. Ein Übelstand, den das am meisten benutzte Ferrocyankalium mit sich bringt, wird durch unser Verfahren ausgeschlossen. Derselbe besteht darin, daſs sich bei Anwendung dieses Salzes stets Berlinerblau bildet, welches dem Schwarz, wenn es aus dem Dampfe kommt, eine sehr schöne bläuliche Nuance verleiht, die jedoch verschwindet und die durch Bildung von Eisenoxydhydrat in ein weniger schönes Braunschwarz übergeht, sobald die Ware mit Seife und Soda behandelt wird. Aufserdem bietet das neue Verfahren den hygienischen Vorteil, daſs die bei dem alten Schwarzverfahren auftretenden Blausäuredämpfe vermieden werden. Ein weiterer Fehler, der dem Ferrocyananilinschwarz anhaftet, besteht darin, daſs es unmöglich ist, dasselbe neben Alizarin-Tonerdefarben zu drücken, indem deren Nuance durch die Nachbarschaft der Eisenverbindung sehr beeinträchtigt wird. Da wir bei unserer Methode eine solche nicht gebrauchen, so kann das neue Schwarz neben allen Dampffarben verwandt werden. Die leichte Oxydierbarkeit der von uns verwandten Base und der geringe Säurebedarf bei der Schwarzbildung sind aufserdem noch von besonderem technischen Wert, weil man imstande ist, die Farbe direkt zu entwickeln, indem man die Stückware sofort nach dem Klotzen über die heiſsen Trockenzylinder führt. Das langsame Trocknen in der Hotflue, die Passage durch den Dampfapparat oder das lange Verhängen in der Oxydationskammer werden dadurch erspart. Das neue Schwarz ist sehr seifenecht, sodaecht, lichtecht, schwefel- und säureecht, alkaliecht und bügelecht. Ebenso wie auf Baumwolle läſst sich das Schwarz auf Halbseide sehr gut herstellen. Man hat allerdings aus Amidodiphenylamin schon in Substanz anilinschwarzähnliche Körper hergestellt (vergl. z. B. Noelting und Lehne, Anilinschwarz [erste Auflage], 9, 15; Nietzki, Ber. XVIII, 226), aber diese nur für Aufklärung der Konstitution des Anilinschwarz unternommenen Versuche lieſsen nicht erkennen, daſs es gelingen würde, mit denselben Körpern auf der Faser Färbungen zu erzeugen, die dem Anilinschwarz überlegen sein würden, man muſste nach demselben vielmehr annehmen, daſs die Verwendung dieser Körper zu viel schlechteren Ergebnissen, als es mit Anilin der Fall ist, führen werde, und muſste daher von vornherein von dem Gebrauche derselben zur Erzeugung der Färbungen auf der Faser abstehen.

Schwarzdruckfarbe.

30 g p.-Amido-p.-oxydiphenylamin oder das äquivalente Quantum einer anderen der genannten Basen, 100 g Essigsäure von 8 ° Bé., 8 cc Salzsäure von 22 ° Bé., 600 g essigsaure Verdickung, 30 g Natriumchlorat, 232 cc Wasser, im ganzen 1000 g.

Nach dem Drucken wird getrocknet, drei Minuten gedämpft, gewaschen und geseift.

Klotzfarbe.

30 g p.-Amido-p.-Oxydiphenylamin, 300 g heifses Wasser, 10 cc Salzsäure von 22° Bé., 50 cc Essigsäure von 8° Bé., 100 g Traganthwasser (60 g in 1000 cc), 30 g Natriumchlorat, 300 g Wasser, im ganzen 1000 cc.

Nach dem Foulardieren wird entweder in der Hotflue getrocknet und im Mather-Platt drei Minuten gedämpft oder direkt auf dem heifsen Trockenzylinder das Schwarz entwickelt. —

Die Diphenylschwarzbase des Handels ist, wie bereits erwähnt das Paraamidodiphenylamin. Nach dem von den Farbwerken ausgearbeiteten Verfahren genügt ein Zusatz von Aluminiumchlorid zu der in Essigsäure gelösten Diphenylaminschwarzbase, um das Druckschwarz zu entwickeln; es wird dadurch die Korrosion der Faser vermieden. Das Schwarz besitzt aufserdem den grofsen Vorzug, unvergrünlich zu sein. Es erfordert kein Nachchromieren und entwickelt bei seiner Anwendung auf der Faser nicht die lästigen Anilin- und Blausäuredämpfe, welche bisher die steten Begleiter der Anilinschwarzartikel waren und sowohl in hygienischer Beziehung als auch infolge der vergilbenden Wirkung der ersteren auf gebleichte Baumwollfaser mit Recht gefürchtet sind.

Die Diphenylschwarzbase ist teurer wie Anilin, doch genügen 30 g für 1 l Druckfarbe zur Erzielung eines guten Schwarz.

Das Schwarz wird sich seiner oben erwähnten Eigenschaften zufolge für schwere Böden oder Gründel und in Kombination mit Dampffarben mit gutem Erfolg einführen.

Die Farbwerke Höchst haben die folgenden Anwendungsvorschriften für Diphenylschwarzbase gegeben:

„Die Diphenylschwarzbase ist in Wasser sehr wenig, dagegen in Essigsäure oder Acetin leicht löslich. In anderen Säuren, z. B. Salzsäure, Weinsäure, Oxalsäure u. s. w., ist die Base auch löslich, doch kristallisieren die betreffenden Salze beim Abkühlen aus, so dafs sie nicht verwendet werden können.

Zur Oxydation kann eine grofse Anzahl der gebräuchlichen Oxydationsmittel angewendet werden, doch haben wir mit den Chloraten von Natron und Tonerde und Kupfersalzen die besten Resultate erzielt. Die Druckfarben mit Schwefelkupferteig sind einige Tage haltbar, dagegen ist bei der Druckfarbe mit Kupferchlorid darauf Rücksicht zu nehmen, dafs es in ganz verdünntem Zustand (als Stammfarbe B) direkt vor dem Drucken zur Stammfarbe A zugefügt wird, damit keine vorzeitige Bildung von Schwarz in der Druckfarbe erfolgt.

Die Druckfarbe mit Kupferchlorid eignet sich wegen ihrer raschen Oxydation schon beim Trocknen besonders im Garndruck, wobei das Dämpfen wegfallen kann. Soll die Druckfarbe im Roleauxdruck verwendet werden, so mufs der Verdickung für Schwarz vorher 1 g Rhodankalium per Kilo zugefügt werden, damit die Rackel nicht angegriffen wird.

Ferrocyankalium läſst sich als Sauerstoffüberträger nicht gut verwenden, weil die Diphenylschwarzbase dadurch ausgefällt wird, und Vanadsalze sind wegen zu rascher Oxydation in der Druckfarbe nicht geeignet.

Durch den Zusatz von Aluminiumchlorid findet mit dem chlorsauren Natron in den Druckfarben eine Umsetzung zu chlorsaurer Tonerde statt, die dann mit dem Kupfersalz die Diphenylschwarzbase sehr rasch zu einem schönen blauen Schwarz oxydiert.

Beim Drucken des Schwarz neben Alizarinrot oder -rosa auf geöltem Stoff empfiehlt es sich, etwas mehr Aluminiumchlorid (etwa 30 cc für 1 Kilo) zu nehmen, um die reservierende Eigenschaft des Ölgrundes zu beheben. Hierbei kann das Schwarz auch eine Stunde und länger gedämpft werden, ohne daſs die Nuance oder die Faser des Gewebes dadurch geschädigt werden.

Die Druckfarbe soll nach dem Drucken hellgrau aussehen und nach möglichst scharfem Trocknen zwischen den Trockenplatten fast schwarz herauskommen, damit sie nach kurzem Dämpfen (1—2 Minuten im Mather-Platt) zu tiefem Schwarz entwickelt wird.

Zur vergleichenden Vergrünungsprobe wird ein Diphenylschwarzmuster mit einem Anilinschwarzmuster gleichzeitig 10 Minuten in eine Lösung von 40 cc Bisulfit 36° Bé. und 40 cc Salzsäure 22° Bé. in 1 l Wasser von 35° C. gelegt. Schon in der Lösung, noch deutlicher aber beim Trocknen, wird das Anilinschwarz grün werden, während das Diphenylschwarz sich nicht verändert.

Druckfarbe I:

3 Prozent Diphenylschwarzbase (mit Schwefelkupfer).

In 0,6 kg Verdickung für Schwarz werden eingerührt:

      30 g chlorsaures Natron, gelöst in:
      50 cc Wasser,
      15 „ Aluminiumchlorid 30° Bé.
      30 g Diphenylschwarzbase, gelöst in:
   120 cc Essigsäure 8° Bé. und
      30 g Schwefelkupferteig, angerührt mit:
   125 cc Wasser,
____
     1 kg.

Druckfarbe II:

4 Prozent Diphenylschwarzbase (mit Schwefelkupfer).

In 0,6 kg Verdickung für Schwarz werden eingerührt:

      40 g chlorsaures Natron, gelöst in:
      60 cc Wasser,
      20 „ Aluminiumchlorid 30° Bé.,
      40 g Diphenylschwarzbase,
   120 cc Essigsäure 8° Bé. und
      40 g Schwefelkupferteig, angerührt mit:
      80 cc Wasser,
____
     1 kg.

Druckfarben I und II werden auf gebleichten Stoff gedruckt, **scharf getrocknet** und 1—3 Minuten im Mather-Platt gedämpft. Sodann, **ohne zu chromieren**, direkt $^1/_4$ Stunde gemalzt bei 50° C., um die Stärke zu dextrinieren und 5 Minuten bei 60° C. geseift.

Schwefelkupferteig:

3 kg 750 g Kupfervitriol in 15 l Wasser gelöst,
3 kg 900 g Schwefelnatrium krist. in 10 l Wasser gelöst.

Beide Lösungen werden gleichzeitig in etwa 20 l **kaltes** Wasser gegossen, der Niederschlag filtriert, gewaschen und ausgepreſst oder geschleudert, bis sich eine Ausbeute von 5 kg 400 g Teig ergibt.

Verdickung für Schwarz:

210 g Weizenstärke
520 cc Wasser 　　　$^1/_4$ Stunde kochen, kalt:
200 „ Essigsäure 8° Bé.
30 g Acetin,
30 „ Glyzerin,
1 „ Rhodankalium,
10 cc Wasser,
―――――
1 kg.

Falls auf geölten Stoff gedruckt wird, muſs Druckfarbe II mit 30 statt 20 cc Aluminiumchlorid 30° Bé. verwendet werden.

Druckfarbe III.

3 Prozent Diphenylschwarzbase für Garndruck geeignet.

Stammfarbe A.

In 200 g Traganth (60 g im Liter) werden eingerührt:

30 g Diphenylschwarzbase, gelöst in
200 cc Essigsäure 8° Bé. und
20 g Acetin, sodann zugesetzt
30 „ chlorsaures Natron, gelöst in
60 cc Wasser und
15 „ Aluminiumchlorid 30° Bé.,
45 „ Wasser,
―――――
600 g.

Stammfarbe B.

200 g Traganth (60 g im Liter),
4 cc Kupferchlorid 40° Bé.,
196 „ Wasser,
―――――
400 g.

Vor Gebrauch wird die Stammfarbe B in Stammfarbe A eingeführt, auf Garn gedruckt, heiſs getrocknet und eventuell noch einige Stunden warm verhängt. Das Schwarz entwickelt sich schon beim Trocknen und braucht weder gedämpft noch chromiert zu werden.

Klotzfarbe.

3 Prozent Diphenylschwarzbase, geklotzt und am Trockenzylinder entwickelt.

Stammfarbe A.

$\begin{cases} 100 \text{ g Traganth (60 g im Liter)}, \\ 200 \text{ cc Wasser}, \end{cases}$

$\begin{cases} 30 \text{ g Diphenylschwarzbase in}: \\ 200 \text{ cc Essigsäure } 8^0 \text{ Bé. und} \\ 20 \text{ g Acetin gelöst}, \end{cases}$

$\begin{cases} 30 \text{ „ chlorsaures Natron}, \\ 100 \text{ cc Wasser}, \end{cases}$

$\begin{cases} 15 \text{ „ Aluminiumchlorid } 30^0 \text{ Bé.}, \\ 100 \text{ „ Wasser.} \end{cases}$

Stammfarbe B.

$\begin{cases} 4 \text{ cc Kupferchlorid } 40^0 \text{ Bé.}, \\ 300 \text{ „ Wasser, auf} \end{cases}$

1 l einstellen.

Vor Gebrauch B in A einrühren, am Foulard klotzen und auf dem Trockenzylinder entwickeln, ohne zu dämpfen. Sodann waschen, seifen und trocknen.

Die Klotzung kann auch in der Hotflue getrocknet und im Mather-Platt (1—2 Minuten) entwickelt werden."

Infolge des höheren Preises der Diphenylaminbase verwendet man manchmal in der Praxis eine Druckfarbe, welche aus $^3/_4$ Teilen Anilin und $^1/_4$ Teilen Diphenylbase zusammengesetzt ist.

Als typische Beispiele derjenigen Artikel, in welchen Druckanilinschwarz mit anderen Farben kombiniert wird — wobei wir aber alle Reserve- und Ätzartikel einem eigenen Absatz vorbehalten — seien hier folgende genannt:

Anilinschwarz in Verbindung mit Dampffarben. Es wurde bis jetzt in vielen Fällen das Blauholzschwarz durch das Schwefelkupfer-, Bleichromat- oder Ferrocyanschwarz ersetzt; es gilt dies besonders für solche Artikel, welche einen gewissen Anspruch auf Echtheit machen und häufigerem Waschen widerstehen müssen. Für den feineren Modeartikel ist man bis jetzt dem Blauholzschwarz treu geblieben, doch erscheint hier sowie in allen anderen Kombinationen mit Dampffarben das Diphenylaminschwarz berufen zu sein, die anderen schwarzen Druckfarben zu verdrängen, da es ohne Schädigung der Faser und ohne vorherige Ammoniakpassage ein längeres Dämpfen verträgt und sonst alle vorzüglichen Eigenschaften des Anilinschwarz besitzt.

Falls man Schwefelkupfer verwendet, ist eine Ammoniakpassage nach erfolgter Entwicklung im Mather-Platt unerläfslich. Bleichromat- und Ferrocyananilinschwarz vertragen häufig ein längeres Dämpfen bis zu einer halben Stunde; doch laufen immer die gleichzeitig mitgedruckten

Dampffarben Gefahr, sich infolge der sich entwickelnden Anilin- und sauren Dämpfe in den an das Schwarz angrenzenden Partien schlecht oder gar nicht zu fixieren. — Manche Farbstoffe, wie das Methylenblau, sind in der Tat so empfindlich gegen Anilinschwarzfarben beim Dämpfen, daſs in hellen Tönen das Blau in ein schmutziges Grau verwandelt wird. Man hat aus diesem Grunde bis jetzt in solchen Fällen Blauholzschwarz beibehalten.

Schwarz und Chromorange. Für diese sehr beliebte Kombination verwendet man nach Kielmeyer am besten Anilinnitrat, da das in der Druckmaschine an erster Stelle liegende Bleichromat die Anilinschwarzwalze mit Bleichlorid beschlagen würde, falls das salzsaure Salz des Anilins verwendet wird. Im übrigen sei hier die Angabe Ed. Kopps über die seinerzeitige Fabrikation dieses Artikels in Rouen gegeben.

Aufdruck von beliebigem Anilinschwarz und Orange N.

Über Nacht oxydieren lassen, Ammoniakbad in einer Rollenkufe, welche 600 l Wasser und 25 l Ammoniak enthält. Die Stücke werden 10 Minuten gespült und in einer Krappstande chromiert mit

3 kg Kalium- oder Natriumbichromat in
700 l Wasser.

Man haspelt je 6 Stücke zu 120 m 20 Minuten bei 38° C., läſst sie hierauf durch den Klapotständer passieren und degummiert schlieſslich in breitem Zustande in einem Bade aus

2500 l siedenden Wassers,
2 kg gebrannten Kalks.

Nach dem Degummieren von 6 Stücken wird das Bad durch Zusatz von 350 g Kalk verstärkt.

Die Stücke gehen nunmehr auf den Klapotständer, werden ausgeschleudert, gewaschen und getrocknet.

Orange N.
1 l Orange Nr. 2.
2 kg ausgewaschenes Bleisulfat.

Orange Nr. 2.
48 l Bleizuckerbad von 26°,
4 kg 500 g weiſse Stärke,
4 kg 500 g gebrannte Stärke, kochen und
6 „ Bleizuckerbad hinzufügen.

Bleizuckerbad von 26° (basisch essigsaures Blei).
36 l Wasser,
15 kg Bleizucker, kochen und
3 „ Bleiglätte hinzugeben.

$^{1}/_{2}$ Stunde kochen, nach zwölfstündigem Stehen das Klare abziehen.

Ein Anilinschwarz mit Nitrat ist das folgende, gleichfalls von Ed. Kopp aus Rouen stammende:

27 l Wasser,
4750 g Stärke,
3000 „ lichtgebrannte Stärke,
kochen und, ohne weiter zu erwärmen, hinzufügen
2000 g chlorsaures Natron,
1150 „ Chlorammonium.
Gibt 32 l. Nach dem Erkalten hinzufügen
2525 g Anilinöl,
2475 „ Salpetersäure,
1900 „ Schwefelkupfer.

Die alkalische Passage durch Ammoniak kann durch eine 2 Minuten lange Passage durch Natriumkarbonat ersetzt werden.

Kielmeyer erhält ein sehr feuriges Orange auf folgende Weise: In einem Rollenkasten gelangen die Stücke zuerst in die Ammoniakkufe, welche 30—50 l Ammoniak und 970 l Wasser enthält, sodann in die Sodakufe, die mit einer Lösung von 25 kg kristallisierter Soda in 1600 l Wasser angesetzt ist und auf 40° gehalten wird. Beide Kufen werden während des Durchgangs der Stücke auf ihrem Titer gehalten. — Vor dem Eintritt in das Ammoniakbad empfiehlt es sich, die Stücke in mehreren Windungen durch die über der ersten Kufe liegende, mit Ammoniakgas beladene Atmosphäre zu nehmen.

Wo Schwarz und Orange aneinander grenzen, empfiehlt Kielmeyer statt des basisch essigsauren Bleies ein Gemisch von Bleiacetat und Bleinitrat oder basisches salpetersaures Blei als Druckfarbe zur Vermeidung von Höfen.

Will man Gelb statt Orange haben, so bleibt die Kalkpassage weg. Für diese empfiehlt Dépierre das folgende Bad:

1500 l Wasser, 7 g Kalk und 1800 g Natriumbichromat.

Das Drucken der Bleiacetatfarbe erfordert große Sorgfalt und wird zwischen sie und das darauffolgende Anilinschwarz am besten eine Wasserwalze gelegt.

Schwarz und Chamois findet Anwendung für Tüchel. Als Schwarz dient am besten das Schwefelkupferschwarz oder ein anilinreich gehaltenes Ferrocyankaliumschwarz, welches durch eine Passage von 3 Minuten in Mather-Platt bei 70—95° C. und das darauffolgende alkalische Eisenfixierungsbad genügend entwickelt wird, um das Chromieren entbehren zu können. — Als Chamois verwendet man eine zu gleichen Teilen aus Eisenacetat 12° Bé. und Britishgum-Verdickung bestehende Druckfarbe, welche nach Bedarf mit Britishgum kupiert werden muß. — Das Eisenacetat wird durch doppelte Umsetzung von Eisensulfat mit essigsaurem Blei erzeugt. — Man zieht, wie oben erwähnt, durch den Vordämpfer, läßt eventuell noch eine Nacht liegen und fixiert sodann das Eisenoxyd durch eine Passage durch kalte Lauge von 3° Bé. am besten im Rollenkasten. Es wird gut gewaschen und geseift. — Man kann auch statt der starken Laugenpassage, in der Wärme durch ein Bad von 20 g Ammoniak oder kochend durch ein solches 30 g

Kalk im Liter nehmen. — Man kann den Aufdruck auch mit Albumin-farben kombinieren, in diesem Falle sind nur die beiden letzteren alkalischen Fixierungsbäder statthaft. — Das Eisenchamois läfst sich durch aufgedruckte Säuren leicht ätzen.

Schwarz mit Tonerde oder Eisenbeizen für nachheriges Ausfärben. Für diesen wichtigen Artikel wurde Anilinschwarz sehr bald nach seiner Einführung in die Druckindustrie verwendet; durch die nur wenige Jahre später erfolgte Einführung des künstlichen Alizarin-rots gewann er sehr an Bedeutung. — Die gut gebleichte Ware — eine gute Bleiche ist wichtig für die Erzielung eines tadellosen Weifs — wird mit Schwefelkupferschwarz und einer Tonerdebeize oder Tonerde-Eisenbeize bedruckt.

Tonerdedruckfarbe:

$$
\begin{aligned}
&100 \text{ g Weizenstärke,}\\
&100 \text{ „ dunkelgebrannte Stärke,}\\
&\ 50 \text{ „ Essigsäure,}\\
&\ ^1/_2 \text{ „ Fuchsin (zum Markieren),}\\
&\ 30 \text{ „ Glyzerin und}\\
&500 \text{ „ Wasser,}
\end{aligned}
$$

kochen, dazu kalt
300 cc Aluminiumacetat 10°, 10 g Zinnsalz; mit Wasser auf 1000 stellen.

Man trocknet scharf, nimmt bei 70° C. durch den Mather-Platt oder verhängt einen Tag. Die Stücke werden sodann in der üblichen Weise mit Kuhkot oder phosphorsaurem Natron — in einigen Ländern auch mit Natriumarseniat degummiert, gut gewaschen und in Alizarin ausgefärbt. — Zur Reinigung des Weifs wird nach dem Färben durch ein Kleienbad genommen. Man trocknet, ölt, dämpft zwei Stunden unter Druck und seift gut im Strang, eventuell das erstemal unter Zusatz von zinnsaurem Natron.

Durch einen gröfseren oder kleineren Zusatz von Eisenbeize zur Tonerdebeize erhält man Nuancen von Rot bis Dunkelbraun.

Schwarz auf Rotgrund. Es wird, einerlei ob das Rot mit Alizarin oder Paranitranilin hergestellt ist, meist Vanadiumschwarz benutzt, weil das kupfer- oder eisenhaltige Schwarz den Ton der beiden Rot trübt. — Maslowski[1]) gibt für diesen Fall das folgende in Rufs-land gebrauchte Druckschwarz auf Türkischrot:

$$
\begin{aligned}
&\ 40 \text{ kg Verdickung A,}\\
&3600 \text{ g Anilinsalz in}\\
&1600 \text{ „ Wasser auflösen,}\\
&\ 800 \text{ „ vanadinsaure Ammoniaklösung}
\end{aligned}
$$

zusetzen, gut zusammen mischen und zweimal durch einen Sack passieren.

Für grofse Muster und Decker soll das Schwarz mit Leiogomme-wasser kupiert werden.

---

[1]) Färber-Zeitung 1895/96, S. 33.

Verdickung A:

22 kg Weizenstärke, mit
150 l Wasser anrühren und mit
8800 g Kaliumchlorat kochen, dazu
7300 „ Salmiak, und kalt rühren.

Vanadinsaure Ammoniaklösung.

100 g vanadinsaures Ammoniak in
58 l warmem Wasser lösen.

Zum Drucken auf Paranitranilinrot eignet sich das auf S. 50—51 angeführte Vanadiumschwarz gut. — Die Druckfarben für Schwarz auf vorgefärbtes Rot müssen anilinreich gehalten sein, um das Rot des Grundes gut zu decken.

Im allgemeinen wird der Schwarz-Rotartikel auf Paranitranilinrot besser in der Weise ausgeführt, daſs man ein kräftiges Ferrocyanschwarz auf das weiſse Gewebe druckt, entwickelt, chromiert, gut seift, wäscht, in Naphtol klotzt und ausfärbt.

Schwarz auf Naphtolgrund. Das Anilinschwarz konnte auf naphtolgrundierter Ware nicht mit Erfolg angewendet werden, weil das Naphtolnatrium die Entwicklung des Schwarz beeinträchtigt, und der saure Charakter der Schwarzdruckfarbe die Bildung von Höfen um das Schwarz bewirkt, welche nach dem Ausfärben in Nitrodiazobenzol nur schwach gelblichrot angefärbt erscheinen. Eine Vermehrung des Säure- und Chloratgehalts der Druckfarbe, um die alkalische Wirkung des Naphtolnatriums aufzuheben und Naphtol wegzuoxydieren, bewirkt innerhalb der zulässigen Grenzen keine bessere Entwicklung des Schwarz, befördert aber die Höfebildung.

Es wäre für die Vervollkommnung des Paranitranilin-Reserveartikels von Interesse, wenn es gelingen würde, Anilinschwarz in Verbindung mit Buntreserven auf Eisrot zu erzeugen. Der einzige jetzt mögliche Weg, um zu diesem Ziele zu gelangen, besteht darin, Anilinschwarz und einen Schutzpapp auf das Gewebe zu drucken, das Schwarz zu entwickeln, Naphtolnatriumlösung mit möglichst wenig freier Natronlauge zu klotzen und sodann auszufärben. Um ein Flieſsen des Schutzpapps zu vermeiden, klotzt man in der Weise, daſs das Gewebe zwischen zwei Quetschwalzen geführt wird, von denen die untere im Naphtolbad läuft. Das Trocknen muſs auf den Trommeln geschehen, um das Flieſsen der Reserven zu vermeiden. Es können auf diese Weise sehr gute Weiſseffekte erzielt werden. Die Bunteffekte sind nicht sehr waschecht. — Die Zusammensetzung eines geeigneten Schutzpapps ist die folgende:

150 g Pfeifenerde,
100 cc Wasser,
250 g Zinnoxydulpaste,
50 „ Zinnsalz,
40 „ Weinsäure,

$\quad$ 50 g Ammoniumcitrat,
$\quad$ 40 „ Türkischrotöl,
$\quad$ 30 „ Glyzerin und
$\quad$ 290 „ dunkelgebrannter Stärkekleister,
$\quad\overline{}$
$\quad$ 1000 g.

J. Köchlin[1]) und J. Langer[2]) haben für bunte Reserven Tannin vorgeschlagen. Die Buntreserven mit etwa 200—400 g Tannin werden auf das weiſse Gewebe gedruckt, eine Stunde gedämpft und das Stück dann in oben angegebener Weise zwischen zwei Walzen mit Naphtolnatrium geklotzt oder auf der Druckmaschine bedruckt. Der Artikel ist sehr schwierig und wird in dieser Art nicht ausgeführt.

$\quad$ **Schwarz auf Tanningrund.** Die reservierende Wirkung des Tannins muſs durch einen gröſseren Chlorat- und Anilinsalzgehalt der Farbe aufgehoben werden. Ein längeres Dämpfen oder zwei Mather-Platt-Passagen sind auch geeignet, um das Schwarz vollständig zu entwickeln. — Als Oxydationsvermittler dient am vorteilhaftesten Schwefelkupfer. Ein Chromieren des Schwarz ist natürlich nicht statthaft.

$\quad$ **Pluzanski**[3]) beschreibt einen von ihm geschaffenen Anilinschwarzartikel mit Konversions- und Superpositionseffekten. Eine Weiſsätze, die Zinnsalz, essigsaures und weinsaures Natrium enthält, wird auf weiſsem oder Diaminfarbengrund gedruckt und darüber als Soubassement ein Ferrocyananilinschwarz gedruckt, welches mit basischen Farben versetz ist. Das Weiſs ätzt den Diamingrund, sein in der Farbe gebildetes Zinntartrat reserviert das darüber fallende Anilinschwarz und fixiert den im Anilinschwarz enthaltenen basischen Farbstoff.

Weiſs:
$$\left.\begin{array}{rl} 218 \text{ g} & \text{Traganth,} \\ 100 \text{ „} & \text{Weinsäure, kristallisiert,} \\ \text{I} \quad 100 \text{ „} & \text{Wasser,} \\ 46 \text{ „} & \text{Kaliumcarbonat, calciniert,} \\ 66 \text{ „} & \text{Natronlauge } 45^{\,0}\text{ Bé.,} \end{array}\right.$$
$$\left.\begin{array}{rl} \text{II} \quad 170 \text{ „} & \text{Traganth,} \\ 120 \text{ „} & \text{Zinnsalz,} \end{array}\right.$$

I und II mischen und mahlen. Dazufügen:
$\quad$ 60 g Soda, calciniert,
$\quad$ 100 „ essigsaures Natrium, kristallisiert,
$\quad$ 10 „ Olein und
$\quad$ 10 „ Terpentin,
$\quad\overline{}$
$\quad$ 1000 g.

Schwarz: 1000 g Verdickung für Schwarz,
$\quad$ 20 „ Brillantgrün,
$\quad$ 80 „ Glyzerin,
$\quad$ 90 „ Anilinöl und
$\quad$ 90 „ Salzsäure 19 ^{0} Bé.,

[1]) Bull. Soc. Ind. de Mulhouse 1899, S. 74.
[2]) Ebenda 1899, S. 76.
[3]) Ebenda 1897, S. 98.

oder:

      1000 g Verdickung für Schwarz,
        30 „ Rhodamin 6 G,
       100 „ Glyzerin,
       110 „ Anilinöl und
       110 „ Salzsäure 19 ⁰ Bé.

Verdickung für Schwarz:

       110 g Weizenstärke,
       550 „ gebrannte Stärke,
       117 „ Wasser,
        45 „ Natriumchlorat,
       130 „ Wasser,
        48 „ Ferrocyankalium und
       100 „ Wasser.
      1000 g.

Zur Ersparnis von Indigo empfiehlt E. Cabiati[1]), vor oder nach dem Färben in Indigo ein Netzwerk von Anilinschwarz aufzudrucken, welches sich mit dem Indigogrund dem Auge als eine einheitliche dunkle Indigonuance präsentieren soll.

C. Das Reservieren und Ätzen von Anilinschwarz.

Bald nach der Einführung des Anilinschwarz war man bestrebt, es mit weifsen oder bunten Illuminationseffekten zu verbinden. Der Weg, auf welchem dies zu erreichen sei, war von vornherein dadurch gegeben, dafs ohne Anwendung von freier, oder bei höherer Temperatur durch Dissoziation von Salzen gebildeter nichtflüchtiger Säure, und ohne Oxydationsmittel kein Schwarz erzielt werden konnte. Man versuchte daher durch Anwendung der verschiedensten alkalischen oder reduzierenden Agentien die Entwicklung von Anilinschwarz topisch zu verhindern. Die diesbezüglichen Versuche wurden allerdings erst von Erfolg gekrönt, als Prud'homme ein im Verlaufe dieses Kapitels noch eingehend zu besprechendes Verfahren schuf, welches erlaubte, die Stücke in einem Bade zu klotzen und so zweiseitig unigefärbtes Anilinschwarz zu erzeugen, welches nach Belieben weifs oder bunt illuminiert war. Bis dahin sah man sich darauf beschränkt, das mit der Druckwalze einseitig auf das Gewebe gebrachte Anilinschwarz durch eine vorher aufgedruckte Schutzpappreserve stellenweise abzuwerfen.

Storck und Strobel[2]) haben die Beobachtung gemacht, dafs die Rhodansalze durch die Sauerstoffverbindungen des Chlors in Persulfocyan übergeführt werden. Da nun diese Sauerstoffverbindungen die Anilinschwarzbildung bewirken, so kann man mit Rhodansalzen (50 g im Liter Gummiverdickung) Schwarz vollständig reservieren. Auf diese

---

[1]) D. R.-P. 90 067.
[2]) Ber. der öst. Ges. zur Förderung der chem. Ind. 1879, S. 10. Wagners Jahresbericht 1879, S. 1090.

Weise kann man unter Schwarz Reserven jeder Farbe aufdrucken, indem man den Albumin- oder Tanninfarben 50—60 g Rhodansalz hinzufügt. Bei saueren Druckfarben leistet Rhodanblei gute Dienste.

Storck empfiehlt z. B. als Grün:

$3^1/_2$ l Methylgrün-Druckfarbe,
120 g Rhodankalium,
60 „ Bleizucker und
200 cc Wasser.

Die Fixierung der basischen Farbstoffe sollte durch das Rhodanblei und eine starke Ölgrundierung des Stückes erreicht werden.

Demgegenüber bemerkte jedoch H. Schmid[1]), dafs die Eigenschaft der Rhodansalze, durch Sauerstoffverbindungen des Chlors in Persulfocyan übergeführt zu werden, schon längst bekannt gewesen sei. Es wäre nicht möglich, dafs bei der Anwendung der Rhodansalze zum Reservieren von Anilinschwarz Persulfocyan gebildet werde, sonst würde man nicht Weifs, sondern, infolge der Fixierung von unlöslichem Kanarin, Gelb bekommen. Rhodanüre können aber nach H. Schmid bedeutende Mengen Chlor verschlucken, ehe sie Persulfocyan bilden, und die so erhaltenen Oxydationsprodukte sind noch löslich und farblos.

Nach H. Schmid und E. Schweizer reservieren xanthogensaure Salze ebenso wie Rhodanüre.

Glenck[2]) gibt genaue Angaben über die Anwendung von Rhodansalzen als Reserve unter Anilinschwarz. Man druckt eine Lösung von 60 g Rhodankalium oder Rhodanammonium per 1 l Gummiverdickung auf das Gewebe, überdruckt mit Anilinschwarz und oxydiert über Nacht bei 30° C. und 26 Hygrometergraden.

Besser als für Weifsreserven eignet sich das Verfahren für bunte Effekte, indem basische Farben und Tannin den Rhodansalzen beigemengt wurden. In dem Falle dämpfte man eine Stunde, überdruckte darauf mit Anilinschwarz, entwickelte es, wie oben angegeben, passierte durch Brechweinstein, spülte und seifte leicht.

Witz[3]) studierte die Wirkung gewisser Körper auf die Anilinschwarzbildung. Cyankalium besitzt nur einen verzögernden Einflufs; 100 g Ferrocyankalium sollen unter Vanadinschwarz eine Weifsreserve bilden, wobei Dextrin als das beste Verdickungsmittel erscheint. Andere Reservemittel fand Witz im Albumin, Katechu, in der Kreide und dem Zinkstaub; die besten Resultate erhielt er mit Reserven, welche 300 g Natriumacetat oder 300 g Natriumhyposulfit enthielten und mit hellem Dextrin verdickt waren.

Romann beobachtet die reservierende Wirkung des Tannins; man druckt den basischen Farbstoff und etwa 250 g Tannin im Liter mit etwas Rhodankalium, dämpft eine Stunde und klotzt mit Anilinschwarz-

[1]) Dinglers Polyt. Journal 251, S. 41.
[2]) Dinglers Polyt. Journ. 241, S. 399. Wagners Jahresbericht 1881, S. 875.
[3]) Bull. Soc. ind. de Rouen 1881, S. 206. Wagners Jahresber. 1882, S. 994.

brühe auf die Rückseite. Das Verfahren hat keine weitere praktische Verwertung erlangt.

Lauber empfiehlt als Reserven zitronensaures Natron, Traubenzucker und Ätznatron.

H. Koechlin[1]) legte der Société chimique de Paris im Jahre 1881 ein von Ch. Brandt verfertigtes Druckmuster vor, auf welchem Alizarinrot und Rosa sowie mit Albumin fixiertes Guignetgrün mit Rhodansalzen unter darüber gedrucktem Anilinschwarz reserviert waren.

H. Köchlin teilt auch mit, dafs 15—20 g Pyrogallussäure im Liter gleich gut reservieren.

Für die Erzeugung von Rotreserven unter darüber gedrucktem Anilinschwarz verwendete Kielmeyer[2]) mit gutem Erfolg das bereits 1873 von ihm ursprünglich als Weifsreserve empfohlene Natriumaluminat. Für Weifsreserve[3]) eignet sich Natriumaluminat infolge der Trübung des Weifs durch fixierte Tonerde nicht, hingegen bewährte es sich als Reserve für Rot unter überdrucktem Anilinschwarz und findet heute noch im Tücheldruck zur Erzeugung grofser roter Muster auf nach Prud'homme und sonstig schwarzgeklotztem Gewebe Anwendung.

Kielmeyer[4]) empfiehlt zur Darstellung des Natriumaluminats folgende Vorschrift: Man löst das aus Alaun- oder Aluminiumsulfat gefällte Tonerdehydrat unter Kochen in etwas weniger als der theoretischen Menge Natronlauge 36° Bé., läfst absitzen und verdünnt mit Wasser auf 24° Bé. Das so erhaltene Aluminat wird in einem Steintopf verschlossen aufbewahrt, um die Bildung von Karbonat zu vermeiden; es enthält der Sicherheit halber nicht so viel Kali, um, auf die richtige Konzentration einer Rotbeize verdünnt, ein Überdruckanilin vollkommen abzuwerfen. Es verlangt hierzu noch einen geringen Zusatz von Natronlauge in der Druckfarbe, zu deren Bereitung 7 1 Tonerdenatron 24° Bé. mit 3,4 1 Wasser verdünnt, mit 3,4 kg dunkelgebrannter Stärke verdickt und mit 0,4 1 Natronlauge versetzt werden. — Man verhängt nach dem Anilinschwarz-Überdruck und degummiert auf dem Rollenkasten in einem Bade, welches auf 2000 1 Wasser mit 10 kg Salmiak, 5 kg kristallisierter Soda, 15 kg Kreide und der üblichen Menge Kuhmist angesetzt ist und auf 65° C. gehalten wird. Zum Nachbessern werden 100 1 Kuhmistflüssigkeit, ½ kg Salmiak, ½ kg kristallisierte Soda und ½ kg Kreide genommen. Es wird dann noch im Strang degummiert, wozu 600 1 Kuhmistflüssigkeit mit ¾ kg Soda und 2 kg Kreide versetzt werden. Hierauf gut waschen und in Alizarin ausfärben.

Diese alkalische Reservefarbe gibt ein gutes Rot, hat jedoch den Nachteil, leicht in der Hänge zu fliefsen; man zieht deshalb die Fixierung des Schwarz durch eine Passage im Mather-Platt vor und

---

[1]) Bull. Soc. chim. de Faris 1881, S. 35—286.
[2]) Dinglers polyt. Journal 1873, Bd. 208, S. 203.
[3]) Kielmeyer, Entwicklung des Anilinschwarz. Leipzig 1893.
[4]) Ebenda.

verwendet gern ein möglichst neutrales Tonerdenatron; die Reservierung des Schwarz wird dann durch Natriumacetat oder einen anderen, nicht zum Fliefsen geneigten Körper erzielt. Zur Degummierung begnügt man sich vielfach mit einem Bade von 50 g Salmiak im Liter, wobei der Zuflufs von frischem Salmiaksalz so zu regeln ist, dafs der Inhalt des Rollenkastens weder sauer noch alkalisch reagiert, da sonst das Aluminiumoxyd wieder abgelöst bezw. an der Fixierung verhindert wird. — Die alkalische Tonerdenatronfarbe wird, wie erwähnt, auch auf vorgeklotztes Ferrocyananilinschwarz angewendet. Das Degummierungsbad mufs in diesem Falle aufser Salmiak auch Soda enthalten.

E d. K o p p benützte als Rotreserve die folgende Druckfarbe, worin Natriumhyposulfit als reservierendes Agens dient.

R o t - R e s e r v e mit N a t r i u m h y p o s u l f i t.

10 l Tonerdemordant 16° Bé.,

3 kg Gummi arabicum,

1¹/₂ „ Natriumhypolsulfit.

Drucken, Anilinschwarz überdrucken, oxydieren und wie gewöhnlich nachbehandeln, färben, dämpfen und seifen.

T o n e r d e m o r d a n t 16° Bé.

4 kg 200 g reiner Alaun,

3 „ 600 „ holzessigsaures Blei,

6 l Wasser.

Eine sehr gute Reserve wird erhalten, wenn auf 1 Liter Tonerdemordant 16° Bé. 40 g Rhodankalium hinzugefügt werden.

Um n e b e n F ä r b e r o t a u c h w e i f s e Effekte unter darüber gedrucktem Anilinschwarz zu haben, schlägt K i e l m e y e r das alkalisch und reduzierend wirkende arsenigsaure Natron vor, welches nach seiner Angabe durch Auflösen von 4,8 kg weifsem Arsenik in 4 l Natronlauge 36° Bé. und 4 l Wasser erhalten wird. Die 60° Bé. starke Flüssigkeit dient zur Bereitung der weifsen Reservefarbe unter Schwarz, indem man 3,2 l mit 9 l Wasser verdünnt und mit 9 kg dunkelgebrannter Stärke verdickt [1]).

L a u b e r verwendet statt des arsenigsauren Natriums eine Weifsreserve, welche aus Zitronensaft, Natronlauge und Soda, mit dunkelgebrannter Stärke verdickt, besteht. Als Rotreserve nimmt er:

10 l Tonerdenatron,

3¹/₂ kg Leiogomme und

¹/₂ „ Olivenöl.

Zur Vermeidung der bei diesem Artikel so leicht eintretenden Höfe zwischen Rot und Schwarz werden die Reservefarben nach Lauber auf die vorher auf Trockenzylindern vorgewärmte Ware gedruckt, sofort mit Schwefelkupferanilinschwarz überdruckt und vier Tage bei 30° Wärme

---

[1]) Statt der giftigen und in vielen Ländern verbotenen Arsenite könnte man vielleicht auch Phosphite anwenden.

und 25 [0] am Hygrometer verhängt; das Degummieren geschieht in einem Bad, welches auf 5500 l Wasser von 50 [0] C.

320 l Kuhmist,
50 kg Kreide und
$2^1/_2$ „ Chlorammonium

enthält; Passagedauer eine Minute. Auf je 600 m 500 g Salmiaksalz nachfügen. Man kuhkotet noch im Strang, wäscht und färbt in Alizarin aus, hierauf wird gut gewaschen und geölt, 28 Minuten bei einer halben Atmosphäre Druck gedämpft, $^1/_2$ Stunde bei 75 [0] C. geseift, gewaschen und getrocknet.

Zur Avivierung des Rot empfiehlt Lauber ein Rosierungsbad:

Auf 600 l Wasser: 400—500 g Rosierung, welches bereitet wird durch Auflösen von

1 kg Zinnsalz in kleinen Portionen in
1 „ konzentrierter Salpetersäure.

In diesem Rosierungsbad wird die Ware $^1/_2$ Stunde bei 30—45 [0] behandelt, gründlich gewaschen und wieder geseift.

Über die Fabrikation g l e i c h z e i t i g e r R o t -, O r a n g e - u n d W e i f s r e s e r v e n unter Anilinschwarz macht E d u a r d K o p p folgende Angaben:

Nach dem Aufdruck der Reserve passieren durch 10 l Glaubersalzlösung (400 g im Liter), 150 g Kreide, 300 g Chlorammonium, verdünnt mit der entsprechenden Wassermenge. Spülen $^1/_2$ Stunde, chromieren 10 Minuten bei 66 [0] C. in einem Bade, welches im Liter 5 g Kaliumbichromat enthält. Gut spülen und rasch mit Alizarin ausfärben, durch Kleie passieren, nochmals wie das erste Mal chromieren, für Orange heifs mit Kalk behandeln, seifen.

O r a n g e - R e s e r v e.

2 l Wasser,
4 kg salpetersaures Blei,
1 „ 800 g essigsaures Natron,
4 „ 250 „ dunkelgebrannte Stärke.

O r a n g e - R e s e r v e.

$^1/_2$ l Wasser,
$^1/_2$ l essigsaurer Kalk 20 [0] Bé.,
1 kg salpetersaures Blei,
450 g dunkelgebrannte Stärke.

R o t - R e s e r v e.

2 l Natriumaluminat 33 [0] Bé.,
$1^1/_2$ l Wasser,
1 kg dunkelgebrannte Stärke.

W e i f s - R e s e r v e.

1 l essigsaurer Kalk 20 [0] Bé.,
800 g dunkelgebrannte Stärke.

Wenn man nur Rot-Reserve mit Natriumaluminat und Weifs-Reserve aufdrucken will, so zieht man in folgendem, mit der entsprechenden Menge Wasser angesetzten Bade ab:

> 1 l Wasser,
> 400 g Wasserglas 10 ^{0} Bé.,
> 1 kg Chlorammonium.

1½ Minuten bei 50 ^{0} C., man spült die Stücke 20 Minuten und degummiert sodann zum zweiten Male 15 Minuten in einem 50 ^{0} C. warmem Bade, welches 10 g Wasserglas 10 ^{0} Bé. im Liter enthält. Man färbt rasch mit Alizarin, dämpft und seift.

Kielmeyer verwendet für denselben Artikel als Orange-Druckfarbe ein basisch gehaltenes Bleinitrat, dem zur Vergröfserung der Reservewirkung Natriumacetat zugesetzt wird.

> 11,2 kg salpetersaures Blei,
> 2,2 „ essigsaures Natron,
> 7,8 l Wasser,
> 4,2 kg dunkelgebrannte Stärke

kochen, lauwarm dazu

> 1,9 kg Natronlauge 30 ^{0} Bé.

Die Behandlung dieses Reserveorange geschieht anolog der auf Seite 60 gegebenen Anweisung für Orange neben Anilinschwarz.

Mit den verschiedenen Reduktions- und Neutralisationsmitteln, welche vorstehend besprochen wurden, liefsen sich weifse und bunte Reserveeffekte unter Anilinschwarz erzielen; diese Reserveeffekte waren aber alle auf einseitig aufgedrucktes Anilinschwarz beschränkt.

Einen Weg zur Erzeugung weifser oder bunter Ätzeffekte auf beiderseitig durchgefärbtem Anilinschwarz beschreibt zuerst H. Köchlin[1]), indem er hierzu das von Lauth eingeführte Anilinschwarz auf Manganbister (siehe hierüber Kap. IV, S. 124) benutzt. — Auf den Manganbistergrund werden Ätzfarben gedruckt, welche 400—500 g Zinnsalz im Liter und geeignete Farbstoffe enthalten; man dämpft, wobei der Bister an den mit Zinnsalz bedruckten Stellen zerstört wird. Klotzen in Anilinsulfat und Entwickeln des Anilinschwarz. Bei Anwendung von α-Naphtylamin erhielt H. Köchlin ein Granatbraun.

Ed. Kopp teilte über die seinerzeitige Fabrikation dieses Artikels in Rouen das Folgende mit:

Ein Haupterfordernis zur Erzielung eines guten Schwarz ist ein richtiger Bister; man verwendet zu dessen Herstellung Manganchlorür 12 ^{0} Bé. Auf einem zu dunkeln Bister wird das Schwarz bräunlich, wenn der Bister anderseits zu hell oder die Anilinlösung zu konzentriert ist, resultieren Schwarz, welche leicht vergrünen.

----

[1]) Bull. Soc. chim. de Paris 1881, S. 286.

Ätzfarben für Bister:

Weifs.

8 l Verdickung,
4400 g Zinnsalz,
2200 „ Salzsäure.

Verdickung.

3 kg Stärke,
3 „ Mehl,
12 l Wasser,
12 „ Traganthschleim.

Blau.

1 l Weifs,
50 g Tannin,
$^5/_{32}$ l Methylblau (50 g im Liter).

Gelb.

750 g Stärke,
250 „ gebrannte Stärke,
3 l Wasser,
1 „ Kreuzbeerenextrakt 20° zum Kleister kochen, in der Kälte hinzufügen,
$^1/_2$ „ Kreuzbeerenlack in Teig,
3700 g Lösung aus 1 Gewichtsteil Zinnsalz und $^1/_2$ Gewichtsteil Salzsäure.

Grün.

6 l Verdickung,
2760 g Zinnsalz,
2 l Weinsäure 30° Bé.,
$^1/_2$ „ Salzsäure.

Für jedes Liter Farbe
20 g Methylgrün,
5 „ Tannin hinzufügen.

Verdickung.

4 kg Stärke,
4 „ Mehl,
24 „ Wasser.

Oliv.

4 l Gelb,
1 „ Blau.

Grau.

1 l Weifs,
1 „ Lösung Grau Coupier (100 g im Liter),
200 g Tannin.

Rot.

4 l Weifs (frisch bereitet),
1 „ Primerose-Lack (siehe unten),
$^1/_2$ „ Curcumin-Lack (siehe unten).

Primerose-Lack.

  1 kg zinnsaures Natron lösen in
 25 „ kochendem Wasser, durch Leinwand filtrieren.

Hierin auflösen

  1 kg Primerose (Eosinester).   Fällen mit
  5 l Schwefelsäure 10 ⁰ Bé.,

umrühren, filtrieren, nicht auswaschen.

Curcumin-Lack.

  1 kg zinnsaures Natron lösen in
 12 l kochendem Wasser,

filtrieren, hierauf hinzufügen

  4 l kaltes Wasser,
 $1^{1}/_{4}$ „ alkoholische Lösung von Curcumin (Curcuma-
Extrakt).

Einige Zeit umrühren, fällen mit

  4 l Schwefelsäure 10 ⁰ Bé.

Auswaschen durch Zusatz von

 45 l Wasser;

absitzen lassen, filtrieren.   Man erhält auf diese Weise

3400 g Curcumin-Lack.

Cachou.

  12 l Verdickung für Grün,
   5 kg Zinnsalz,
1500 g Salzsäure,
   2 l Kreuzbeerenextrakt 30 ⁰ Bé.,
 $^{1}/_{2}$ „ Blauholzextrakt 20 ⁰ Bé.,
   1 „ Cochenillelack für Scharlach.

Nach dem Druck wird nicht zu stark getrocknet, die Stücke werden über Nacht verhängt und sodann in folgender Weise abgezogen.

Die Farben ohne Rot werden einfach in einer Rollenkufe durch ein schwaches Kreidebad bei 25 ⁰ C. gezogen und sodann auf der Continue-Waschmaschine gespült.

Die Stücke mit Rot passieren bei 25 ⁰ C. in einer Rollenkufe durch 1200 l, welche 2 g essigsaures Blei und 2 g Essigsäure im Liter enthalten. Von da gelangen die Stücke in einem zweiten kleinen Spülbottich mit Spritzrohr, werden sodann zwischen zwei Walzen ausgequetscht und sofort mit einem trockenen Mitläufer aufgerollt.

Hierauf kommen die Stücke auf den Trockenzylinder. Die angegebenen Vorsichtsmaßregeln sind erforderlich, um ein Auslaufen des Rots zu vermeiden; sodann werden sie mit der folgenden Anilinschwarz-Konversion überdruckt.

  30 l dünne Gummilösung,
8400 g Anilinsalz,
6000 g Weinsäure.

Diese Farbe wird auf die mit Ätzfarben bedruckten bisterbraunen Stücke aufgedruckt, welche sodann einige Stunden verhängt und in einer Rollenkufe mit 9 kg Alaun in 3000 l Wasser abgezogen werden. Wenn sieben Stücke durchgenommen worden sind, wird das Bad zu sauer, man muſs daher für jedes weitere Stück etwa 600 g essigsaures Natron zusetzen. Nach dem Verlassen dieses Bades kommt die Ware — wie bei Bister mit Rot oben angegeben — durch einen kleinen Spülbottich (wird mit trocknen Mitläufern, wenn Rot dabei ist, aufgerollt), in einer Kammer gasförmigem Ammoniak ausgesetzt, von neuem aufgerollt zwischen trockenen Mitläufern und getrocknet. Die Ammoniakpassage macht das Schwarz bläulicher, das Rot lebhafter.

In diesen Degummierkufen dauert die Durchnahme 30 Sekunden bei einer Geschwindigkeit von 100 Metern in 3 Minuten. Die Ammoniakbehandlung dauert 2 Minuten bei einer Geschwindigkeit von 100 Metern in 10 Minuten.

Das von H. Koechlin ursprünglich vorgeschlagene Klotzen des mit den Zinnsalzätzen bedruckten Gewebes im Anilinsalzbad hatte den Übelstand, daſs einerseits ziemliche Mengen Zinnsalz aus den Reserven in das Klotzbad kamen, und daſs anderseits die Lebhaftigkeit der Ätzeffekte durch dieses Klotzbad litt. Man beschränkte sich daher meist darauf, das Anilinsalz mit zwei Picotwalzen auf der Druckmaschine möglichst durchzudrücken.

Kopp, Noelting und Grandmougin[1]) berichten über die Prüfung einer der Société industrielle de Mulhouse vorgelegten Arbeit, wonach der Manganbister nicht auf die gewöhnliche Art aus Manganchlorür, sondern durch die reduzierende Wirkung des Tannins aus Kaliumpermanganat auf der Faser niedergeschlagen wird. Vgl. hierüber auch Kap. IV, S. 142. Das Gewebe wird heiſs tanniert und hierauf durch eine Lösung von Permanganat genommen. Der so dargestellte Manganbistergrund läſst sich nach den Beobachtungen von Kopp, Noelting und Grandmougin schwerer ätzen als der mit Hilfe von Manganchlorür erzeugte. Ätzeffekte durch Wegätzen des Tannins zu erzeugen, war nicht angängig, denn es bildete sich doch stets etwas Bister auf den Ätzstellen, der das Weiſs trübte. Das Verfahren hat also für den Ätzdruck keine Vorteile gegenüber dem alten von Köchlin eingeführten.

Der Vollständigkeit halber sei auch erwähnt, daſs G. Witz[2]) bereits 1875 den Vorschlag machte, fertig oxydiertes Anilinschwarz durch Aufdrucken einer angesäuerten Lösung von Kaliumpermanganat wegzuätzen und den Braunstein durch eine Oxalsäurepassage zu entfernen. Ein Weiſs wird auf diesem Wege selbst bei Zerstörung der Faser schwerlich erzielt.

H. Schmid[3]) benutzt Klotzanilinschwarz zur Erzeugung von

---

[1]) Bull. Soc. ind. de Mulhouse 1894, S. 84.
[2]) Reimanns Färber-Zeitung 1875, S. 1. Wagners Jahresber. 1875, S. 988.
[3]) Bull. Soc. ind. de Mulhouse 1897, S. 411.

braunen Böden, indem fertiggefärbtes Paranitranilinrot in Anilinschwarz geklotzt wird.

Anilinschwarzlösung: I.   2 800 kg Anilinsalz,
                                200 g   Anilinöl,
                         12 500 kg Wasser und
                          2 500 „   Traganthwasser.

                  II.   1 000 kg Natriumchlorat in
                      12 000 „   Wasser.

               III.   1 800 kg Ferrocyankalium,
                     16 000 „   Wasser;
                       auf 50 l stellen.

Die drei Lösungen werden jede für sich hergestellt und sodann gemischt. Durch den Aufdruck von Natriumacetat auf das geklotzte Anilinschwarz werden rote Ätzeffekte auf Braungrund erzielt. Durch eine geeignete Ätze, welche zugleich das Paranitranilinrot zerstören würde, könnte man weiße Ätzeffekte daneben erzielen.

Das Braun ist sehr echt, aber teuer und erfordert ein sehr kräftiges Seifen, um es von einem eigentümlichen nußartigen Geruch zu befreien.

Es war Prud'homme vorbehalten, die Frage der Illuminierung von beiderseits durchgefärbtem Anilinschwarz mit Hilfe des einige Jahre vorher von Mather und Platt eingeführten Schnelldämpfapparates auf eine sehr sinnreiche Weise zu lösen und dadurch den nach ihm benannten Artikel zu schaffen.

Prud'homme fabrizierte den Artikel seit September 1884 bei Prochoroff in Moskau und hinterlegte am 17./29. Dezember 1884 ein diesbezügliches versiegeltes Schreiben bei der Société industrielle von Mülhausen, welches am 13. Juli 1887 geöffnet wurde, aber über die Einzelheiten der Ausführung wenig Aufschluß gibt.

O. Krafft und Dr. Bühring haben das Prud'hommesche Verfahren in Romens Journal 1886, S. 226, zuerst veröffentlicht. Wir lassen die genaue Beschreibung folgen:

Die gut gebleichte und aufgerollte Ware passiert, durch Kämme sorgfältig breit gehalten, die in einem mit drei Holzrollen versehenen hölzernen Troge befindliche Anilinschwarzfarbe von unten angegebener Zusammensetzung und wird hierauf von einem über dem Holztroge befindlichen Walzenpaare von mitgerissenem Farbüberschusse, der in den Trog zurückfließt, durch Ausquetschen befreit. Die eine dieser Walzen besteht aus Messing, die andere ist eine Gummiwalze. Beide können zweckmäßigerweise in das Gestell eines Druckstuhles eingelagert werden, was sich ohne besondere Schwierigkeiten überall wird ausführen lassen. Daß die Walzen sich beliebig genähert werden können, um die Ware nach Bedürfnis bald mehr bald weniger auszuquetschen, ist selbstverständlich. Das Walzenpaar verlassend, wird die mit Farbe getränkte Ware direkt durch einen Heißlufttrockenstuhl geleitet. Das Endresultat sehr wesentlich beeinflussend ist die Temperatur im Trockenstuhl. Dieselbe muſs so reguliert werden, daſs die Ware gerade eben trocken den Trockenstuhl verläſst, sie hat dann eine hellgelbe Farbe mit einem Stich ins Grüne. Der Drucker hat natürlich seine besondere Aufmerksamkeit darauf zu richten, daſs die Ware im Trockenstuhl nicht stehen bleibt, er muſs daher möglichst, ohne die Maschine anzuhalten, das Leitseil an das Ende des letzten Stückes anknüpfen. Oxydiert sich beim Stehenbleiben die Ware im Trockenstuhl und nimmt eine ausgesprochene grüne Färbung an, so erzielt man später kein gutes blendendes Weiſs. Solche grün gewordene Stücke werden mit Mustern ohne Weiſs bedruckt. Die mit Anilinschwarzfarbe getränkte trockene Ware wird jetzt wie gewöhnlich aufgebäumt und mit den unten angegebenen Ätzfarben bedruckt. Daſs die Ware nach dem Bedrucken im Trockenstuhl scharf getrocknet werden muſs, ist selbstverständlich. Hierauf passieren die bedruckten Stücke 1—2 mal je nach der Temperatur und dem Gange der Maschine den Mather und Plattschen Oxydierapparat, den sie zum Schlusse völlig dunkelgrün verlassen müssen. Nachdem alsdann die Ware breit durch ein 80° warmes Chrombad (im Liter Wasser enthaltend 10 g saures chromsaures Kali, 5 g Solvay-Soda und 5 g Kochsalz) genommen, wird gewaschen, geseift, gewaschen und appretiert.

Die Anilinschwarzfarbe wird folgendermaſsen bereitet:

$$
\begin{array}{rl}
1\,500 \text{ g} & \text{chlorsaures Kali, gelöst in} \\
40\,000 \text{ „} & \text{Wasser und hinzugefügt} \\
4\,000 \text{ „} & \text{Ferrocyankalilösung (28 : 100),} \\
2\,600 \text{ „} & \text{Anilinsalz und} \\
x \text{ „} & \text{Anilinöl.}
\end{array}
$$

Das Anilinsalz muſs neutral sein und ist daher die Gröſse x Anilinöl je nach der Beschaffenheit des Anilinsalzes zu bestimmen.

Ätzweiſs.
$$
\begin{array}{rl}
10\,000 \text{ g} & \text{gebrannte Stärke,} \\
6\,000 \text{ „} & \text{Wasser,} \\
16\,000 \text{ „} & \text{essigsaurer Kalk 16° kochen, dann kalt hinzufügen,} \\
5\,000 \text{ „} & \text{essigsaures Natron,} \\
5\,000 \text{ „} & \text{Natronlauge 20°.}
\end{array}
$$

Ätzgelb.
$$
\begin{array}{rl}
10\,000 \text{ g} & \text{Chromgelbteig,} \\
600 \text{ „} & \text{Albuminwasser,} \\
2\,000 \text{ „} & \text{essigsaures Natron,} \\
300 \text{ „} & \text{Natronlauge 20°.}
\end{array}
$$

Ätzrot.
$$
\begin{array}{rl}
16\,000 \text{ g} & \text{Zinnober,} \\
2\,000 \text{ „} & \text{Glyzerin,} \\
2\,000 \text{ „} & \text{Wasser,} \\
2\,000 \text{ „} & \text{essigsaures Natron,} \\
8\,000 \text{ „} & \text{Albuminwasser.}
\end{array}
$$

Ätzblau.   7 000 g Ultramarin,
              14 000 „ Albuminwasser,
               2 000 „ essigsaures Natron.

Diese Angaben Kraffts und Dr. Bührings über die Ausführung des Prud'homme-Artikels treffen heute noch zu, soweit sie den Gang der Operationen betreffen. Lauber[1]) hat die Angaben inzwischen wesentlich ergänzt. Als Anilinklotzbrühe wird ausschliefslich Anilinsalz und Ferrocyankalium benutzt, als Oxydationsmittel das bedeutend löslichere Natriumchlorat.

Kertess[2]) empfiehlt das Ferrocyanammonium und macht darüber folgende Angaben:

      3500 g chlorsaures Natron werden in 20 l Wasser gelöst,
      5500 „ Anilinöl werden mit
      6250 „ Salzsäure von $19^{1}/_{2}{}^{0}$ Bé. und 10 l Wasser vermischt,
wenn beides erkaltet,
      12 l Ferrocyanammonium (Darstellung s. S. 30)
zugegeben und das Ganze auf 63 l ergänzt.

Mit obiger Farbe wird auf der Foulardmaschine geklotzt und entweder am Spannrahmen oder in der Hänge getrocknet. Das Arbeiten mit dieser Mischung erleichtert das Ätzen insofern, dafs die foulardierte Ware keine solche Neigung hat, sich so rasch zu oxydieren, als die nach der Prud'hommeschen Vorschrift (vgl. S. 75) foulardierte, so dafs sie selbst auf einem mit Stoff umwickelten Tambour ungehindert getrocknet werden kann. Wünschenswert ist es nichtsdestoweniger, dafs die jeweiligen Stücke nach 24 Stunden fertiggestellt seien.

Nach dem Trocknen wird die alkalische Ätze aufgedruckt und nach dem Trocknen auf dem Mather-Platt mit einmaliger Passage gedämpft. Darauf wird die Ware, ohne zu chromieren, das erste Mal bei 50^{0} und ein zweites Mal bei 31^{0} C. gewaschen; fertig.

In der Praxis wurde jedoch das billigere Ferrocyankalium beibehalten.

Es ist vorteilhaft, zum Foulardieren ein dreifaches Walzenpaar mit doppelter Quetschung und als Bad einen Holzkasten zu verwenden. Je gröfser dieser und je besser das Gewebe dabei von der Klotzflüssigkeit durchtränkt wird, desto satter und tiefer erscheint das Schwarz, ohne das Ätzen zu erschweren. Der Gröfse des Kastens sind natürlich durch die Neigung des Anilins, sich zu oxydieren, Grenzen gezogen, da es nicht rätlich ist, ein altes Bad zu verwenden, und das Weglaufenlassen allzu grofser Mengen die Herstellungskosten erhöht. Im allgemeinen empfiehlt es sich, bei kontinuierlichem Betriebe einen Kasten von 50 bis 70 l Fassungsraum zu verwenden. Die Pression wird so gestellt, dafs das Gewebe ungefähr 90—100 Prozent des eigenen Gewichtes an Klotzbrühe aufnimmt. Die Klotzbrühe wird in zwei getrennten Lösungen

---

[1]) Färber-Zeitung 1897, S. 65, 104.
[2]) Ebenda 1889/90.

bereitet, welche man unmittelbar vor dem Gebrauch in den entsprechenden Verhältnissen mengt. Die eine enthält das Anilinsalz und das Chlorat, die andere das Ferrocyankalium; man kann aber auch das Anilinsalz mit dem Ferrocyankalium lösen und das Chlorat als getrennte Lösung bereit halten. Der Ton des Klotzschwarz läfst sich durch den Gehalt der Brühe an oxydabler Base, durch Zusatz von Toluidin sowie durch Stärke und Temperatur des nachfolgenden Chromierungsbades regeln. Mercerisiertes Gewebe liefert ein wesentlich satteres und weicheres Schwarz, so dafs man die Klotzbrühe um 20—25 Prozent abschwächen kann, wobei noch immer bessere Resultate als mit unmercerisierter Ware erzielt werden. Eine gute Brühe ist ebenfalls von Einflufs auf die Güte des Schwarz.

Das Trocknen der foulardierten Stücke kann, wie auch L a u b e r[1]) angibt, ohne Gefahr bei 50 — 60° C. geschehen; man kann dazu aufser den Mansarden auch Trockenrahmen oder Trockenzylinder verwenden. Die Trockenrahmen sollen nach der Angabe L a u b e r s so angeordnet sein, dafs die Heizrohre aufserhalb des Rahmens liegen und nur mit der in diesen Rohren vorgewärmten Luft getrocknet wird, weil bei Anordnung der Heizkörper in der Mitte des Trockenrahmens durch die strahlende Wärme der Heizkörper leicht ein unegales Trocknen bewirkt werden solle. Es läfst sich dem Übelstand durch die sorgfältige Umhüllung des Rahmengestelles durch schlechte Wärmeleiter, wie etwa alte Drucktücher, abhelfen. Das Trocknen auf den Trommeln ist namentlich in England und Amerika und dort üblich, wo keine Mansarden oder Rahmen zur Verfügung stehen, oder wo es sich um das Klotzen von Geweben handelt, welche auf der Mansarde infolge dichter oder weiter gewobener Webefiguren in Längsstreifenanordnung Neigung zur Faltenbildung zeigen. Das Trocknen auf den Trommeln erfordert grofse Aufmerksamkeit; es empfiehlt sich, die ersten Trommeln zu umwickeln.

Das Klotzschwarz soll nach L a u b e r[2]) 30—40 g Natriumchlorat, 55—67 g Ferrocyankalium und 80 --90 g Anilinsalz im Liter enthalten. Er empfiehlt die folgende Vorschrift:

I.   5 400 g Natriumchlorat in
58 l Wasser gelöst.

II. 10 800 g Ferrocyankalium in
58 l Wasser gelöst.

III. 16 800 g Anilinsalz in
58 l Wasser gelöst.

Vor dem Gebrauche I, II und III zu gleichen Teilen mischen. Das Klotzschwarz entspricht einem Gehalt von beiläufig 31 g Chlorat, 62 g Ferrocyankalium und 97 g Anilinsalz im Liter. Ein anderes Schwarzklotz von L a u b e r[3]) ist nachstehendes:

<hr>

[1]) Färber-Zeitung 1897, S. 64.
[2]) a. a. Ort.
[3]) Praktisches Handbuch des Zeugdrucks 1903.

2800 g Natriumchlorat in
15 l Wasser gelöst,
3300 g Ferrocyankalium in
15 l Wasser gelöst,
mischen und dazu
6100 g Anilinsalz und
840 „ Anilinöl geben.
Das Ganze auf
80 l stellen.

Dieses Schwarzbad enthält etwa: 76 g Anilinsalz, $10^{1/2}$ g Anilinöl, 41 g Ferrocyankalium und 30 g Natriumchlorat im Liter.

Folgende Schwarzbrühe hat sich in der Praxis für den Prud'homme-Artikel bewährt:

79 g Anilinsalz,
8 „ Anilinöl und
30 „ Natriumchlorat
werden in Wasser gelöst, auf
500 cc gestellt und unmittelbar vor dem Gebrauche

die Lösung von

44 g Ferrocyankalium in Wasser auf
500 cc gestellt,

zugegeben.

In der Lebhaftigkeit und Vielseitigkeit der Ätzeffekte[1]) auf foulardiertem Ferrocyanschwarz wurden seit dem ersten Erscheinen des Prud'homme-Artikels grofse Fortschritte gemacht.

Die Erzielung guter Ätzeffekte ist von mehreren Umständen abhängig. Vor allem mufs der Schwarzfond selbst voll und satt sein, um dadurch optisch die Lebhaftigkeit der Ätzen zu heben. Es wurde bereits angeführt, dafs dies aufser einer richtig zusammengesetzten Klotzbrühe durch Verwendung mercerisierter Gewebe und einer guten Bleiche erreicht wird. Der Oxydationsprozefs darf vor dem Aufdruck der Ätzen nicht eingesetzt haben, was durch die Verwendung frischer Klotzbrühe, ein sorgfältiges Trocknen ohne Überhitzen nach dem Klotzen, sofortiges Abkühlen der Stücke nach dem Verlassen des Trockenraumes und möglichst baldiges Bedrucken erzielt wird. Im Interesse eines guten Schwarz ist das Übertrocknen oder gar Stehenlassen in der Mansarde nach dem Ätzaufdruck zu vermeiden, man zieht zweckmäfsig die Stücke nur über einen Teil der Rollen in der Mansarde, welcher gerade genügt, um die Ätzen scharf zu trocknen.

---

[1]) Wir bezeichnen die nach dem Prud'hommeschen Verfahren auf das foulardierte, aber noch nicht entwickelte Schwarz gedruckten Farben als „Ätzfarben", obwohl dieser Ausdruck koloristisch nicht zutreffend ist, zum Unterschied von den im Zinkoxydreserveverfahren später zu besprechenden eigentlichen „Reservefarben".

Das Entwickeln geschieht ausnahmslos durch eine oder zwei Passagen von 1—2 Minuten durch den Mather-Platt bei einer Temperatur von 95 ⁰ C. — Die Beschaffenheit des Dampfes ist von grofsem Einflufs auf den Ausfall der Ätzen insofern, als allzu grofser Feuchtigkeitsgehalt diese wesentlich trübt und das Weifs vergilbt. Es empfiehlt sich deshalb nach längerem Stillstand des Agers, zuerst ein paar Stücke Rohware durchzuschicken, bis aller in den Röhren kondensierter Dampf ausgestofsen wurde. — Der häufige Wechsel der Atmosphäre innerhalb des Vordämpfers, wie er von Ch. Brandt vorgeschlagen wurde, ist sehr vorteilhaft, aber kostspielig.

Für Weifsätzen ist das ursprünglich verwendete Ätznatron aufgegeben worden, weil die stark alkalischen Druckfarben eine grofse Neigung zum Fliefsen haben. Am besten scheint sich das seit der Einführung des Höchster Paranitranilin-Reserveverfahren käufliche Kaliumsulfit zu bewähren. Die gröfseren Kosten dieses Ätzmittels gegenüber Natronlauge werden durch Verwendung von billiger Stärkeverdickung wieder aufgehoben. — Kaliumsulfit für sich oder mit Natriumacetat gibt sehr scharfe feine Ätzeffekte und eignet sich in erster Linie für den Trauerartikel:

Kertess empfiehlt als Weifsätze:

> 3000 g essigsaures Natron,
> 5000 „ Solvay-Soda werden in
> 4000 „ Weizenstärke-Verdickung (dick) gelöst

und nach dem Erkalten

> 250 cc Natriumbisulfit 38 ⁰ Bé. zugegeben.

Wird die Farbe nach einiger Zeit zu dünn, so lasse man pulverisierte Gummi arabicum einrühren.

Beim Waschen nehme man nach Kertess am besten Waschmaschinen, die keine oder nur sehr leichte Pressionswalzen haben; das Weifs erhält sich in diesem Falle reiner, denn besonders beim ersten Waschen schmutzt das Schwarz noch ab und überträgt sich dann, wenn auch nur in minimalem Mafse, durch die Pressionswalzen aufs Weifse.

Eine ältere Weifsätze der Praxis ist folgende:

> 2380 g gebrannte Stärke,
> 143 cc Wasser,
> 3810 „ essigsaurer Kalk 16 ⁰ Bé.,
> 1190 „ essigsaures Natron, kristallisiert, und
> 1190 „ Natronlauge 20 ⁰ Bé.

Lauber empfiehlt:

> 1250 g Weizenstärke,
> 4150 cc Wasser,
> 2550 g Traganthschleim $^{50}/_{1000}$,
> 750 cc Essigsäure 6 ⁰ Bé.,
> 2350 g essigsaures Natron, kristallisiert, kochen,

kalt dazufügen

$$1200 \text{ cc essigsaurer Kalk } 15^0 \text{ Bé. und}$$
$$\underline{1200 \text{ „ Natriumbisulfit } 35^0 \text{ Bé.}}$$

Das Prud'hommesche Ätzweiſs besteht aus

$$2 \text{ kg dunkelgebrannter Stärke,}$$
$$4 \text{ l Wasser,}$$
$$0,75 \text{ kg Natriumacetat,}$$
$$0,5 \text{ „ Natronlauge } 20^0 \text{ Bé. und}$$
$$\underline{0,25 \text{ „ Natriumbisulfit } 36^0 \text{ Bé.}}$$

Man kann mit gutem Erfolg auch Natriumacetat mit Natriumsulfit verwenden.

Ein Ätzweiſs der Praxis ist das nachstehende:

$$300 \text{ g Kaliumsulfit (Höchst),}$$
$$150 \text{ g Natriumacetat,}$$
$$2 \text{ „ Ultramarineblau und}$$
$$\underline{550 \text{ „ Stärkeverdickung.}}$$
$$1000$$

Sehr gehoben wird der Effekt der Weiſsätze durch das Auflegen einer weiſsen Körperfarbe anorganischen Ursprungs auf die geätzte Stelle. — Diese Körperfarbe soll in die Zwischenräume des Gewebes beim Druck eindringen und sie ausfüllen, wodurch dem Auge eine glatte Fläche geboten wird und das Weiſs dadurch intensiver erscheint. Die Beimengung darf aber nicht so groſs sein, daſs die Gewebsstruktur verdeckt würde, denn es würde dann der Eindruck einer schweren Körperfarbe hervorgerufen werden und das Weiſs zu leicht von den Trockentrommeln beschmutzt werden. — Man verwendet zu diesem Zwecke Zinkweiſs, Bariumsulfat oder Lithopon, welche entweder ohne weiteres Fixierungsmittel oder mit etwas reiner Gelatine gedruckt werden.

In den Buntätzen beschränkte man sich nicht mehr auf die bloſse Anwendung der Körperfarben. Um eine gröſsere Lebhaftigkeit zu erzeugen, begann man zuerst die Pigmentfarben mit Teerfarben zu schönen, später vielfach Teerfarbstoffe als Tannin oder Metalllacke — vorzüglich Zinksalze — allein anzuwenden. Als Ätze für Pigmentfarben findet Soda oder zitronensaures Natron Anwendung; für Teerfarbstoffe, wenn mittels Albumin fixiert, Natriumacetat.

Folgende Vorschriften sind der Praxis entnommen:

Gelb: 200 g Traganthschleim $^{50}/_{1000}$ neutral
             250 „ Albuminlösung 50 $^0/_0$,
              40 g Solvay-Soda,
             120 „ zitronsaures Natron 28^0 Bé.,
              40 „ Terpentinöl,
             350 „ Chromgelb, trocken,
              10 „ Thioflavin T.

Rot: 150 g Traganthschleim, neutral,
220 „ Zinnober,
20 „ Rhodamin B,
250 „ Albuminlösung, 50 %,
70 „ Solvay-Soda,
30 „ Terpentinöl,
260 „ Wasser.

Ultramarinblau:
150 g Traganthwasser,
350 „ Ultramarinblau,
300 „ Albuminlösung, 50 %,
70 „ Solvay-Soda,
10 „ Ammoniak,
20 „ Terpentin,
100 „ Wasser.

Für Buntätzen mit Farbstoffen bereitet man einen Ätzpapp, welcher am besten aus Traganthwasser und Albuminlösung hergestellt ist und je nach der Stärke des Klotzschwarz und der Tiefe der Gravüre 250 bis 300 g Natriumacetat im Liter Druckfarbe enthält. — Als Farbstoffe dienen Rhodamin 6 G, Irisamin, Auramin, Thioflavin, Brillantgrün, Methylenblau, Neumethylenblau, Safranin T, Safranin M.N u. s. w., welche entweder in Form von Lacken oder als Farbstofflösungen zu dem Ätzpapp gesetzt und mittels Albumins fixiert werden. Die Lacke sind lichtechter. Durch Zusetzung solcher Metallsalze, durch welche Albumin nicht koaguliert, wird die Lebhaftigkeit der Ätzeffekte erhöht.

Die Nachbehandlung des Prud'homme-Artikels nach dem Mather-Platt besteht in Chromieren, gutem Spülen und leichtem Seifen.

Das Chromieren wird kalt oder warm bei 30—40 ° C. vorgenommen. In letzterem Falle fällt das Schwarz röter aus. 5—10 g Kaliumbichromat im Liter genügen. Häufig wird die freie Chromsäure durch Kreidezusatz neutralisiert. Je dunkler das Klotzschwarz sich in dem Mather-Platt entwickelt, desto leichter kann die Nachchromierung gehalten werden. Nicht genügend anilinreich gehaltene Klotzbrühen entwickeln sich im Vordämpfer zu einem weniger tiefen Grün; durch eine heiße und stärkere Chrompassage (bis 12 g $Na_2Cr_2O_7$ im Liter) kann der Nachteil, soweit er die Tiefe des Schwarz betrifft, ausgebessert werden.

Der Trauerartikel (Weiß allein) wird nach dem Chromieren im Strang gewaschen und am besten gar nicht geseift. Der Prud'homme-artikel erhält ein leichtes kaltes Seifenbad in breitem Zustand, wird aber häufig auch nur breit oder im Strang gewaschen.

Falls ein Färberot als Ätze mit oder ohne gleichzeitigem Weiß aufgedruckt war, unterbleibt natürlich das Chromieren. Man degummiert statt dessen in einem Bad, welches mit 10—20 g Salmiak und Soda angesetzt ist, und trägt Sorge, es stets schwach sodaalkalisch zu halten.

Nach dem ursprünglichen Prud'homme-Verfahren wurden die Buntätzen mit Albumin fixiert. Man suchte sich von diesen zu emanzipieren, um durchsichtigere Illuminationsaffekte zu erzielen und um ein Aufrauhen der bedruckten Seite nach dem Druck zu ermöglichen.

Es wurden zu dem Zwecke Diaminfarben vorgeschlagen, welche mit Natronlauge oder Soda gedruckt wurden. Hierzu finden unter anderen Diaminreinblau, Oriol und Baumwollgelb Anwendung. Steiner[1]) empfiehlt Rosophenin. Die so erzielten Effekte sind nicht lebhaft und nicht besonders waschecht.

Blau: 400 g Weizenkleister,
               200 „ Traganthschleim,
                25 „ Diaminreinblau,
               100 „ Solvay-Soda,
                40 „ Natronlauge 20 ^{0} Bé. und
               245 „ Wasser.

Grafton und Browning[2]) benutzen basische Farbstoffe, welche sie mit Tannin fixieren. Das Gewebe wird durch zwei aufeinanderfolgende Passagen in Tannin und Brechweinstein genommen, gewaschen und getrocknet und in einem Anilinschwarzbad geklotzt, welches der reduzierenden Eigenschaften des Tannins wegen etwas sauer gehalten ist. Die Ätzfarben enthalten Natriumacetat und basische Farbstoffe, welche durch die nachfolgende Mather-Platt-Passage auf dem Antimontannat fixiert werden.

E. P. Pearson[3]) klotzt im Anilinschwarzbad wie gewöhnlich, druckt eine Reserve mit dem Tanninfarbstoff auf, nimmt durch den Mather-Platt und schliefslich durch Brechweinstein.

C. Donald[4]) gibt entweder das Antimonsalz oder das Tannin zum Anilinklotzbad, wodurch gegenüber dem Graftonschen Prozefs eine Operation erspart wird.

Die besten Resultate gibt das Verfahren nach Grafton-Browning, doch erfordert es, wie gesagt, zwei Operationen mehr, weshalb man in der Praxis häufig nach C. Donalds Angaben verfährt, zuerst in Tannin pflatscht und das Antimon nach Caberti und Peco[5]) am besten als „Antimonsalz" $SbFl_3 + (NH_4)_2SO_4$ zur Anilinschwarzflotte gibt. Die Ätzeffekte sind zarter als die schweren mit Albumin fixierten, sind aber lange nicht so lebhaft, was zum Teil auf die Trübung des Tannins durch das Eisen des Ferrocyansalzes zurückzuführen ist.

Nach H. Schmid[6]) reserviert zu viel Tannin das Anilinschwarz zu stark, während zu wenig Tannin die Echtheit der basischen Ätzeffekte beeinträchtigt.

---

[1]) Sitzungsberichte Soc. Ind. Mulhouse 1897, S. 137.
[2]) D. R.-P. 70 793 v. 14. Aug. 1892. Franz. Pat. 225 849 v. 22. Aug. 1892.
[3]) Amer. Pat. 491 951 vom 14. Februar 1893.
[4]) Amer. Pat. 491 961 vom 14. Februar 1893.
[5]) Färber-Zeitung 1895, S. 346.
[6]) Chemiker-Zeitung 1902, S. 271.

Das Graftonsche Verfahren eignet sich vorzüglich für den sogenannten „Veloutine"-Artikel, wo es weniger auf Lebhaftigkeit der Ätzeffekte als auf eine möglichste Durchdringung bis auf die Rückseite des Gewebes und ein gutes Verrauhen nach dem Entwickeln ankommt.

R. Weiſs[1]) macht über die Fabrikation der Veloutine in Kingersheim bei Mülhausen i. E. folgende Angaben:

Die Rohware wird bei höchstens 65° C. gemalzt, gewaschen und getrocknet. Die so entschlichteten Stücke werden zweimal auf einem dreiwalzigen Foulard im Anilinschwarzbad geklotzt, in der hot-flue getrocknet, abgekühlt und wo möglich denselben Tag mit den Ätzfarben bedruckt. Die Gravur ist sehr tief gehalten und die Farbe dünnflüssig, um ein möglichst gutes Durchdrucken zu erzielen. Man dämpft fünf Minuten im Mather-Platt, chromiert, wäscht und trocknet. Man rauht sodann zwei- bis fünfmal auf jeder Seite.

Anilinschwarzbad:

6 000	g	Natriumchlorat,
10 000	„	Ferrocyankalium,
16 000	„	Anilinsalz,
4 000	„	flüssiges Tannin[2]),
8	l	Traganthwasser

mit Wasser auf 200 l stellen.

Weiſs:

5000	g	British gum,
7	l	Kaliumsulfit (Höchst),
5	„	Wasser.

Crème:

700	g	Phosphin,
5000	„	British gum,
6	l	Essigsäure,
7	„	Kaliumsulfit.

Goldgelb:

1000	g	Auramin II,
5000	„	British gum,
3	l	Essigsäure,
2	„	Wasser,
7	„	Kaliumsulfit.

Grün:

1000	g	Auramin II,
150	„	Methylenblau,
5000	„	British gum,
4	l	Wasser,
7	„	Kaliumsulfit.

Blau:

500	g	Methylenblau,
5000	„	British gum,
3	l	Wasser,

---

[1]) Rev. générale des mat. col. 1899, S. 243.
[2]) Im Text „Tannin liquide". Eine nähere Mitteilung ist hier nicht gegeben. Ist wohl Galläpfel- oder entfärbter Sumachextrakt.

	3 l	Essigsäure,
	7 „	Kaliumsulfit.
Violett:	300 g	Methylenviolett,
	80 „	Methylenblau,
	5000 „	British gum,
	3 l	Wasser,
	3 „	Essigsäure,
	7 „	Kaliumsulfit.
Rot:	500 g	Safranin,
	150 „	Auramin II,
	300 „	Rhodamin 6 G,
	5000 „	British gum,
	3 l	Essigsäure,
	3 „	Wasser,
	7 „	Kaliumsulfit.
Orange:	700 g	Phosphin,
	50 „	Auramin II,
	80 „	Safranin,
	6000 „	British gum,
	4 l	Essigsäure,
	5 „	Wasser,
	9 „	Kaliumsulfit.
Grau:	2000 g	Grau 4 B (Poirrier),
	3000 „	Zinnoxydulhydrat,
	3100 „	British gum,
	3 l	Wasser.

Alle Farben mit Ausnahme des Weiſs und Grau erhalten für 1 Liter 100 cc einer gesättigten Lösung von Brechweinstein und Kochsalz[1]).

Derselbe Artikel kann auch so fabriziert werden, daſs man die gemalzten Stücke in 8—10 g Tannin im Liter foulardiert, trocknet und nun zweimal in einem Anilinschwarzbad foulardiert, welchem für 1 Liter 20 g Antimonsalz zugesetzt sind; oder man foulardiert zweimal im gewöhnlichen Anilinklotzbad ohne Antimonsalzzusatz, aber mit etwas weniger Anilinöl, und druckt eine Farbe, welche den löslichen Natriumbrechweinstein enthält:

	400 g	British gum,
	360 „	Kaliumsulfit,
	28 „	Methylenblau,
	20 „	Natriumbrechweinstein,
	100 „	Essigsäure,
	92 „	Wasser.

---

[1]) Brechweinstein ist bekanntlich in Salzlösung erheblich löslicher als in reinem Wasser.

Auf die Verwendung von Natriumbrechweinstein haben die Farbwerke Höchst aufmerksam gemacht.

Über die auch für den Veloutineartikel geeigneten Ferrocyanzinkreserven F. Oswalds siehe S. 89.

Als andere Ätzverfahren auf vorgeklotztem Anilinschwarz seien folgende erwähnt:

Bloch und Schwartz[1]) verwenden Rhodanzinn und verbinden dessen Eigenschaft, Albumin zu koagulieren, mit einem Soubassement-Artikel, indem die Rhodanzinnätze auf das anilingrundierte Gewebe vorgedruckt wird und darüber ein Gründel mit Natriumacetat und einer Albuminfarbe gelegt wird. Wo das Gründel auf die Rhodanzinnätze fällt, koaguliert das Albumin aufserhalb des Gewebes und fällt beim Seifen ab. Durch Zusatz von basischen Farbstoffen zur Rhodanzinnätze werden bunte Effekte erzielt. Zur Fixierung der basischen Farbstoffe wird der Druckfarbe Tannin und Brechweinstein in Chlorkalklösung von 8^0 Bé. einverleibt, in welcher Form der Brechweinstein nach einer Beobachtung Jeanmaires erst beim Dämpfen Antimontannat bildet.

Bloch und Schwartz empfehlen folgende Druckfarben für ihren Artikel:

Weifsätze I: 2100 g Rhodanbarium,
             3175 „ Wasser,
             1750 „ Zinnsalz und
             4000 „ British gum.

Weifsätze II: 3500 g Zinnsalz,
             2800 „ Rhodankalium,
             7500 „ Wasser,
             8000 „ British gum,
             1000 „ Weizenstärke,
             500 „ Wasser,
             2250 „ Zinksulfat.

Buntätze: 2100 g Rhodanbarium,
             1000 „ Wasser,
             1759 „ Zinnsalz,
             2500 „ Farbstofflösung,
             4000 „ British gum, kalt, dazu
             500 „ Tannin,
             300 „ Essigsäure, 6^0 Bé.,
             250 „ Brechweinsteinlösung.

Farbstofflösung: 50 g Farbstoff,
             500 „ Wasser,
             500 „ Essigsäure.

Brechweinsteinlösung:
             140 g Brechweinstein,
             1000 cc Chlorkalklösung, 8^0 Bé.

---

[1]) Bull. Soc. Ind. de Mulhouse 1896, S. 301.

Weifsätze II ist nach Angabe von Bloch und Schwartz besser. Die Koagulation des Albumins wird dabei durch das Zinksulfat bewirkt. Das Zinnrhodanür ist nach A. Romann kein gutes Ätzmittel für weifse Effekte.

Caberti verwendet auch das Zinnrhodanür für Buntätzen und kombiniert es zu diesem Zwecke mit Eosinen, Phthaleïnen, Baumwollgelb 2 G (Geigy), Thioflavin T, Neumethylenblau N, zu deren Fixierung er Chromacetat der Druckfarbe zusetzt. Die Artikel sind von geringerer Waschechtheit [1]).

A. Scheurer [2]) fixiert im Artikel Prud'homme die basischen Farben mittels Wolframsäure. Das Gewebe wird in wolframsaurem Natron foulardiert und durch Schwefelsäure genommen. Man wäscht, trocknet, klotzt in Anilinschwarz und druckt die Ätzfarben, welche den basischen Farbstoff und Natriumacetat enthalten. 2 Minuten dämpfen, waschen und chromieren. Die Wolframsäure wirkt hierbei als Beize für die basischen Farbstoffe. Sie hat zugleich den Vorteil gegenüber dem Tannin, die Entwicklung des Schwarz zu befördern. Die Lacke werden durch zwei Minuten langes Dämpfen fixiert. Sie vertragen ein halbstündiges Seifen bei 60°, fallen aber bei 80° ab.

S. Wallach [3]), C. Schön und H. Bourry ersetzen das Albumin der Ätzfarben durch Gelatin- oder Caseïnkörper, welchen man leicht dissoziierbare Formaldehydverbindungen beifügt, die imstande sind, beim Dämpfen Formaldehyd abzuspalten. Der Formaldehyd liefert mit Gelatine oder Caseïn eine unlösliche Verbindung. Man benötigt hierzu 4 Prozent vom Gewichte der Gelatine an Formaldehyd als Ammoniak- oder Bisulfitverbindung.

Das Verfahren wurde nach folgenden Angaben in der Praxis ausgeübt:

Blauätze:

10 l Verdickung G,
 4 kg Ultramarinblau,
400 g ammoniakalische Formaldehydlösung,
350 „ Natriumkarbonat.

Verdickung G:

32 l Gelatinelösung,
32 „ Traganthwasser,
12 kg essigsaures Natron.

Gelatinelösung:

3 kg Gelatine in
1 l Wasser.

Ammoniakalische Formaldehydlösung:

1 kg Formaldehyd von 40 %,
$1^1/_4$ „ Ammoniak.

---

[1]) Vgl. auch H. Schmid, Chemiker-Zeitung 1902, S. 271.
[2]) Bull. Soc. Ind. de Mulhouse 1900, S. 138.
[3]) Privatmitteilung.

Gelbätze:

  6 kg Chromgelblack,

11 l Verdickung G,

400 g ammoniakalische Formaldehydlösung,

350 „ Natriumkarbonat.

Rosaätze:

11 l Verdickung G,

  4 kg Rosalack (Thann-Mülhausen),

400 g ammoniakalische Formaldehydlösung,

350 „ Natriumkarbonat.

Grünätze:

  9 kg Grünlack (Thann-Mülhausen),

11 l Verdickung G,

400 g ammoniakalische Formaldehydlösung,

350 „ Natriumkarbonat.

W. Popielsky[1]) will Ätzeffekte durch Aufdrucken von Nitrit erzielen. Dieses soll Anilin in die Diazoverbindung überführen und so der Oxydation zu Anilinschwarz entziehen.

Nach A. Scheurer[2]) genügen die alkalischen Eigenschaften des wolframsauren Natrons zur Ätzung von Anilinschwarz. Man druckt mit einer Farbe, welche 200 g Natriumwolframat im Liter enthält. Durch Zusatz von Körperfarben zu der Druckfarbe und das Ausfällen von wolframsaurem Barium auf der Faser mittels einer Passage durch Chlorbarium können die Körperfarben fixiert werden. Das Verfahren bietet eine Möglichkeit, Opalineffekte auf Anilinschwarzgrund zu erzeugen.

F. Binder und Frossard[3]) erzeugen Halbreserven unter Ferrocyananilinschwarz durch Anwendung von zitronensaurem Zinnoxydulnatron, durch Zusatz von Eisensulfat zur Reserve wird dem Grau ein etwas schönerer Stich infolge des gebildeten Berlinerblaues verliehen.

F. Binder und Ch. Sünder[4]) verwenden zum Fixieren der Buntätzen statt des Albumins eine Lösung von Gelatine. Sie beobachten, daſs durch einstündiges Dämpfen von Gelatine mit Natriumkarbonat (4 Prozent vom Gewichte der Gelatine), Natriumacetat (5 Prozent vom Gewichte der Gelatine), Aluminiumhydroxyd, Magnesiumkarbonat, Chromoxydhydrat, Zinktannat, Zinnoxydulhydrat, Bleiacetat und mehreren anderen Verbindungen Gelatine koaguliert wird. Die besten Resultate bekamen sie mit Zinkacetat, mit welchem man Farben bereiten kann, die sich in der Kälte gut konservieren, und in denen die Gelatine durch eine Passage von vier Minuten durch den Mather-Platt vollkommen koaguliert. Binder und Sünder setzten ihren Ätzschutzpapp, wie folgt, zusammen:

---

[1]) Färber-Zeitung 1900, S. 39.
[2]) Bull. Soc. ind. de Mulhouse 1900, S. 139.
[3]) Soc. ind. de Mulhouse, Sitzungsbericht vom 7. Juni 1902.
[4]) Bull. Soc. ind. de Mulhouse 1901, S. 330.

25 Prozent Leimlösung, bestehend zu gleichen Teilen aus
trockener Gelatine und Traganthschleim, 12 proz.,
welches Gemenge 6 Stunden gekocht wird,
10 Prozent kristallisiertes Zinkacetat,
15 „   „   Natriumacetat,
20 „   Oleïn.

L. Baumann[1]) erhält nach diesen Angaben sehr lebhafte Illumi-
nationen auf Anilinschwarz; die Echtheit der Lacke ist eine geringere
als diejenige der mit Albumin fixierten, doch stellt sich der Preis der
Ätzfarbe infolge Ausfalls des Albumins bedeutend billiger.

Anilinschwarz findet auch Anwendung zur Erzeugung billiger, ganz
dunkler Indigonuancen. Man gibt dem Gewebe zwei Küpenzüge und
klotzt sodann in einem gewöhnlichen Anilinschwarzbad, welches mit dem
drei- bis vierfachen Gewicht an Wasser verdünnt wurde. — Den bunten
Chromatätzen wird in dem Falle Natriumacetat zugesetzt; für Weiſs
wird eine mit überschüssiger Lauge versetzte Chromatfarbe benutzt.

Weiſs: 140 g Natriumbichromat,
              120 „ Natronlauge 40 Bé.,
              740 „ British gum-Wasser.

Gelb: 300 g Chromgelb in Pulver,
              280 „ Eialbuminlösung, 50 %,
               90 „ Natriumbichromat, mit Ammoniak neu-
                   tralisiert,
              120 „ Natriumacetat,
               80 „ Taganthwasser,
                   mit Wasser auf
             1000   stellen.

Das Schwarz wird zuerst im Mather-Platt oxydiert und alsdann
der Indigo durch die Schwefelsäure-Oxalsäure-Passage geätzt.

Das Prud'homme-Verfahren hatte bei dessen Aufnahme jeder Fabrik
Schwierigkeiten verursacht, die indessen heute als überwunden gelten
können. — Worin diese anfänglichen Schwierigkeiten lagen, erhellt
genügend aus der Natur des Verfahrens. — Das grundierte Anilinschwarz hat zweimal die heiſsen Mansarden zu passieren, einmal beim
Klotzen selbst, das andere Mal beim Aufdruck der Ätzen, ohne daſs es
in denselben vergrünen darf, wenn man, wie bereits erwähnt, nicht die
Schönheit des Schwarzfonds oder die Lebhaftigkeit der Ätzen beeinträchtigen will. Die Fabrikation ist ferner daran gebunden, die foulardierten Stücke wo möglich an demselben Tage zu bedrucken, um einem
beginnenden Vergrünen, welches bei längerem Liegen stets eintritt, vorzubeugen. Dies alles bedingt eine sorgfältige Arbeitseinteilung, die mit-

---

[1]) Bull. Soc. ind. de Mulhouse 1901, S. 329.

unter nur mit Aufwand von Überstunden eingehalten werden kann, wenn die Quantität der Produktion dabei nicht zu kurz kommen soll.

Man hat aus diesen Gründen eine Umkehrung des Prud'-hommeschen Verfahrens ausgearbeitet, welches im Vordruck einer Zinkoxydreserve besteht und gestattet, die also vorbedruckten Stücke nachher zu gelegener Zeit im Anilinschwarzbad zu klotzen. Man erzielt hierdurch nicht nur eine bequemere Arbeitseinteilung, sondern ist infolge derselben und einer anderen Foulardierungsart imstande, die Produktion wesentlich zu vergröfsern.

Es sei im nachstehenden eine kurze historische Entwicklung über zinkhaltige Reserven gegeben, woran sich eine Besprechung des modernen Zinkoxydverfahrens schliefsen soll.

Ch. Reber und H. Schmid[1]) beschrieben im Jahre 1884 die Eigenschaft des Ferrocyanzinks, mit basischen Farbstoffen unlösliche Lacke zu geben.

The Thornliebank Co. Ltd[2]) und W. E. Kay liefsen sich die Anwendung von Zinkacetat als Ätze- und gleichzeitiges Fixierungsmittel für basische Farben auf vorgeklotztem Anilinschwarz patentieren. Die Patentschrift gibt auch an, dafs die Reihenfolge des Klotzens und Druckens umgekehrt werden könne, doch hat man mit Zinkacetat nur in der gewöhnlichen, d. i. in der Prud'hommeschen Reihenfolge gearbeitet.

W. P. Whitehead[3]) erhielt ein Patent auf Zinkoxyd als Reserve für Weifs- oder durch Zumengung basischer Farbstoffe für Bunteffekte ohne Anwendung eines weiteren Fixierungsmittels für diese basischen Farbstoffe. Man kann nach seinen Angaben die Zinkoxydreserve vor oder nach dem Klotzen in Anilinschwarz drucken.

Dreyfus[4]) verlas in einer Sitzung der Society of chemical Industry in Manchester eine Zuschrift J. Rileys, wonach The Thornliebank Co. in Glasgow seit Mai 1880 Zinkoxyd als Reservevordruck vor dem Anilinklotzbade benutzt. Das Zinkoxyd wurde aber nur als Reservierungsmittel und nicht zur gleichzeitigen Befestigung der basischen Farbstoffe, welche Tannin enthielten, in den Buntreserven benutzt. Das mit den Zinkoxydreserven bedruckte Gewebe wurde in Glasgow vor dem Klotzen eine Stunde gedämpft.

C. Schön[5]) legte der Société Industrielle de Mulhouse im Jahre 1894 buntgeätzte Anilinschwarzmuster vor, auf welchen die basischen Farbstoffe der Ätze ohne Tannin durch Überführung in die Ferrocyanzinklacke fixiert waren. Die Farben vertragen ein Seifen bei 40° C.

Von F. Oswald[6]) wurde ein Verfahren mitgeteilt, welches von

---

[1]) Bull. Soc. ind. de Rouen 1884, S. 768. Dinglers Polyt. Journal 1885, S. 42.
[2]) Engl. Pat. 713 vom 12. Januar 1893.
[3]) Engl. Pat. 1351 vom 11. April 1893.
[4]) Journ. Soc. chem. ind. 1894, S. 485.
[5]) Sitzungsbericht vom 14. März 1894.
[6]) Sitzungsbericht vom 30. Mai 1894 und Bull. Soc. ind. de Mulhouse 1894, S. 264.

ihm in Rufsland ausgeführt wurde, und welches darin bestand, die basischen Farbstoffe auf Anilinschwarzgrund mittels Ferrocyanzinnlacks zu fixieren. Als Reserve dient Magnesiumacetat. Er gibt folgendes Beispiel einer Druckfarbe:

500 g Magnesiumacetat, 20 ⁰ Bé.,
400 „ gebrannte Stärke,
kochen, kalt dazu
15 „ Methylenblau,
100 „ Essigsäure,
60 „ Zinksulfat.

In dieser Art lassen sich Fuchsin, Safranin, Auramin, Thioflavin, Malachitgrün, Rhodamin u. a. verwenden.

Nach dieser Ätzmethode [1]) werden lebhafte Effekte erzielt. Die Lacke sind aber nur mäfsig seifenecht und vor allem sehr lichtunecht. —— Die folgenden sind einige Vorschriften aus der Praxis nach dem Oswaldschen Verfahren:

H e l l b l a u :
520 g gebrannter Stärkepapp,
5 „ Thioninblau 0 (Höchst),
25 „ Essigsäure,
250 „ Magnesiumacetat, 20⁰ Bé.,
50 „ Zinksulfat,
150 „ Natriumacetat, kristallisiert.

G e l b :
500 g gebrannter Stärkepapp,
20 „ Thioflavin T.,
30 „ Essigsäure,
250 „ Magnesiumacetat, 20⁰ Bé.,
50 „ Zinksulfat,
150 „ Natriumacetat, kristallisiert.

S c h w e i t z e r und D i c k e r s o n [2]) verwenden Zinkoxyd als Reserve unter Anilinschwarz in Kombination mit β-Naphthol und Nitrosamin zur Erzeugung von Rot. Das Verfahren hat keine Bedeutung.

Der Vordruck der Zinkoxydreserven auf ungeklotzte Ware wurde zuerst in England und Rufsland ausgeführt.

Man hatte dort auch gefunden, dafs das Trocknen der so vorbedruckten und in Anilinschwarz geklotzten Ware auf den Trommeln zu geschehen habe, um ein Fliefsen der Reserven zu wermeiden.

Die Zinkoxydreserven werden auf das vorher gebürstete weifse Gewebe gedruckt; es empfiehlt sich, die Gravur der Walzen etwas tiefer zu machen als für den gewöhnlichen Prud'homme-Artikel und als Fournisseur eine kräftige Bürste zu verwenden.

---

[1]) Es sei hier ausdrücklich hervorgehoben, dafs, obwohl F. Oswalds Zinkätzen nur zum Druck auf vorgeklotztes Anilinschwarz und nicht als Reserven sich eignen, sie erst an dieser Stelle im Zusammenhang mit den anderen Zinkverfahren besprochen werden.

[2]) Amer. Pat. 539 550, 1895.

Man trocknet scharf und läfst die Stücke aufgerollt liegen, bis das Klotzen in Anilinschwarz gelegentlich vorgenommen werden kann. Ein Dämpfen der Reserven ist nur dann nötig, falls man der Farbe. etwas Albumin zugesetzt hat; es genügt dann eine Passage von zwei Minuten durch den Mather-Platt.

Das Klotzen wird am besten auf einem zweiwalzigen Foulard derart vorgenommen, dafs die Stücke, ohne in das Bad selbst zu kommen, zwischen den beiden Walzen mit ihrer bedruckten Seite nach unten durchgeführt werden. Die untere Walze besitzt einen etwas gröfseren Durchmesser als die obere und rotiert im Klotzbad; sie wird entweder mit einem Umschlag oder mit einer feinen Picot-Gravur versehen. Um trotz dieser kurzen Passage eine recht gute Imprägnierung des Gewebes zu erzielen, wird

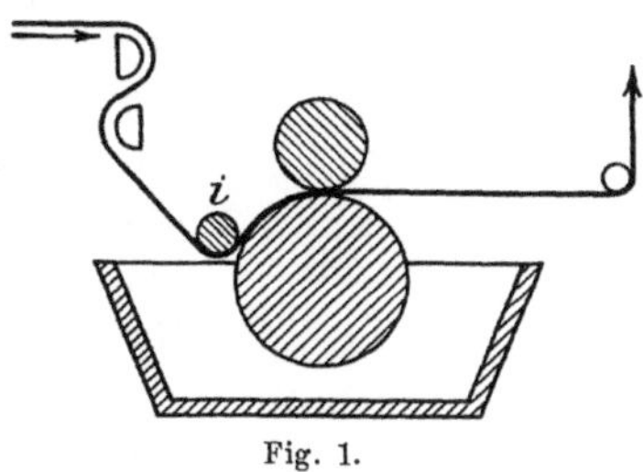

Fig. 1.

dieses schon einige Zentimeter vor der Pressionsstelle durch ein kleines Röllchen i an die im Klotzbad laufende untere Walze angelegt.

Das Klotzbad wird mit etwas neutralem Traganthwasser verdickt und stets auf der gleichen Höhe gehalten. Die Aufnahme des Klotzbades durch das Gewebe wird mittels Pression der oberen Gummiwalze geregelt. Die Stücke gehen sofort auf die hinter der Foulardiermaschine stehende Trommelkolonne und werden auf dieser scharf getrocknet, so dafs sie, ohne gedunkelt zu sein, die Trommeln heifs verlassen. Man entwickelt darauf wie gewöhnlich das Schwarz durch ein zwei Minuten langes Dämpfen im Mather-Platt-Kasten. Es wird chromiert mit 5 g Natriumbichromat und 5 g Kreide im Liter bei 30° C. und breit gewaschen.

<pre>
A n i l i n k l o t z b a d: 75 g Anilinsalz,
                             8 „ Anilinöl,
                            50 „ gelbes Blutlaugensalz,
                            40 „ Natriumchlorat,
                            50 „ Traganthwasser,
                               auf 1 l gestellt.

R e s e r v e - R o s a: 200 g Zinkoxyd,
                         100 „ Wasser,
                         492 „ hellgebrannter Stärkepapp,
                          40 „ Terpentin,
                          20 „ Glyzerin,
                          48 „ Rhodamin 6 G,
                         100 „ Wasser.

R e s e r v e - G e l b: 200 g Zinkoxyd,
                         100 „ Wasser,
                         510 „ hellgebrannter Stärkepapp,
</pre>

	40 g	Terpentin,
	20 „	Glyzerin,
	30 „	Auramin O,
	100 „	Wasser.
Strohgelb:	200 g	Zinkoxyd,
	100 „	Wasser,
	510 „	hellgebrannter Stärkepapp,
	40 „	Terpentin,
	20 „	Glyzerin,
	10 „	Thioflavin T,
	120 „	Wasser.
Rot:	200 g	Zinkoxyd,
	100 „	Wasser,
	400 „	hellgebrannter Stärkepapp,
	40 „	Terpentin,
	20 „	Glyzerin,
	30 „	Rhodamin 6 G,
	10 „	Safranin T,
	10 „	Auramin,
	50 „	Acetin,
	100 „	Eialbumin, 50 %,
	30 „	zitronensaures Natron.
Blau:	200 g	Zinkoxyd,
	100 „	Wasser,
	480 „	hellgebrannter Stärkepapp,
	40 „	Terpentin,
	20 „	Glyzerin,
	10 „	Thioninblau O,
	120 „	Wasser,
	30 „	Natriumbisulfit.

Die Druckfarben müssen vor ihrer Verwendung sorgfältig gemahlen werden. Man rührt zu dem Zwecke das Zinkoxyd mit Wasser, Terpentin und Glyzerin zu Teig an, setzt die Verdickung zu und mahlt das Ganze während 24 Stunden in der Kugelmühle. Diesem Reservepapp können dann vor Gebrauch die verschiedenen Farbstofflösungen oder Farblacke zugesetzt werden. Ein kleiner Zusatz von Bisulfit erhöht die Lebhaftigkeit der Ferrocyanzinklacke.

Zur besseren Fixierung eignet sich ein Zusatz von Eialbumin, der aber erst unmittelbar vor dem Drucken geschehen soll. Solche mit Albumin versetzte Zinkoxydfarben zeigen eine gröfsere Neigung, sich in die Gravur zu setzen. Vielleicht liefse sich statt des Albumins mit gleichem Erfolge Gelatine nach Binders Vorschlag verwenden.

Statt der Farbstofflösungen können zur Erzielung eines lichtechten Artikels auch Farbstofflacke, sei es mit Tannin, sei es mit Ferrocyanzink, verwendet werden. Solche Lacke werden von den Fabriken

chemischer Produkte in Mülhausen, von Wacker und Schmitt eben-
daselbst, Bloesch in Moskau und von Fischer und Hunoldt in Mailand
in den Handel gebracht. Sie brauchen nur mit der nötigen Verdickung
versetzt zu werden. Man hat in beiden Fällen den Vorteil, daſs das
Gewebe gut durchdrungen ist und das Muster auch auf der Rückseite
erscheint, ein Vorzug des Reserveverfahrens, welchen man namentlich
für den Tucheldruck als Wollimitation schätzt.

Als Weiſsreserve eignet sich Zinkoxyd allein oder besser noch
gefällte Kreide, der zur Verstärkung des Reserveeffektes so viel Sodalösung zugesetzt wird, als die Druckfarbe ohne Gefahr des Flieſsens
beim nachherigen Klotzen verträgt.

Das Zinkoxydreserveverfahren liefert sehr lebhafte Illuminations-
effekte, welche aber, wie erwähnt, nur mäſsige Licht- und Waschechtheit
besitzen. — Es eignet sich besonders zur Erzeugung von groſsen
Mustern, wie solche für den Orient beliebt sind. Feine Effekte sind
nur schwer mit der genügenden Schärfe erhältlich.

Die Wirkungsweise des Zinkoxyds in diesem Reserveverfahren erklärt
H. Schmid [1]) durch die Umsetzung:

$$2C_6H_5 \cdot NH_3Cl + ZnO = ZnCl_2 + H_2O + 2C_6H_5 \cdot NH_2$$

Das Anilin wird dadurch der Oxydation entzogen, während das $ZnCl_2$
sich mit dem Ferrocyankalium zu Ferrocyanzink umsetzt, welches beim
Ausfallen den basischen Farbstoff mit sich reiſst.

Das Trocknen auf Dampfzylindern ist, wie bereits erwähnt, für ein
Gelingen des Verfahrens unerläſslich. Es bietet überdies den Vorteil,
die Produktion gegenüber dem Hot-flue-Prozeſs wesentlich steigern zu
können, da eine mit Trommeln versehene Klotzmaschine leicht imstande
ist, drei bis vier Druckmaschinen zu folgen. Ein Übertrocknen der
Ware bis zum beginnenden Vergrünen muſs im Interesse eines guten
Schwarzbodens vermieden werden. Man umwickelt die ersten Trommeln
mit Kattun oder beschickt sie mit weniger Dampf, um ein allzu jähes
Trocknen zu vermeiden. Bei gut geleitetem Trocknen soll das Gewebe
in noch gelbem Zustande die Trommelkolonne verlassen.

D. Das Behandeln der Gewebe nach dem Aufdruck.

Die Entwicklung des auf die Faser gedruckten Anilinschwarzes ist
verschieden je nach der Art des verwendeten Schwarzes. Wir unterscheiden auſser dem nur in der Färberei gebräuchlichen Einbad-Schwarz
je nach der Art der Entwicklung ein Oxydations- und ein Dampfanilinschwarz und verstehen unter jenem meist solche Schwarz-
druckfarben, die, wie das Schwefelkupfer-, Vanadium-, Bleichromat- oder
wolframsaure Chromoxydschwarz, durch Verhängen oder eine Oxydation
bei 30—40° C. entwickelt werden, unter Dampfanilinschwarz das Ferro-
cyan- und wohl auch einige Bleichromatschwarzfarben, welche ein Dämpfen
bis zu 20 Minuten ohne Schwächung der Fasern vertragen.

---

[1]) Chemiker-Zeitung 1902, S. 272.

Diese Unterscheidung ist seit Einführung des später zu besprechenden Mather-Platt-Dämpfer (Ager) insofern hinfällig geworden, als man heute auch alle Oxydationsschwarzfarben durch diese kurze Dampfpassage ohne wesentliche Schwächung der Faser entwickeln kann. — Vor der Einführung des Mather-Platt-Dämpfkastens wurden aber die obengenannten Oxydationsschwarzfarben entweder durch Verhängen oder in eigens konstruierten Oxydationsapparaten entwickelt, welche heute noch vielfach in Anwendung sind.

Das Entwickeln durch Verhängen wird nur mehr in wenigen Fabriken geübt. Es ermöglicht bei der langsamen Entwicklung des Schwarzes bei verhältnismäfsig niedriger Temperatur, jegliche Schwächung der Faser zu vermeiden, erfordert aber aufserordentlich viel mehr Zeitaufwand als die anderen Entwicklungsverfahren.

Die Hängen waren bereits vor Einführung des Anilinschwarzes zum Fixieren der aufgedruckten Beizen in Gebrauch. D. Köchlin[1]) machte zuerst auf die Wichtigkeit einer sorgfältigen Regelung des Feuchtigkeitsgehaltes in der Hänge aufmerksam. Man verwendete hierzu das Psychrometer von August und liefs das trockene Thermometer 36° C., das nasse 33° C. zeigen. Im Jahre 1849 liefs sich John Thom in England die Einführung von Feuchtigkeit in die Hänge zum künstlichen Regeln des Fixierungsprozesses patentieren, und Walter Crum baute nach diesem Prinzip zuerst eine gröfsere Hänge, deren eingehende Beschreibung in Crookes Lehrbuch[2]) S. 280 wiedergegeben ist.

In den für die Fixierung von Beizen üblichen Hängen wurde auch das Anilinschwarz entwickelt, indem man, falls es mit Beizen zugleich gedruckt war, so lange verhängte, wie zur Fixierung dieser letzteren erfahrungsgemäfs notwendig war, oder, wenn es allein gedruckt war, 6—7 Stunden oxydierte. Durch ein stärkeres Sauerhalten der Druckfarbe hatte man es in der Hand, den Entwicklungsprozefs innerhalb kleiner Grenzen etwas zu beschleunigen. Die Temperatur wurde meist auf 40—45° C. und das Feuchtigkeitsthermometer sechs Grade niederer gehalten.

Nach Zuercher[3]) entwickelt sich Anilinschwarz schlecht oder gar nicht, wenn die Stücke nach dem Druck und vor der Oxydation kalter Zugluft ausgesetzt waren. Das Anilin scheint sich zu verflüchtigen. Das Schwarz entwickelt sich nur gut, wenn bei einer Temperatur von 25° oder darüber oxydiert wird. Kertess bemerkt hierzu: „In einer Düsseldorfer Fabrik hatte ich den Fall, dafs eine Partie Ware aushilfsweise in einen schwach warmen Raum gehängt wurde, wo seitwärts ein zerbrochenes Fenster sich befand. In der Frühe waren die Stücke normal entwickelt; nur die Stellen, die direkt dem Luftzug ausgesetzt waren, zeigten sich noch ganz grau, unentwickelt, und ein nachheriges Ver-

---

[1]) Bull. Soc. ind. de Mulhouse 1828, S. 309.
[2]) A practical handbook of Dyeing and Calico printing. London, Longmanns, Green & Co., 1874.
[3]) Bull. Soc. ind. de Mulhouse 1885, S. 319.

̓hängen in dem relativ stark erhitzten Oxydationsraume brachte auch keine Besserung hervor.“

Das Hängeverfahren wurde vielfach durch das Oxydationsverfahren verdrängt, welches dem Bedürfnisse nach schnellerer Arbeit und gröfserer Produktion besser entsprach.

Von C. A. Preibisch in Reichenau bei Zittau ist ein Apparat zur kontinuierlichen und gleichmäfsigen Oxydation von Anilinschwarz konstruiert worden[1]. Derselbe hat im In- und Ausland sehr rasch allgemeine Anerkennung gefunden; aus diesem Grunde möge eine ausführliche Beschreibung und Skizze des Apparats, welche wir der Patentschrift entnehmen, hier folgen. Der Apparat wird noch heute in seiner ursprünglichen Gestalt (vgl. Fig. 2) konstruiert; nur die in der Zeichnung befindlichen Windräder G sind als entbehrlich in Wegfall gekommen, weil durch deren Weglassung die Möglichkeit gegeben wurde, noch einige Walzen einzuschalten und auf diese Weise einen längeren Weg für die durchpassierende Ware zu erzielen[2].

Der Trocken- und Oxydationsprozefs findet in einem langen Kasten statt, durch welchen das getränkte Gewebe in durchweg gleichmäfsig gespanntem Zustande und auf langem, vertikal auf- und absteigendem Wege automatisch hindurchgeführt wird. Das Innere des Apparates wird durch ein Heizrohrsystem auf einer bestimmten Temperatur (etwa 44—50 ⁰ C.) erhalten, und die sich entwickelnden Dämpfe und Gase werden auf der

---

[1] C. A. Preibisch, Oxydationsapparat zur Erzeugung von Anilinschwarz auf baumwollenen, halbwollenen und halbseidenen Geweben, D. R.-P. 32079 vom 17. Sept. 1879 ab.
[2] Privatmitteilung des Herrn C. A. Preibisch.

ganzen Länge des Kastens gleichmäfsig abgesaugt. Das Trocknen und Oxydieren findet in dem vorderen Teile des Apparates statt, und strömt hierzu beständig frische Luft von etwa 25 ⁰ C. von unten in diesen Teil des Kastens bezw. zwischen den Gewebezug ein. Sobald die so getrocknete und oxydierte Ware in den hinteren, vollständig geschlossenen Teil des Apparates gelangt, beginnt sie sich zu färben. Am Ende des Kastens befinden sich zwischen dem Gewebezuge einige Bchälter mit Wasser, dessen Verdunstung der oxydierten Ware die Feuchtigkeit zuführt, welche für den guten Ausfall des Schwarz erforderlich ist. Die Ware verläfst alsdann den Kasten, wird über diesen hinweg nach vorn bis vor den Kasten geführt und dort abgelegt.

Der Apparat (Fig. 2 u. 3) besteht aus einem eisernen Gestell, welches mit einer Holzwandung ausgekleidet ist, die an den Längsseiten abwechselnd mit Fenstern und Türen versehen ist, damit man den Ver-

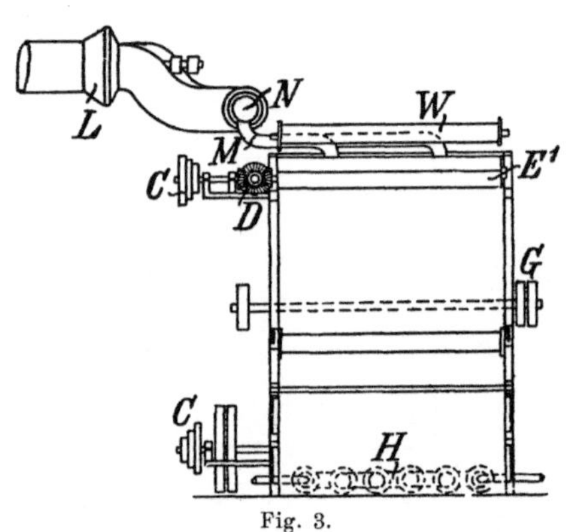

Fig. 3.

lauf des Prozesses beobachten und überall zu der Ware gelangen kann. Auf dem Boden befindet sich ein Heizrohrsystem H. Dicht über diesem ist eine Reihe loser Haspel F und unmittelbar unter der Decke, um den Haspeldurchmesser zu ersteren versetzt, eine zweite Gruppe von Haspeln E gelagert, welche letzteren auf ihren Wellen an dem einen Ende aufserhalb des Kastens durchweg gleich grofse konische Zahnräder tragen, die durch eine mit entsprechend angeordneten, ebenfalls an sich gleich grofsen, konischen Rädorn versehenen rotierende Welle D in ganz gleichmäfsige Umdrehung versetzt werden.

Das mit der Farbmasse durchtränkte Gewebe P ist auf einen Haspel R aufgerollt, welcher am vorderen Ende des Kastens in entsprechenden Stützen ruht. Durch einen in der Stirnwand des Kastens befindlichen Schlitz wird das Gewebe in den Kasten eingeführt und abwechselnd über die losen unteren und festen oberen Haspel gezogen. Infolge der gleichmäfsigen Rotation sämtlicher oberen Haspel E geht die Ware in ganz gleichmäfsigem Gange und in durchweg gleich gespanntem Zustande über die Haspel auf und ab und wird auch durch die von der Welle D mitgetriebene Zugwalze E' in dem gleichen Mafse aus der Maschine herausgezogen.

Im Innern des Apparates wird durch das Heizrohrsystem eine Temperatur von 44 bis 50 ⁰ C. innegehalten. Damit das Trocknen der Ware bei dieser verhältnismäfsig niedrigen Temperatur möglichst rasch von statten geht, steht das Innere des Apparates mit zwei Exhaustoren L in Verbindung, welche die Luft beständig absaugen. Das Nachströmen frischer Luft findet durch die Öffnungen *J* statt, welche im vorderen Teile des Apparates am Boden angebracht sind. Die in der Zeichnung angegebenen Windräder *G*, welche, wie bereits früher erwähnt, nicht mehr angebracht werden, hatten den Zweck, die nachströmende Luft möglichst gleichmäfsig zu verteilen und direkt an das Gewebe anzufächeln.

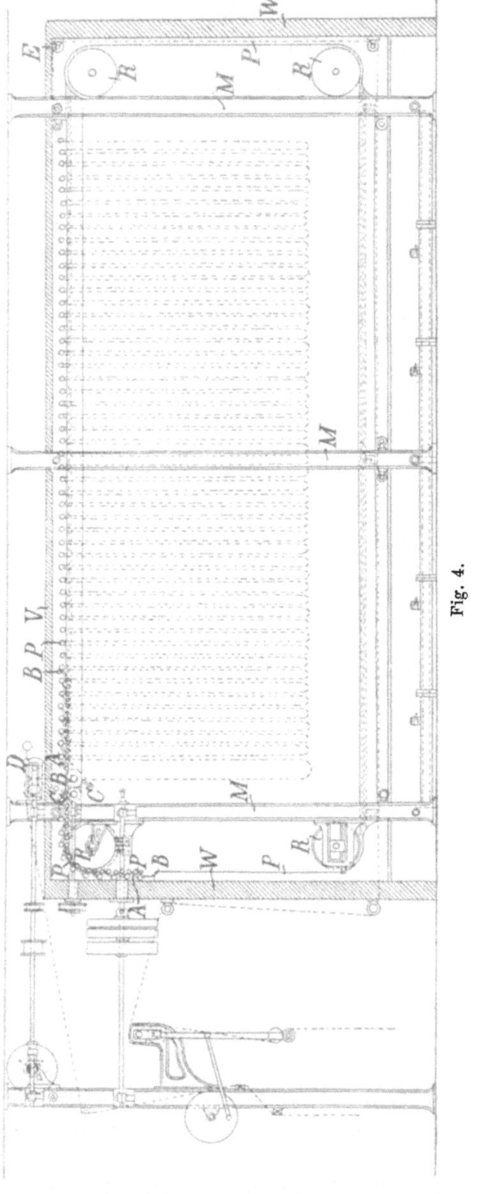

Um die chlorhaltigen Gase, welche sich während des Trocknens und der Oxydation entwickeln, und welche das Gewebe angreifen, wenn sie längere Zeit auf dasselbe einwirken, möglichst rasch aus dem Innern des Apparates zu entfernen, sind von dem gemeinsamen Hauptsaugrohr *N* der beiden Exhaustoren *L* zahlreiche Zweigrohre *M* abgezweigt und diese gleichmäfsig über die ganze Länge des Kastens verteilt. Auf diese Weise werden die gebildeten chlorhaltigen Gase auf dem näcbsten Wege aus dem Innern des Apparates entfernt.

Um den Apparat mit gleich gutem Erfolge sowohl für dickere als auch leichtere Ware benutzen zu können, ist ein Vorgelege *C* mit Stufenscheiben angebracht, so dafs der Gang des Gewebes entsprechend verlangsamt oder beschleunigt werden kann. Da die Breite des Apparates für doppelt liegende Ware bemessen ist, so können zwei schmale Stücke nebeneinander durchgenommen werden.

Die Figuren 4, 5 u. 6 veranschaulichen einen Apparat, welcher von Emil Remy, Mitinhaber der Firma J. Heilmann & Cie. in Mülhausen, erfunden worden ist. Die Patente für alle Länder erwarb die Maschinenfabrik von Emil Welter in Mülhausen. Die wesentliche Neuerung der Maschine besteht der Patentbeschreibung (D. R.-P. 52 499) zufolge in Einrichtungen, durch welche der in die Maschine eintretende Stoff selbsttätig in Falten gehängt wird, so dafs er der Einwirkung von Gasen, Dämpfen oder heifser Luft u. s. w. während seines Durchgangs durch die Maschine grofse Flächen darbietet. Je vier der vorhandenen acht Kettenräder R liegen in einer Vertikalebene und sind durch eine endlose Kette verbunden. An den Kettengliedern sind in geeigneten Abständen kurze Arme A (vgl. Fig. 5) drehbar angeordnet und je zwei solcher Arme, die in korrespondierender Lage zu einander an den beiden Ketten PP angebracht sind, durch Stangen oder Walzen B (vgl. Querschnitt Fig. 6) miteinander verbunden. Die beiden Arme A mit zwischenliegender Stange B werden nun beim Umlauf der Ketten an der Eintrittsseite der Maschine und vor Eintritt des Stoffes in letztere nach unten, d. h. dem Kettenlauf entgegen hängen.

An geeigneter Stelle, und zwar da, wo der Stoff durch angetriebene Zuführungswalzen DD in die Maschine eingeführt wird, ist ein oder sind mehrere Drehkreuze C angebracht, welche eine Umlaufsbewegung machen können, die schneller ist als die Fortbewegung der Ketten.

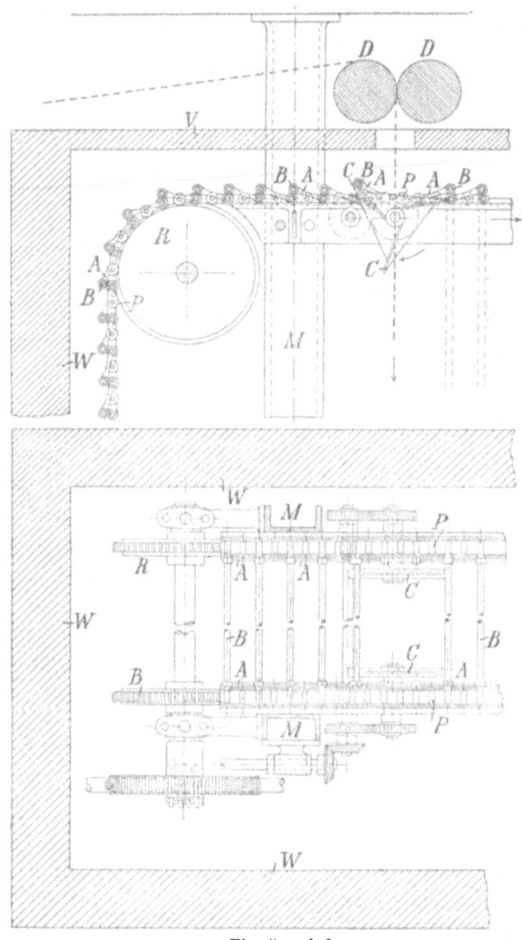

Fig. 5 und 6.

Tritt nun der Stoff in vertikaler, nach unten gehender Richtung zwischen den Ketten P in die Maschine ein, so werden die umlaufenden Drehkreuze C die nächste mit der Kette kommende Stange B mit ihren beiden Armen A heben und in die entgegengesetzte Richtung drehen bezw. nach vorwärts kippen, so dafs nunmehr die Arme in Richtung des Kettenlaufes stehen; bei diesem Aushub ist die Stange B unter den einlaufenden Stoff gekommen, der nunmehr bei seinem weiteren Abwärtsgang als Falte nach unten läuft, bis das Drehkreuz C die nächste Stange hebt und dieselbe unter den Stoff bringt, so daſs sich eine zweite Falte bildet. Da die endlosen Ketten stets vorwärts gehen, das Drehkreuz C aber nach dem Umkippen in seiner Bewegung gehemmt ist, so entsteht dadurch ein entsprechender Zeitraum und Zwischenraum zur selbsttätigen Bildung der Falten hintereinander. Die Länge dieser Falten ist regulierbar.

Dieser Vorgang des aufeinanderfolgenden Vorwärtskippens der Stangen B wiederholt sich fortwährend, so daſs der Stoff den gesamten Raum in langen, tiefhängenden Falten mit den Ketten P durchläuft, bis am entgegengesetzten oberen Ende der Stoff, über Leitwalzen E geführt, entweder direkt aus der Maschine heraustritt oder nach unten und unter dem Kettentrieb zurück nach der Anfangsseite geführt wird, wo er die Maschine verläſst. Der letztere Weg wird vorgezogen, weil hierbei der Stoff nochmals während des ganzen Laufes in der Maschine den Einwirkungen des Gases, des Dampfes oder der heiſsen Luft unterliegt. Der Antrieb der einzelnen Organe ist aus der Zeichnung zu ersehen und bedarf keiner besonderen Erläuterung.

Der Apparat bietet den groſsen Vorteil, daſs keine Wassertropfen sich in ihm bilden können, weil die endlose Kette bezw. deren Stangen, welche die Ware selbsttätig aufnehmen, immer im Apparate bleiben bezw. dessen Temperatur stets behalten, das Verhältnis zwischen Wärme und Feuchtigkeit sich darin leicht regulieren läſst und der Apparat zur Bedienung das denkbar geringste Personal erfordert.

Die Maschine kann mit Abzugsöffnungen versehen sein und mit Ventilations- oder Exhaustoranlagen verbunden werden, um feuchte Dünste u. s. w. abzuziehen oder auszutreiben.

Im Jahre 1879 führte die Firma Mather & Platt in Manchester ihren bekannten „Ager" ein, ein Schnelloxydierapparat, welcher gestattet, die verschiedenen Druckschwarz und das Ferrocyananilin-Foulardierschwarz durch eine kurze Dampfpassage von 1—3 Minuten zu entwickeln.

H. Schmid[1]) berichtet, daſs seit 1880 — 81 Anilinschwarz in diesem kontinuierlichen Oxydationsapparat von Mather & Platt zur Entwicklung gebracht wird. Schmidlinsches Schwarz (S. 48), welches schwach sauer ist, eignet sich zu diesem Oxydationsverfahren besonders gut. Es gibt aber auch andere Schwarz, welche sich gleichfalls in diesem Apparat gut entwickeln, sie sind aus chlorsaurem Ammoniak und Anilinsalz oder chlorsaurem Anilin und einem Kupfersalz, oder aus Anilinsalz, chlorsauren Alkalien und Ferro- oder Ferricyansalzen zusammengesetzt. Anilinschwarz — auch das gewöhnliche Schwarz — wird jetzt fast allgemein nur im Mather, nicht in der Hänge entwickelt. Die Einführung dieser weit leistungsfähigeren Fabrikations-

---

[1]) Wagners Jahresbericht 1882, S. 992.

methode wurde durch die Anwendung von basischem Anilinsalz sehr
begünstigt.

Fig. 7.

Die Einrichtung des Apparates ist aus Figur 7 ersichtlich. Die
Kammer wird vermittelst eines durchlochten Rohrs, welches am Boden

liegt, auf etwa 77° C. (74° Hygrometergrade) erwärmt. Die Stücke laufen über Kupferwalzen, welche von der kleinen Dampfmaschine gedreht werden, mit einer Geschwindigkeit von etwa 60 m in der Minute[1]).

Der Mather-Plattsche Schnelloxydierprozeſs hat dank seiner Vorzüge und der schnellen Produktionsweise, welche er erlaubt, das alte Verhängeverfahren mit wenigen Ausnahmen verdrängt. Er gestattete es erst, den Illuminationsartikel auf Anilinschwarzgrund, wie ihn Prud'homme bald nach Einführung des Mather-Platts schuf, auszuführen, weil bei jedem anderen Oxydationsverfahren die Buntätzen durch die lange Passage im Anilinoxydationskasten an Lebhaftigkeit leiden, ganz abgesehen davon, daſs Ferrocyanschwarz sich nur bei einer oberhalb 90° C. liegenden Temperatur gut entwickelt und eine 3 Minuten übersteigende Dampfdauer bei dieser Temperatur das Gewebe mürbe machen würde.

Die Stücke können ohne Gefahr zu zwei Enden auf einmal durch den Apparat genommen werden; man oxydiert das Ferrocyandruck- oder Klotzschwarz bei 95° C., das Schwefelkupferschwarz bei 65—70° C. Für letzteres sowie für die ihm verwandten Druckschwarz, wie das Bleichromat oder Vanadiumschwarz, ist der Preibisch-Apparat mit seiner langsamen, bei niedrigerer Temperatur vorgenommenen Oxydation vorzuziehen, doch begnügt man sich in vielen Fällen dort, wo auch der Prud'homme-Artikel fabriziert wird, aus ökonomischen Rücksichten mit dem Mather-Platt.

Für das Druckschwarz spielt die Beschaffenheit des Dampfes im Ager keine so wichtige Rolle, solange nur die Temperatur eingehalten wird; es soll aber noch später gezeigt werden, wie wesentlich das Gelingen der Prud'hommeschen Ätzen von einem richtigen Wassergehalt des Dampfes und der Zusammensetzung der Atmosphäre innerhalb des Entwicklungsapparates abhängig ist. Es ist gut für eine Ventilation innerhalb des Dämpfers Sorge zu tragen, welche entweder durch die natürliche Zirkulation des Dampfes mittels eines aufsteigenden Abzugsschlotes oder mittels eines in diesen Schlot eingesetzten Flügelrades unterhalten wird. Diese Methode ist erfolgreicher, hat aber den Nachteil, daſs die eisernen Flügelräder durch die sauren Dämpfe des Anilinoxydationskastens bald zerstört werden.

Nach Ch. Brandt[2]) vermeidet man das Morschwerden der Faser und das Vergilben weiſser Ätzeffekte bei der Entwicklung des Anilinschwarz durch eine fortwährende Erneuerung der Atmosphäre innerhalb des Kastens, welche er dadurch erzielt, daſs auf die Temperatur des Kastens vorgewärmte Luft von aufsen in den Kasten geblasen wird. Die Stücke streichen bei ihrem Austritt über diesen einströmenden

---

[1]) Vgl. auch Dr. E. Lauber, Handbuch des Zeugdrucks Bd. I, S. 45 und 4. Aufl. Bd. I, S. 103. Am gleichen Orte finden sich auch Mitteilungen über andere Dampf- und Oxydationsapparate.

[2]) Revue gén. des mat. col. 1900, S. 193.

Luftstrom und werden so gleichsam von den ihnen anhaftenden, bei der Oxydation des Anilins sich entwickelnden Gasen abgespült. Dieser Weg der Atmosphären-Erneuerung ist gewifs sehr vorteilhaft, wo der Kostenpunkt keine Frage spielt.

Bei anhaltendem Betrieb des Mather-Platt genügt der Abdampf des ihn betreibenden Motors zur Speisung des Dämpfkastens. Aufser der Dampfeintrittstelle am Boden des Kastens mufs zur Vermeidung von Wassertropfen die Eintrittsstelle der Stücke durch ein Dampfrohr warm gehalten werden. Der Boden des Kastens wird mit einer durch hydraulischen Verschlufs gesperrten Abzugsröhre für Kondenswasser versehen.

Versuche in der Praxis haben ergeben, dafs ein gut zusammengesetztes Ferrocyananilindruck- oder Foulardierschwarz auch ein Entwickeln mit überhitztem Dampf bei 114° C. verträgt. Es wird aber dadurch weder eine Verbesserung des Schwarz noch der Ätzeffekte gegenüber den bei 95° erzielten Resultaten erreicht.

Die schnelle Entwicklung des Anilinschwarz durch Anwendung der energischen Passage im Mather-Platt bedingt eine vermehrte Gefahr der Schwächung der Baumwollfaser. Man kann dieser nur durch eine richtige Zusammensetzung der dem Gewebe applizierten Anilinschwarzfarbe begegnen.

F. Beltzer[1]) stellte eingehende Untersuchungen an, inwieweit die zur Anilinschwarzbildung nötigen Bestandteile des Färbebades an der Schwächung der Faser beteiligt sind. Ein unbehandeltes Baumwollgespinst zeigte eine Festigkeit von 37,05 kg auf 100 Meter.

Er färbte in folgendem Anilinfärbeschwarz:

> A. 1,250 kg Anilin,
> 1,100 „ Salzsäure 22° Bé.,
> 125 g Weinsteinsäure,
> 5 l Wasser.

Das Ganze auf 7¹/₂ l gestellt.

> B. 200 g Kaliumchlorat,
> 175 „ Kupfersulfat,
> 250 „ Salmiaksalz,
> 7,5 l Wasser.

Man mischt A und B, entwickelt das Emeraldin bei 50° C. während zehn Stunden, chromiert mit 30 g Bichromat im Liter, wäscht, seift und trocknet. Die dynamometrischen Versuche ergaben nur mehr 29,700 kg für 100 Meter Faden, also einen Verlust von 20,9 Prozent an Festigkeit gegenüber der ungefärbten Baumwolle.

Es wurde vom gleichen Gespinst je eine Probe durch die nachstehenden Lösungen genommen, die in ihrer Konzentration dem obigen

---

[1]) Revue gén. des mat. col. 1902, S. 113.

Färbebad entsprechen. Die angegebenen Zahlen sind das Mittel aus je zehn Versuchen.

	Festigkeit per 100 Meter
1. Unbehandelte Baumwolle	37,05 kg
2. Passage durch $KClO_3$-Lösung, getrocknet bei 70° C.	37,05 „
3. Passage durch $CuSO_4$-Lösung, getrocknet bei 70° C.	20,00 „
4. $KClO_3$- und $CuSO_4$-Lösung	5,00 „
5. $KClO_3$- $+$ $CuSO_4$ $+$ freie Salzsäure	0,00 „
6. Passage durch Lösung B, getrocknet bei 70° C.	9,00 „
7. Passage durch Lösung A, getrocknet bei 70° C.	33,00 „
8. Lösung A $+$ $CuSO_4$	29,00 „
9. „ A $+$ $KClO_3$	20,00 „
10. „ A $+$ $KClO_3$ $+$ $CuSO_4$ $+$ HCl	0,00 „

Die Schwächung der Faser im Anilinschwarzoxydationsprozefs rührt demnach von der Salzsäure und dem aus der Chlorsäure frei werdenden Chlor her. Ein Versuch mit essigsaurem Anilin, essigsaurem Kupfer und Kaliumchlorat ergab, wie vorauszusehen, keine Faserschwächung, aber auch keine Schwarzentwicklung, weil die flüchtige Essigsäure beim Dämpfen entfernt wird und in neutraler Lösung keine Emeraldinbildung eintritt.

Das so lästig empfundene Morschwerden der Baumwollfaser beim Anilinschwarzprozefs rührt von einer chemischen Umänderung der Cellulose in Hydrocellulose und Oxycellulose her.

Hydrocellulose wurde zuerst von Girard[1] erhalten und beschrieben. Er stellte sie dar, indem er Cellulose befeuchtete und während 12 Stunden in Schwefelsäure von 45° Bé. einlegte, oder indem er Cellulose mit einer schwachen Säurelösung imprägnierte und bei 100° trocknete. Die Cellulose verliert hierbei an Festigkeit, zeigt zwar im feuchten Zustande noch ihre Struktur, zerfällt aber beim Trocknen in ein zerreibliches weifses Pulver, für welches Girard die Formel $(C_{12}H_{22}O_{11})n$ fand. Die Cellulose $C_6H_{10}O_5$ ist mithin in eine wasserreichere Modifikation übergegangen, welche das Wasser auch beim Trocknen nicht mehr abgibt.

In einer späteren Untersuchung stellte Girard fest[2], dafs Baumwolle auch durch feuchte gasförmige Salzsäure in Hydrocellulose übergeführt wird. Aufser Salzsäure bewirken alle Mineralsäuren mit Ausnahme des Schwefelwasserstoffes und der schwefligen Säure diese Umwandlung. — Ganz trockenes Salzsäuregas wirkt auf ganz trockene

---

[1] Compt. rend. LXXXI, S. 1105. Ber. deutsch. chem. Ges. 1876, S. 65.
[2] Mon. scient. 1879, S. 958.

Cellulose nicht ein. Girard glaubt darin einen Beweis zu sehen, daſs die Bildung von Hydrocellulose ein Hydratisierungsprozeſs sei.

Nach Crofs und Bevan[1]) erzeugen Salzsäure und Schwefelsäure vom spez. Gew. 1,3 dieselbe Hydrocellulose, während Schwefelsäure vom spez. Gew. 1,5—1,6 zwar auch eine hydratisierte Modifikation der Cellulose von der Formel $(C_{12}H_{22}O_{11})n$ hervorbringt, welche sich aber wesentlich von der Hydrocellulose unterscheidet und infolge ihrer Eigenschaft sich mit Jod blau zu färben Amyloid genannt wird. Es reduziert Kupferoxyd in alkalischer Lösung und ist eine gelatinöse Modifikation, welche, wenn mittelst Papier hergestelit, nach dem Trocknen als Pergamentpapier bezeichnet wird.

Bei der Anilinschwarzbildung kommt nur die Girardsche Hydrocellulose in Betracht. Zur Vermeidung des Erscheinens derselben beim Entwickeln muſs in der Druck- oder Klotzfarbe für eine möglichst rasche und möglichst vollständige Unschädlichmachung der Salzsäure des Anilinchlorhydrats Sorge getragen werden. — Am besten eignet sich hierzu das Ferrocyankalium, welches mit der Salzsäure des Anilinsalzes Kaliumchlorid bildet.

Ein anderes Vorbeugungsmittel ist die Verwendung einer durch Anilinölzusatz alkalisch gemachten Druckfarbe. Der Vorschlag Kallabs, Ammoniak dem Anilinsalz zuzusetzen, wurde bereits Seite 48 erwähnt.

Grawitz[2]) schiebt die Hydrocellulosebildung bei der Anilinschwarzentwicklung dem Umstande zu, daſs sich aus vier Molekülen Anilinchlorhydrat ein einsäuriges Tetramin der Formel $C_{24}H_{20}N_4$ bildet, und daſs infolgedessen drei Moleküle Salzsäure frei werden. — Durch Anwendung von $^3/_4$ des gesamten Anilins als Acetat soll der gefährliche Überschuſs freier Salzsäure vermieden werden. Unter diesen Umständen läſst sich aber ein gutes Schwarz nicht mehr erzielen.

Die Vorschläge zur Vermeidung der Hydrocellulose sind insbesondere seit Einführung der Mather und Plattschen Entwickler ziemlich zahlreich, konnten aber doch zu einem vorteilhaften Ersatz der Mineralsäure bis jetzt nicht geführt werden.

Thiefs und Cleff[3]) lieſsen sich die Erzeugung von Anilinschwarz unter Anwendung von Fluorwasserstoffsäure patentieren. Das Anilinfluorat wurde eine Zeitlang von den Farbenfabriken vorm. Fr. Bayer als Paste in den Handel gebracht. Es soll die Schwächung der Faser vermieden haben. Die Färbevorschrift für Baumwolle und Halbseide war die folgende:

In einem Holzfaſs werden einerseits

   10 l kaltes Wasser angesetzt und darin

   50 g salpetersaures Kupfer und

  6000 „ Anilinfluorat gelöst.

[1]) Cellulose. London, Longmanns, Green & Co., 1895.
[2]) Comptes rendus 113, S. 746.
[3]) D. R.-P. 57467.

Anderseits werden

600 g Stärke und

1200 „ chlorsaures Kali mit

25 l Wasser angerührt, aufgekocht und kalt gerührt. Man mischt die Lösungen und stellt das Ganze auf 50 l.

Die Ware wird ein- oder zweimal mit der Flotte imprägniert, bei 40—50° C. getrocknet, und in der Oxydationskammer bei 50° C. am trockenen und 42° C. am nassen Thermometer in $^1/_4$ bis $^1/_2$ Stunde entwickelt, chromiert und geseift.

Das Fluorat scheint nie in gröfserem Mafsstab in Aufnahme gekommen zu sein. Es hat den Nachteil, die Hände der Arbeiter anzugreifen.

Böhringer & Sohn[1]) suchten das salzsaure Salz durch das Laktat des Anilins zu ersetzen. Die Milchsäure greift die Faser gar nicht an, und ihre Salze sind viel löslicher als die Tartrate.

Goldovsky[2]) gibt an, das Milchsäureanilin mit Erfolg nach folgender Formel verwendet zu haben:

2000 g Anilin,

1500 „ Salzsäure 21° Bé.,

250 „ Milchsäure 27° Bé.,

600 „ Natriumchlorat,

500 „ Kupfersulfat,

550 „ Salmiaksalz,

mit Wasser auf

10 l stellen.

Scheurer und Schoellkopf[3]) haben dieses Klotzbad mit einem anderen, welches statt der Milchsäure die äquivalente Menge Weinsäure enthielt, verglichen. Nach der Passage im Preibisch sind die zwei Nuancen identisch. Dynamometrische Versuche ergaben: die Festigkeit des nicht gefärbten Gewebes gleich 100 Prozent,

gesetzt für das Schwarz mit Milchsäure 63 „

„ „ „ „ Weinsäure 60 „

Die Milchsäure greift demnach das Gewebe etwas weniger an als die Weinsäure; der Unterschied ist aber sehr gering.

Nach einer Patentanmeldung von Eberle aus dem Jahre 1895 soll ein Zusatz von ameisensaurem Aluminium zur Druckfarbe sehr nützlich sein. Die Tonerde soll die Salzsäure neutralisieren und die Ameisensäure zugleich als Schutzmittel gegen die allzu energische Wirkung der Chlorverbindungen dienen. — Schon früher war Aluminiumacetat für den gleichen Zweck versucht worden und wird in der Glattfärberei und Garnfärberei auch jetzt noch angewendet.

---

[1]) D. R.-P. 96 600.
[2]) Soc. ind. de Mulhouse, Sitzungsbericht 1900, S. 101.
[3]) Bull. Soc. ind. de Mulhouse 1901, S. 102.

Die Versuche Beltzers[1]), die Salzsäure im Anilinsalz durch Borsäure, Weinsäure, Arsensäure und Phosphorsäure zu ersetzen, werden später noch besprochen werden. — Praktische Urteile über diese Säuren scheinen noch nicht vorzuliegen. Die Arsensäure wird aus hygienischen Gründen für die meisten Länder ausgeschaltet werden müssen; die Borsäure dürfte wohl nicht genügend stark sein. — Die Phosphorsäure wäre gewiſs ein vorteilhaftes Ersatzmittel der Salzsäure, wenn ihr Preis das Verfahren konkurrenzfähig erhält. — Aufser dem Anilinborotartrat versuchte er das **Anilinarseniotartrat**:

A. 100 cc Anilin,
     65 „ Arsensäure 60 ° Bé. ($= 115$ g),
     20 g Weinsäure,
     60 cc Glyzerin,
B. 20 g Kupferacetat,
     20 „ Salmiaksalz,
     20 „ Natriumchlorat,
      5 „ Weinsäure.

Man mischt A und B, stellt mit Wasser auf 1200 cc, imprägniert die Baumwolle, trocknet bei 70 ° C. in einer feuchten Atmosphäre während sechs Stunden. Das gut entwickelte Emeraldin wird durch Bichromat in Anilinschwarz übergeführt.

Anilinphosphorotartrat:

A. 100 cc Anilin,
     55 „ Orthophosphorsäure 45 ° Bé.,
     15 g Weinsäure,
     60 cc Glyzerin,
B. 20 g Kupferacetat,
     20 „ Salmiaksalz,
     20 „ Kaliumchlorat,
      5 „ Weinsäure.

Man mischt A und B, stellt auf 120 cc und verfährt wie oben.

Die Verfahren dürften, wenn überhaupt, nur für die Färberei Interesse haben und werden hier nur der Vollständigkeit halber erwähnt.

Die Schwächung der Faser beim Dampfentwicklungsverfahren wird, wie schon erwähnt, in zweiter Linie durch die Wirkung der Chlorate verursacht, unter deren Einfluſs die Baumwollfaser sich zu **Oxycellulose oxydiert**.

Witz[2]) beobachtete die Bildung von Oxycellulose durch Einwirkung von Chlorkalk auf das Gewebe. Wie er fand, wurde die Baumwollfaser dabei so eigentümiich verändert, daſs sie basische Farbstoffe ohne Beize annimmt und Metalloxyde aus ihren Salzen, wie z. B. Tonerde aus Aluminiumsulfat, direkt fixiert, mithin ein der animalischen Faser ana-

---

[1]) Revue gén. des mat. colorantes 1902.
[2]) Bull. Soc. ind. de Rouen 1882, S. 416, und 1883, S. 169.

loges Verhalten zeigt. Diese Analogie geht sogar so weit, daſs Anilinschwarz, wie auf der Wolle, sich auf so oxydierter Baumwolle nicht gut entwickelt.

Durch das Einlegen von Baumwolle in eine Chlorkalklösung von 2^0 Bé. während einer Stunde erhielt Witz Oxycellulosebildung. Ähnlich wirkt Ozon und Wassersuperoxyd. Witz hoffte durch sein Verfahren ganz neue Effekte mit der Baumwollfaser zu erzielen, leider verhindert aber die mit der Oxydation Hand in Hand gehende Schwächung der Faser eine Verwertung der Oxycellulose.

Crofs und Bevan[1] haben die Oxydation der Cellulose einem eingehenden Studium unterworfen.

Salpetersäure vom spez. Gew. 1,1—1,3 oxydiert Cellulose bei $80-100^0$ C. zu Oxycellulose, einer weiſsen flockigen Masse, welche mit Wasser ein gelatinöses Hydrat bildet. Crofs und Bevan konnten nicht mehr als 30 Prozent der angewandten Cellulose in diese Oxycellulose überführen, und Bull[2] bestätigte diese Ausbeute. Crofs und Bevan schlossen daraus, daſs das Molekül der Cellulose aus einem beständigeren Kern und einer leichter oxydablen Seitengruppe bestehe.

v. Faber und Tollens[3] gelang es aber, diese Ausbeuten an Oxycellulose bei der Oxydation mit Salpetersäure spez. Gew. 1,3 auf 70 Prozent der angewandten Cellulose zu erhöhen, und A. Nastjukoff erhielt sogar über 90 Prozent, wenn Cellulose mit $2^1/_2$ Gewichtsteil Salpetersäure spez. Gew. 1,3 eine Stunde auf dem Wasserbad erhitzt wurde. Er wies ferner nach, daſs bei stärkerer Oxydation die gebildete Oxycellulose weiter zu Oxalsäure oxydiert wird, und schiebt diesem Umstande die geringeren Ausbeuten der erstgenannten Forscher zu. Diese Oxycellulose ist löslich in verdünntem Alkali.

Durch die Oxydation von Cellulose mit unterchloriger Säure wird besonders in Gegenwart von Kohlensäure eine zweite Modifikation der Oxycellulose gebildet, welche nach den Arbeiten Crofs und Bevans[4] die Eigenschaft besitzt, basische Farbstoffe direkt anzufärben. Diese Modifikation entspricht der von Witz zuerst beschriebenen. Sie wurde des näheren untersucht von H. Schmid[5], Franchimont[6], Noelting und Rosenstiehl[7] und Nastjukoff[8].

Nach letzterem ist das höchste Oxydationsprodukt der Cellulose auf diesem Wege eine Oxycellulose der empirischen Formel $C_6H_{10}O_6$, welches sich in der Kälte leicht in verdünntem Alkali löst. Die Eigenschaft der Oxycellulose, basische Farbstoffe ohne Tannin zu fixieren,

---

[1] Cellulose. London 1895.
[2] Journ. chem. Soc. 71, S. 1090.
[3] Ber. der deutsch. chem. Ges. 32, S. 2589.
[4] Journ. Soc. chem. Ind. 1884, S. 206, 291.
[5] Dinglers Polyt. Journ. 250, S. 271.
[6] Rec. Trav. chim. 1883, S. 241.
[7] Bull. Soc. ind. de Rouen 1883, S. 170, 239.
[8] Bull. Soc. ind. de Mulhouse 1892, S. 493.

wird zu ihrer Diagnose benutzt. Methylenblau eignet sich am besten für den Versuch.

Die Ursache der Oxycellulosebildung ist im Chlorat der Anilindruckfarbe zu suchen. Die Gefahr der Schwächung der Faser durch die oxydierende Wirkung des Chlors ist aber viel geringer als die der Hydrocellulosebildung durch freie Säure. — Man wird daher in erster Linie sein Augenmerk auf eine prompte Neutralisierung der Mineralsäure richten, und die für die Entwicklung des Schwarz nötige Menge Chlorat durch Versuche feststellen.

Die Entwicklung des Schwarz durch das Oxydations-, besonders aber durch das Mather und Plattsche Ageing-Verfahren erfordert häufig eine Nachoxydation mit Bichromat zur Überführung des Emeraldins in das sogenannte „unvergrünliche" Anilinschwarz. Diese Nachoxydation ist unerläfslich beim Ferrocyananilindruck- oder Klotzschwarz.

Das Chromieren wird heifs oder kalt vorgenommen. Man verwendet ein Bad von 5—30 g Natriumbichromat im Liter, welchem man häufig Kreide zur Neutralisierung der freien Chromsäure zusetzt. Der Ton des Ferrocyanschwarz wird durch diese Überchromierung wesentlich beeinflufst, es mufs daher zur Erzeugung gleichartiger Ware Temperatur und Stärke des Chrombades gleich gehalten werden. Die letztere kann man von Zeit zu Zeit mit Mohrschem Salz oder besser Zinnsalz prüfen.

Drittes Kapitel.

Anilinschwarz auf Wolle und Seide.

Man machte nach der Einführung des Anilinschwarz die Beobachtung, daſs es sich auf Wolle nicht so gut entwickeln liefs als auf vegetabilischen Fasern. Lightfoot[1]) schrieb dies der reduzierenden Wirkung der Wollfaser zu und behandelt diese deshalb vor dem Färben oder Drucken mit Chlor. Die Wolle wird in folgendem Bade:

60 l Wasser,
1,3 kg Bleichkalklösung und
180 g Salzsäure

bei 38 ⁰ C. umgezogen, bis sie eine gelbliche Farbe angenommen hat. Die Bleichkalklösung wird durch Auflösen von 1 kg trockenem Bleichkalk in 10 l Wasser bereitet. Die so vorbehandelte Wolle wurde dann mit Lauths oder Lightfoots Schwarz gefärbt oder bedruckt und das Schwarz durch Verhängen entwickelt.

Jules Persoz[2]) machte den Vorschlag, Wolle mit Anilinschwarz in folgender Weise zu färben: er siedet zuerst eine Stunde an in einem Gemisch von 5 g Kaliumbichromat, 3 g Kupfervitriol, 2 g Schwefelsäure und 1 l Wasser, spült und färbt dann aus im zweiten Bade, welches aus oxalsaurem Anilin von 1—2 ⁰ Bé. besteht. Persoz erwähnt dabei ausdrücklich, daſs die Verhältnisse bei dem Beizen und Färben abgeändert werden können, und daſs man die Salze auch durch andere ersetzen kann. In seinem englischen Patente 2843 vom 9. Oktober 1867 gibt Persoz unter anderem an, daſs die Passage in Anilinsalz in der Wärme vorgenommen werden soll, daſs die Reihenfolge der einzelnen Behandlungen die umgekehrte sein, somit die Wolle zuerst mit Anilinsalz imprägniert und dann mit Kaliumbichromat in der Wärme behandelt werden kann; daſs schlieſslich die Wolle in einem kalten Bade, welches gleichzeitig das Anilinsalz und Chromat enthält (mit anderen Worten: in einem Bade), gefärbt werden kann.

Reimann[3]) empfiehlt zum Färben von Wolle und Seide, den Textilstoff in der Wärme umzuziehen in einer Lösung, bestehend aus 500 g

---

[1]) Engl. Pat. 2327, 1865.

[2]) Franz. Pat. 77 607 vom 23. August 1867.

[3]) Elsners chem.-techn. Mitteil. 1867—68, S. 44.

Kupfervitriol, 250 g chlorsaurem Kali, 250 g Kaliumbichromat, 5 l Wasser, und sodann in der Lösung irgend eines Anilinsalzes auszufärben. Diese Operationen sollen wiederholt werden, bis ein hinreichend sattes Schwarz erzielt ist. (Dieses Verfahren ist ebenso unpraktisch wie wohl alle übrigen bisher zum Färben der Wolle vorgeschlagenen.)

Gonin und Glanzmann[1]) machen den Vorschlag, zum Drucken oder Färben von Anilinschwarz auf Wolle oder Seide eine Mischung anzuwenden aus 100 g chlorsaurem Kali, 100 g Chlorammonium, 250 g salzsaurem Anilin (oder jedes andere Salz des Anilins, eines Homologen oder Derivats), 125 g salpetersaurem Anilin (oder jedes andere Salz, welches die Oxydation unterhält oder begünstigt). Die Farbe wird in der Hänge am besten in feuchter Wärme entwickelt. Für den Druck wird die Farbe in geeigneter Weise verdickt, aufgedruckt und in gleicher Weise entwickelt.

Im Moniteur de la teinture vom Jahre 1870 wird auf S. 201[2]) folgendes Färbeverfahren von Anilinschwarz beschrieben: 2 Pfund Wolle werden mit einer Lösung von

6 Lot Kaliumpermanganat und
9 „ Bittersalz in
20 Quart Wasser

imprägniert und in einem zweiten Bade mit salzsaurem Anilin ausgefärbt. Zum Schluß wird nachgechromt.

Nach Hommey[3]) ergab die Anwendung von Vanadiumsalzen auf Wolle ein gutes, tiefes Schwarz. Es genügt, den Stoff in ein Bad, welches

1000 g Wasser,
80 „ Anilinsalz,
40 „ chlorsaures Kalium,
$^1/_{10}$ „ vanadinsaures Ammoniak und
5—10 „ Salzsäure

enthält, einzutauchen. Hommey betont besonders, daß dieser Zusatz von freier Salzsäure notwendig sei, um ein gutes Schwarz zu erzielen, und meint, daß die Wolle vom Waschen her noch freies Alkali enthalte, welches durch diese Salzsäure neutralisiert werden müsse. Die Entwicklung des Schwarz erfolgt einfach durch Verhängen in einem heißen Raum. Eine Vorbereitung der Wolle mit Kaliumbichromat und Kupfersulfat ist nach Hommey nicht nötig. Über ein vorheriges Chloren spricht sich Hommey nicht aus, doch scheint er es auch unterlassen zu haben.

Delory[4]) beschreibt das Färben von Anilinschwarz auf Wolle und Seide. Er siedet 250 g Wolle an mit 100 g Kaliumbichromat und 100 g Schwefelsäure in 10 l Wasser, läßt im Bad erkalten und färbt

[1]) Franz. Pat. 82552 vom 24. September 1868.
[2]) Wagners Jahresbericht 1870, S. 625.
[3]) Bull. Soc. ind. de Rouen 1876, S. 263.
[4]) Dinglers Polyt. Journ. 233, S. 351. Wagners Jahresber. 1879, S. 1086.

sodann mit 30 g salzsaurem Anilin und 55 g Bichromat in 10 l Wasser anfänglich in der Kälte, dann auf 95—100° erwärmend.

(Es ist undenkbar, dafs die Wollfaser, welche erfahrungsgemäfs Not leidet, wenn sie mit mehr als höchstens 5 Prozent ihres Gewichts Kaliumbichromat und 3 Prozent Schwefelsäure gekocht wird, eine derartige Mifshandlung mit 40 Prozent Kaliumbichromat und 40 Prozent Schwefelsäure aushält.)

Für Seide[1]) wird nach Delory angesotten mit 5 kg Kaliumbichromat und 6 kg Schwefelsäure in 100 l Wasser; man färbt sodann in einem Bad, welches durch Vermischen der zwei Lösungen

1.   30 l Wasser,
100 g Anilinsalz,
2.   3 l Wasser,
175 g Kaliumbichromat,
150 „ Schwefelsäure

erhalten wird. Man zieht eine Stunde um, geht auf 95° C. und setzt 35 g Kupfersulfat zu.

H. Lange[2]) empfiehlt zum Färben von Anilinschwarz auf Halbseide folgendes Verfahren:

Die entbastete und gewaschene Ware wird geklotzt mit einer Lösung von

80 g Anilinsalz,
40 „ chlorsaurem Kali,
20 „ Chlorammonium,
10 „ Kupfervitriol,
3 cc vanadinsaurem Ammoniak (1 g im Liter),
10 g Dextrin,
1 l Wasser.

Das Anilinsalz wird in 250 g, das chlorsaure Kali und Chlorammonium in 600 g und Dextrin und Kupfervitriol in 250 g heifsen Wassers gelöst. Nach dem Erkalten werden die Lösungen zusammengegossen und vor dem Gebrauch das vanadinsaure Ammoniak zugesetzt. Statt Dextrin kann auch Stärke oder Traganthlösung verwendet werden.

Wird die Ware auf der Klotzmaschine zu stark ausgeprefst, so wird das Schwarz nicht satt genug; anderseits kann bei ungenügendem Auspressen das Schwarz zu tief und bräunlich werden. — Die Ware wird nach dem Klotzen bei 35° C. getrocknet, dann die Luft mit Feuchtigkeit nahezu gesättigt und 12 bis 15 Stunden oxydiert, gewaschen, bei 50° mit 1 g Kaliumbichromat im Liter ¼ Stunde chromiert, gewaschen, geseift mit 7 g Seife pro Liter Wasser bei 70° und wieder gewaschen. Das Schwarz kann im Seifenbade nuanciert werden mit Blauholz. — Für tiefere Schwarz wird die Temperatur des Chromierbades etwas erhöht oder auch mehr Kaliumbichromat angewendet.

---

[1]) Nach V. Thomas, Guide pratique de Teinture moderne. Paris 1900.
[2]) Färber-Zeitung 1889/90, S. 359.

M. Kayser und G. Schulz[1] schützen die Seide beim Färben von halbseidenen Geweben durch Beizen mit einer heifsen Gerbstofflösung. So behandelte Seide soll beim Färben in Anilinschwarz keine Färbung annehmen. Man kann die Gerbstoffe durch Kochen mit alkalischen oder sauren Flüssigkeiten wieder abziehen und die Seide in einer beliebigen Art weiter färben, während der Baumwollfaden des halbseidenen Gewebes anilinschwarz gefärbt ist.

Kallab macht sich Lightfoots Erfahrungen zunutze und vernichtet die reduzierenden Eigenschaften der Wolle, welche die Entwicklung eines guten Anilinschwarz verhindern, durch ein vorheriges Behandeln der Wolle mit Chlor. Nach seinem der Farbenfabrik K. Oehler in Offenbach patentierten Verfahren[2] wird die gut gereinigte Wolle kalt in einem Bade, welches 6—10 Prozent Chlorkalk vom Gewichte der Wolle und 9—15 Prozent Salzsäure 21° Bé. enthält, $^1/_2$ bis 1 Stunde umgezogen, gut gewaschen und hierauf mit Anilinschwarz foulardiert oder bedruckt.

Foulardierbad: 405 g Anilinsalz,
                150 „ Natriumchlorat,
                260 „ gelbes Blutlaugensalz,

mit Wasser auf 3150 cc stellen und ca. 200 g Glyzerin zusetzen. Dieser Zusatz von Glyzerin[3] erhält der Wolle den weichen Griff und macht das Schwarz voll.

Druckschwarz: 800 g Leiogommelösung,
               200 „ Anilinsalz,
               75 „ Natriumchlorat,
               130 „ gelbes Blutlaugensalz,
               260 „ Wasser und
               40 „ Weinsäure.

Ein Chromen dieses Schwarz ist nicht notwendig.

Oder: 180 g Traganthschleim 1 : 8 werden erwärmt und versetzt mit 22,5 g chlorsaurem Natron. Hierauf werden kalt eingerührt:

               81 g salzsaures Anilin und
               52 „ Ferrocyankalium in
               278 „ Wasser gelöst.

Kallab hat für Weifs- oder Buntätzen auf Wolle oder gemischten Geweben unter oben angegebenem Foulardierschwarz folgende Ätzen empfohlen:

Weifsätze: 228 g Leiogommelösung,
             50 „ Glyzerin,
             300 „ Natriumacetat,
             150 „ Zinkstaub und
             150 „ Bisulfit, 34° Bé.

---

[1] D. R.-P. 61 087.
[2] D. R.-P. 68 887 und 71 729.
[3] Leipziger Monatsschr. f. Textilind. 1892, S. 584.

Für Buntätze dient folgender Ätzpapp, welchem die Farbstoffe zugefügt werden: 500 g Leiogommelösung, 200 g Natriumacetat und 100 g Rhodankalium.

Als Farbstoffe eignen sich für Wolle: Brillantponceau 6 R, Tartrazin, Chinolingelb, Rhodamin B, Patentblau B, Malachitgrün u. a. Für Gloria (halb Wolle, halb Seide) solche Farbstoffe, die auf Seide wasserecht sind. Für Halbwolle gleichseitig färbende Salzfarben wie Tolnylenorange oder Gemische solcher mit sauren Wollfarbstoffen, unter Zusatz von Natriumacetat und Phosphat.

Ein gutes Druckschwarz auf nach Kallab voroxydierter Wolle ist das nachstehende [1]):

$$
\begin{array}{rl}
400 \text{ g} & \text{Traganthschleim } 1:20, \\
1550 \text{ „} & \text{Wasser,} \\
150 \text{ „} & \text{Glyzerin,} \\
200 \text{ „} & \text{Weizenstärke,} \\
450 \text{ „} & \text{hellgebrannte Stärke und} \\
150 \text{ „} & \text{chlorsaures Natron,} \\
200 \text{ „} & \text{Ferricyankalium,} \\
\underline{400 \text{ „}} & \underline{\text{Anilinsalz,}} \\
3000 \text{ g.} &
\end{array}
$$

Man dämpft $\frac{1}{2}$ Stunde ohne Druck und spült. Um den Gelbstich der Wolle zu verdecken, empfiehlt Kallab, die gechlorte Wolle vor dem Anilinschwarzbade mit Wasserstoffsuperoxyd zu bleichen und der Weifsätze eine kleine Menge Säureviolett zuzusetzen.

Auf Seide kann der Trauerartikel nach Kallab in folgender Weise hergestellt werden: man klotzt die Ware mit folgender Mischung:

$$
\begin{array}{rl}
4000 \text{ g} & \text{Anilinsalz in 6 l Wasser,} \\
2600 \text{ „} & \text{gelbes Blutlaugensalz in 15 l Wasser,} \\
1500 \text{ „} & \text{Natriumchlorat in 3 l Wasser.}
\end{array}
$$

Man trocknet vorsichtig und bedruckt mit folgendem Ätzweifs:

$$
\begin{array}{rl}
500 \text{ g} & \text{Leiogommewasser } 1:1, \\
400 \text{ „} & \text{essigsaures Natron,} \\
100 \text{ „} & \text{unterschwefligsaures Natron, gut erwärmen, zugeben} \\
500 \text{ „} & \text{nicht gekochtes Weizenstärkepulver.}
\end{array}
$$

Man gibt zwei Passagen durch den Mather-Platt oder dämpft fünf Minuten, eingepackt im Dampfkasten. Zum Schlufs gut mit Wasser spülen.

Zum Druck auf Wolle schlug Horace Koechlin[2]) vor, das gechlorte Gewebe in einem Bad von 100 g Anilinsulfat im Liter zu klotzen, verdicktes Zinnchlorür (800 g im Liter) aufzudrucken und darüber eine Lösung von 100 g Kaliumbichromat zu pflatschen; das Schwarz entwickelt sich nach H. Koechlin an den nicht reservierten Stellen schon in der Kälte.

---

[1]) Färber-Zeitung 1893/94, S. 169.
[2]) Sitzungsber. Soc. ind. de Mulhouse 1. Dezember 1891. Färber-Zeitung 1891/92, S. 132.

Skawinski[1]) oxydiert die Wollfaser vor dem Druck mit 5 bis 10 Prozent Ammoniumpersulfat von ihrem Gewicht in sehr verdünnter wässeriger Lösung durch ein- bis zweistündiges Umziehen in der Kälte. Sodann schleudern und klotzen in:

120 g Anilinsalz, 45 g Natriumchlorat und 80 g Ferrocyankalium · im Liter Klotzbad.

Eine halbe Stunde ohne Druck dämpfen, waschen. Das Verfahren dürfte zu teuer sein.

H. Koechlin[2]) erzeugt auf Halbseide nach dem Graftonschen Verfahren den Prud'homme-Artikel mit gutem Erfolge.

F. Reisz[3]) benutzt zum Oxydieren der Wolle das Permanganat. Der hierbei auf der Wollfaser abgelagerte Bister dient ihm zugleich als Anilinschwarzentwickler. Die Wolle wird zuerst in einem mit 3 bis 4 Prozent Schwefelsäure 66° Bé. beschickten kalten Wasserbad einige Zeit behandelt (angeblich, um das von der Wäsche her zurückgehaltene Alkali zu neutralisieren) und dann diesem Bade 6—7$\frac{1}{2}$ Prozent Kaliumpermanganat zugesetzt. Die mit Bister präparierte und durch das Kaliumpermanganat oxydierte Wolle wird mit einer Mischung von

80—100 g Anilinsalz,
28—34　„　Natriumchlorat,
10—15　„　Weinsteinsäure,
20—30　„　Salmiak,
30—40　„　Schwefelkupfer als Teig und
15—20　„　Glyzerin im Liter

geklotzt oder damit imprägniert. Es wird während 14—16 Stunden in der Hänge bei 36 bis 40 Psychometergraden gelüftet und noch 1 bis 2 Minuten gedämpft, degummiert und heifs geseift.

Es wirken bei diesem Verfahren sowohl der auf der Faser abgelagerte Bister als auch das Natriumchlorat als Oxydationsmittel[4]).

Ausgehend von dem Oehlerschen Patente 68887 arbeitete Jos. Pokornẏ[5]) im Jahre 1898 das folgende einfache und im Betriebe der damaligen Kuttenberger Druckfabrik bewährte Verfahren für Wolle und Halbwolle aus: Die Halbwolle wird auf Gasbrennern gesengt; sechs Stücke zu 120 m werden in einer Haspelkufe $\frac{1}{2}$ Stunde bei 45° C. mit Wasser gewaschen, 1$\frac{3}{4}$ Stunden bei 45° C. mit 1 kg Seife und 100 g Soda per Stück geseift und mit einer frischen Lösung von 100 g Soda $\frac{1}{2}$ Stunde bei 45° C. gewaschen. Man wäscht sodann auf der Waschmaschine, quetscht aus und bleicht breit mit Wasserstoffsuperoxyd (bezw. Bisulfit bei Wolle). Das Bleichen wird am besten in einer Holzkufe mit bleiernem Dampfrohr vorgenommen. 170 l Wasser werden zum Sieden

---

[1]) Färber-Zeitung 1895/96, S. 345.
[2]) Bull. Soc. ind. de Mulhouse 1894, S. 110.
[3]) D. R.-P. 110 796, — jetzt erloschen.
[4]) Vgl. hierzu Chem.-Zeitung 27, S. 215 (1903), Färber-Zeitung 1903, S. 112, 132 und 330.
[5]) Bull. Soc. ind. de Mulhouse 1900, S. 112.

erhitzt, der Dampf abgestellt, 3 l Wasserglas 39° Bé. und 48 l dreiprozentiges Wasserstoffsuperoxyd zugesetzt, die oben behandelten sechs Stücke Halbwolle schnell eingeführt und, stets gut bedeckt von der Bleichlösung, mit einem Holzstab darin 3—4 Stunden umgezogen. Man quetscht ab, wäscht im Strang, quetscht aus und chlort breit in zwei Jiggern. Der erste ist mit 120 l Wasser, 9 l Salzsäure 4° Bé. und 11 l Chlorkalk 4° Bé. angesetzt. Diese Mischung gibt eine Dichte von 0,6—0,7° Bé. Der zweite Jigger enthält Wasser. Das Gewebe verweilt 16 Sekunden in der Flüssigkeit des ersten Jiggers, geht sofort in den zweiten und wird dann im Strang gewaschen. Der Titer des ersten Jiggers wird durch Zulaufenlassen zweier Lösungen von 9 l Salzsäure 4° Bé. und 60 l Wasser einerseits, 11 l Chlorkalklösung 4° Bé. und 60 l Wasser anderseits konstant gehalten. Die so chlorierte Wolle oder Halbwolle wird gewaschen, scharf ausgepreßt und foulardiert mit einer Dampfanilinschwarzlösung:

z. B. 3000 g Anilinsalz, 1125 g chlorsaures Natron, 1950 g gelbes Blutlaugensalz und mit Wasser auf 20 l gestellt.

Nach dem Trocknen würde bedruckt z. B. mit folgender Buntätze: 30 g Farbstoff, 650 g Stärkeverdickung (gewöhnliche und lichtgebrannte), 60 g Rhodankali, 380 g Zinkweiß $^1/_1$.

Es können jedoch ebensogut andere, im Baumwolldruck übliche Ätzfarben, z. B. aus Zinkweiß, Traganth und Albumin bestehende, verwendet werden.

Als Farbstoffe können basische wie saure Farben zur Anwendung gelangen.

Die bedruckte, getrocknete Ware wird nun mit feuchten Läufern während 15 Minuten gedämpft. Hierauf wird kalt gewaschen und, wenn nötig, kalt geseift. Es sei das Gewicht eines Stückes Wollmusselin von etwa 100 m gleich 7 kg. Dieses Stück soll aus dem Chlorbade (11 l Chlorkalk 4°, 9 l Salzsäure 4° Bé. und mit Wasser auf 140 resp. 120 l Wasser gestellt) 10 l Lösung entnehmen. Das entspricht einem Verbrauch von 7 g Chlorkalk (fest) und 20 g Salzsäure 21° Bé. per 1 kg Wollmusselin (gleichbedeutend mit 0,7 % Chlorkalk und 2 % Salzsäure 21° Bé. vom Gewichte der Ware). Wie ersichtlich ist also nur ein verhältnismäßig sehr schwaches Chloren notwendig.

Neuerdings glaubt Bethmann[1]), daß nicht allein die reduzierende, sondern ebenso die alkalische Wirkung der Wollfaser hemmend auf die Anilinschwarzbildung wirke. Es wird die Wolle nach der Angabe der Patentschrift mit etwa 5 Prozent ihres Gewichtes Schwefelsäure oder einer äquivalenten Menge Salzsäure oder einem Gemische beider mit der üblichen Menge Wasser angesotten und etwa eine halbe Stunde gekocht. Die Ware wird hierauf mit einer Anilinklotzmischung imprägniert, welche im Liter einen Überschuß von 40—50 g Chlorat gegenüber der zur

---

[1]) D. R.-P. 130309. Siehe auch Zeitschr. für Farben und Textilchemie 1902, S. 553.

Oxydation des Anilins erforderlichen Menge enthält, so daſs die Wolle nach dem folgenden Ausquetschen oder Ausschleudern 2 — 3 Prozent ihres Gewichtes an Chlorat zur Abtötung ihrer reduzierenden Eigenschaften verfügbar hat.

Die Patentschrift gibt folgendes Beispiel einer Klotzmischung:

85 g Anilin,

25 „ Kupferchlorid,

25 „ Salmiak,

75 „ Natriumchlorat,

45 „ Essigsäure und

165 cc Salzsäure 16 ° Bé. im Liter Klotzbad.

Man entwickelt das Schwarz durch Verhängen im erwärmten Oxydationsraum in einigen Stunden. Man chromiert mit etwa 5 Prozent Alkalibichromat, spült und seift. Für Druckzwecke soll die Farbentwicklung auch durch Dämpfen vorgenommen werden können. Die Vorbereitung der Wolle kann auch so geleitet werden, daſs man das überschüssige, zur Oxydierung dienende Chlorat dem Säurebad zusetzt. Es wird die Wolle dann in 5 Prozent ihres Gewichtes an Schwefelsäure unter Beifügung von etwa 2 Prozent Chlorat angesotten und eine halbe Stunde im Sieden erhalten.

F. Reisz[1]) teilt am 11. März 1903 mit, daſs er schon im September 1899 ein Verfahren ausgearbeitet und den Farbwerken Höchst a. M. vorgelegt habe, wonach er bereits die Säurebehandlung der Wolle an Stelle des Oxydierens vorgeschlagen habe. In seiner Ausarbeitung an die Farbwerke Höchst a. M. führt er an, daſs sich „gesäuerte Wolle den Anilinoxydationsmischungen gegenüber beinahe wie Baumwolle verhält; es wird eben durch die Säure, z. B. Schwefelsäure, die bei gewöhnlicher Wolle durch die Säureentziehung aus dem Anilinsalz bedingte Bildung von freiem Anilin, welches leicht absublimiert (!), verhütet, was, zusammengehalten mit dem infolge Anilinverflüchtigung zurückbleibenden Chloratüberschusse, die ganz ungenügenden Färbeergebnisse und Strukturveränderungen der Wolle beim Aërierschwarz bedingt“.

F. Reisz[2]) teilt auch das Ergebnis interessanter Versuche mit, wonach

1. gut entschweiſster, sonst unbehandelter Wollstoff,

2. „   „   mit 8 Prozent Schwefelsäure eine halbe Stunde gekochter, hierauf gespülter und getrockneter Wollstoff,

3. gut entschweiſster, mit 16 Prozent Salzsäure eine halbe Stunde gekochter, hierauf gespülter und getrockneter Wollstoff,

4. gut entschweiſster, mit 6 Prozent Oxalsäure eine halbe Stunde gekochter, hierauf gespülter und getrockneter Wollstoff

mit einer an Chlorat und Säure etwas stärker als gewöhnlich angestellten Anilinoxydationsmischung geklotzt, 16 Stunden bei 36—40 Psychrometer-

[1]) Chemiker-Zeitung 1903, S. 215.
[2]) Chemiker-Zeitung 1903, S. 216.

graden entwickelt, dann 1—2 Minuten in lufthaltigem Dampfe und bei Gegenwart von Ammoniak bei 75—80 ⁰ behandelt und wie üblich fertig gemacht. Es waren

1. beinahe ungefärbt geblieben,
2. gab ein leidliches Schwarzgrau,
3. und 4. ein häfsliches Grau, wobei die Struktur der Faser bei 3. in geringem, bei 4. in starkem Mafse ungünstig verändert wurde (hart und unelastisch).

Parallel damit wurden die Proben mit einem etwas modifizierten Baumwolldampfschwarz:

$$87 \text{ g Anilinöl,}$$
$$87 \text{ „ Salzsäure, } 21^0 \text{ Bé.,}$$
$$55 \text{ „ Natriumchlorat,}$$
$$190 \text{ cc Ferrocyan-Ammoniumlösung (1 l ent-}$$
$$\text{sprechend 340 g FeCy}_6\text{K}_4\text{) und}$$
$$15 \text{ g Glyzerin}$$

geklotzt, getrocknet und 15 Minuten ohne Druck gedämpft. Probe 1 war grau, die anderen Proben zerfielen beim Seifen vollständig. Reisz schliefst daraus, „dafs auf gesäuerter Wolle nur ein sogenanntes Oxydationsschwarz angewendet werden kann, dafs sich Schwefelsäure unter den untersuchten Säuren am vorteilhaftesten zum Absäuren eignet, und dafs die Vorbehandlung der Wolle zwar eine beachtenswerte Verbesserung bedeutet, dafs aber diese Neutralisierung der basischen Eigenschaften der Wolle allein nicht genügt, um zu einem guten Schwarz zu gelangen, während dies bei hinreichender Oxydation der Wolle ja der Fall ist".

Nach Reisz ist jene Ausführungsform des Bethmannschen Patentes, wonach das Absäuerungsbad auch das Oxydationsmittel enthalte, das vorteilhaftere. Doch empfiehlt er Permanganat statt Chlorat.

Es wurde versucht, dieses Verfahren für Halbwolle einzuführen.

Ein am 8. August 1891 bei der Soc. ind. de Mulhouse hinterlegtes und vor kurzem geöffnetes versiegeltes Schreiben E. Jaquets[1]) beweist, dafs dieser Chemiker zuerst die Frage der Anwendung des Anilinschwarz und des Prud'homme-Artikels auf Wolle gelöst hatte. Jaquet unterwirft die Wolle einer 25 Prozent stärkeren Chlorierung als sonst üblich und verwendet zur besseren Überwindung der reduzierenden Eigenschaften der Wollfaser statt des Ferrocyankaliums ein Anilinklotzbad mit Ferricyankalium. Er klotzt in folgendem Bade:

$$500 \text{ g rotes Blutlaugensalz,}$$
$$500 \text{ „ Kaliumchlorat,}$$
$$10 \text{ l Wasser,}$$
$$2^{1}/_{2} \text{ kg Anilinsalz,}$$
$$^{1}/_{16} \text{ l Ammoniumvanadatlösung.}$$

---

[1]) Bull. Soc. ind. de Mulhouse 1902, S. 416.

Die Ammoniumvanadatlösung bereitet er aus:

40 g Vanadat,

$^1/_2$ l Wasser, ·

320 g Glyzerin und

160 cc Salzsäure.

Das Ganze mit Wasser auf 4 l stellen.

Man trocknet und druckt folgende Weifsätze auf:

10 l Eieralbumin,

3,2 kg Natriumhyposulfit,

3,2 „ Natriumacetat und

10 „ Zinkweifs.

Man dämpft während 5—10 Minuten bei 100° im Mather-Platt, nimmt durch heifses Wasser und trocknet. Für Buntätzen fügt Jaquet dieser Druckfarbe Cadmiumsulfid, Rotlack oder Guignetgrün bei. Nach H. S c h m i d[1]) gibt das Jaquetsche Verfahren ein besseres, tieferes Schwarz und ein reineres Weifs als das Kallabsche. Doch findet Schmid, dafs für Buntätzen Kallabs Angaben, wonach, wie bereits erwähnt, Wollfarbstoffe mit essigsaurem Natron gedruckt werden, dem Jaquetschen Aufdruck von Körperreserven vorzuziehen ist. Es eignen sich für Gelb das Chinolingelb, für Blau das Patentblau, für Grün ein Gemenge von Tartrazin und Patentblau u. s. w.

Die als „Glanzstoff" in den Handel gebrachte künstliche Seide der Vereinigten Glanzstofffabriken A.-G. Elberfeld läfst sich nach Angabe dieser Fabriken auf nachstehende Art mit Anilinschwarz färben:

Man zieht die Stränge einige Zeit in einem frisch hergestellten Gemisch nachstehender drei Lösungen kalt um:

I. 1200 g chlorsaures Natron,

12 l Wasser.

II. 2160 g Ferrocyankalium,

11,2 l Wasser.

III. 3360 g kryst. Anilinsalz,

8,8 l Wasser.

Abschleudern, höchstens einige Minuten im Mather-Platt dämpfen, in einem Bade von 1,5 Prozent Kaliumbichromat bei 60° C. kurze Zeit hantieren, waschen, schleudern und trocknen.

Vor dem Färben empfiehlt es sich, den Glanzstoff in warmem Wasser gut zu netzen.

Da der Glanzstoff ganz reine Cellulose ist, dürften wohl alle für Baumwolle erprobten Verfahren bei demselben auch gute Resultate ergeben. Einbufse an seinem Glanz wird man allerdings der Regel nach erleiden.

---

[1]) Bull. Soc. ind. de Mulhouse 1902, S. 419.

Viertes Kapitel.

Anwendung von Anilinschwarz in der Färberei.

Die Methoden Lightfoots zur Erzeugung von Anilinschwarz, welche S. 35 besprochen worden sind, erlangten vornehmlich für den Zeugdruck Bedeutung, doch hat der Erfinder bereits ihre Anwendbarkeit zum Färben der Gewebe und Gespinste hervorgehoben. Mit unwesentlichen Abänderungen wird noch heute sein Verfahren in vielen Fabriken zum Glattfärben befolgt.

Das erste Patent, welches sich unmittelbar auf die Färberei bezog, ist das Boboeufs[1]), betreffend „die Darstellung und Anwendung von Farbstoffen, welche geeignet sind, schwarze und blaue Farbstoffe wie Indigo und andere zu ersetzen". Die Abfassung der Patentbeschreibung und die theoretischen Bemerkungen des Verfassers lassen erkennen, daſs er zwar kein wissenschaftlich gebildeter Chemiker war, Tatsachen aber so scharf und sorgfältig zu beobachten verstand, daſs man nur nötig hat, seine Angaben genau zu befolgen, um in vortrefflicher Weise Anilinschwarz färben zu können. Wenn Boboeufs Vorschriften im Jahre 1865 keine Erfolge erzielten, so lag dies somit nur daran, daſs Anilin und Kaliumbichromat in der damaligen Zeit zu teuer waren. Anilinschwarz hat ja bekanntlich zu konkurrieren mit Blauholzschwarz, welches zu sehr niedrigem Preise hergestellt werden kann. Die wichtigsten Angaben des Boboeufschen Patents, welche für die Entwicklung der Anilinschwarz-Färberei eine hohe Bedeutung erlangt hat, mögen hier Platz finden.

Boboeuf läſst Kaliumbichromat auf Anilinsalze, und zwar auf die gewöhnlichen normalen und auf saure Salze, einwirken. (Die „sauren Salze" sind nichts anderes als die in einem Überschuſs der Säure gelösten normalen Salze.) In letzterem Falle erhielt er Farbstoffe, von denen er annimmt, daſs sie durch „doppelte Umsetzung" gebildet seien. In Wirklichkeit entstehen diese nur durch die oxydierende Wirkung der Chromsäure (welche ihrerseits der freien Säure des Anilinsalzes ihre Entstehung verdankt) auf das Anilin; die doppelte Umsetzung hat somit schon vorher stattgefunden.

---

[1]) Französ. Pat. 68 079 vom 15. Juli 1865.

Sobald gewöhnliches neutrales salzsaures Anilin und Kaliumbichromat angewendet werden, entsteht nur eine braune Färbung, aber kein Niederschlag. Wenn sich ein solcher auch nachträglich bildet, so ist er doch ungeeignet zu der Verwendung in der Färberei. (Bei dem Mischen hinreichend gesättigter Lösungen von normalem salzsauren Anilin und Kaliumbichromat scheidet sich ein Niederschlag von Anilinbichromat ab.) Wenn unter sonst gleichen Bedingungen Kaliummonochromat angewendet wird, entsteht ein gelblicher öliger Niederschlag, welcher ebensowenig als Farbstoff brauchbar ist. (Ein Gemisch von Anilinbichromat mit freiem Anilin.)

In der Patentbeschreibung heifst es wörtlich: „Wenn man aber nicht in dieser Weise verfährt, sondern zunächst das Anilinsalz mit Säure versetzt und diese Lösung in die Lösung von Kaliummono- oder Bichromat eingiefst, so scheidet sich ein Niederschlag von dunkelblauer oder dunkelgrüner u. s. w. Farbe ab, welcher tiefschwarz erscheint, wenn die Salzsäure oder die Chromate in mehr oder weniger grofsen Mengenverhältnissen oder wenn von dem einen Salze mehr wie von dem anderen verwendet wurde, oder wenn man mehr oder weniger Säure oder Anilinsalz hinzugefügt hat." Ferner: „Sowie es sich darum handelt, zu färben, wird es genügen, die Gewebe (Seide, Wolle oder andere animalische Textilfasern, Baumwolle, Leinen, Hanf oder andere vegetabilische oder holzige Fasern) durch eine Lösung des Salzes oder der Salze hindurchzunehmen, mit welchen die Anilinsalze Niederschläge bilden oder Farben erzeugen können. Die Stoffe oder Gewebe passieren beispielsweise durch Kaliummono- oder Bichromat u. s. w. (damit die Gewebe nicht angegriffen werden, wählt man die Konzentration, welche von dem Färber als geeignetste erprobt ist, und befolgt im übrigen vor dem Eingehen in das zweite Bad die üblichen Vorschriften), hierauf kommen sie in die Anilinlösung. Man könnte auch umgekehrt verfahren, wenn man es für nützlich oder notwendig erachten sollte. In diesem Falle kämen demnach die Gewebe zuerst in salzsaures Anilin und dann in Kaliummono- oder Bichromat." — —

„Die Monochromate und besonders die Bichromate der Alkalien erzeugen, wenn sie nicht im Überschufs verwendet werden, mit salzsaurem Anilin blaue Farben, welche nach dem Spülen mit Wasser das Aussehen eines sehr schönen Schwarz besitzen (und dieses vorteilhaft ersetzen können); dagegen bilden diese Chromate, wenn sie in zu grofsen Mengen gebraucht werden, dunkelgrüne Niederschläge.

Boboeuf bespricht auch die Niederschläge, welche mit verschiedenen anderen Anilinsalzen, mit oxalsaurem, arsensaurem, mit ferro- und ferricyanwasserstoffsaurem Anilin erhalten werden, und fährt dann fort: „Es erscheint nach diesen Auseinandersetzungen begreiflich, dafs man in gleicher Weise Gewebe färben oder Niederschläge erhalten kann, indem man die Lösung eines neutralen oder gewöhnlichen Anilinsalzes zu der Lösung eines Salzes (z. B. eines Chromats oder Bichromats), welches das Anilinsalz nicht ausfällen würde, giefst, sodann mit angesäuertem Wasser spült oder auch die Säure zu den gemischten Lösungen hinzufügt."

Mit anderen Worten, man kann entweder zunächst durch Anilinbichromat passieren und nachher in einem Säurebad das Anilin oxydieren, oder man kann direkt in einem Bade mit Anilinsalz, Bichromat und einem Überschuſs von Säure färben, d. h. so, wie es heute noch üblich ist.

Nach Boboeufs Angaben ist es den Färbern Nordfrankreichs (Lille, Tourcoing, Roubaix etc.) gelungen, das folgende ebenso einfache wie billige Färbeverfahren auszuarbeiten; dasselbe wurde uns in entgegenkommender Weise von einem dortigen Industriellen mitgeteilt. Angewendet werden zwei getrennte Lösungen.

Lösung 1 besteht aus:

> 6 kg Anilin, gelöst in
> 9 „ Salzsäure,
> 12 „ Schwefelsäure,
> 200 l Wasser.

Lösung 2 besteht aus:

> 12 kg Natriumbichromat in
> 200 l Wasser.

In eine kleine Steingutschale kommen je 2 l von Lösung 1 und 2, hierin wird 1 kg Baumwolle rasch umgezogen. Das Schwarz entwickelt sich in ein bis zwei Minuten; es hat ein bronzeartiges Aussehen. In gleicher Weise wird die ganze Partie, welche gefärbt werden soll, ein Kilo nach dem anderen durchgenommen, dann wird abgewunden und 20 Minuten lang bei $^{1}/_{4}$ Atmosphäre gedämpft. Durch diese Nachbehandlung entsteht aus dem Bronzeschwarz ein Kohlschwarz, welches technisch unvergrünlich ist. Es wird noch gespült und geseift. Nach dieser Vorschrift wird in den Färbereien Nordfrankreichs allgemein gearbeitet.

Indem die Färber das nachträgliche Dämpfen einführten, machten sie sich die Beobachtungen verschiedener Forscher, unter anderem auch diejenigen von G. Witz[1]) (1874) zunutze, daſs nämlich ein bei höherer Temperatur oxydiertes Schwarz der Einwirkung vergrünender Agentien weit besser widersteht wie ein bei niedriger Temperatur gebildetes Schwarz.

Wenige Wochen nach Boboeuf nahm Alland[2]) ein analoges französisches Patent zum Färben mit Anilinschwarz. Die Faser wird zunächst in einer Lösung von Kaliumbichromat, hierauf in einem anderen Bade, welches Kochsalz und stark saures salzsaures Anilin enthält, umgezogen. Indem der Textilstoff einige Male durch diese Bäder genommen wird, erzielt man ein immer dunkleres Schwarz. Der schwarze Bodensatz, welcher sich in dem Färbebad bildet, kann nach dem Filtrieren als schwarze Körperfarbe zum Zeugdruck verwendet werden.

---

[1]) Bull. de la Soc. ind. de Rouen 1874, S. 172—175.
[2]) Franzöz. Pat. 68 230 vom 5. August 1865.

Alfred Paraf[1]) erhielt ein französisches Patent auf die Anwendung von chromsaurem Chromoxyd (braunes Chromsuperoxyd) zur Erzeugung von Anilinschwarz in Zeugdruck und Färberei. In der Patentbeschreibung finden sich folgende bemerkenswerte Stellen:

„Ich behandle zunächst die Textilfaser in einem löslichen Chromsalz, z. B. in Chromchlorid, dann nehme ich, ohne zu waschen, durch eine neutrale Lösung von Kalium oder Natriummonochromat und wasche hierauf u. s. w. Auf diese Weise schlage ich in der Faser unlösliches braunes Chromsuperoxyd nieder; nunmehr färbe ich in einer Anilinsalzlösung, welche $2^{1}/_{2}$ Prozent eines chlorsauren Salzes enthält, winde aus und lasse oxydieren; im übrigen behandle ich dann die Färbungen wie Dampfschwarz.“

Zum Schlusse faßt Paraf seine Patentansprüche in folgender Weise zusammen:

„1. Anwendung von Chromsäure, um bei dem Drucken in einer Operation zu oxydieren (unter den in der Patentschrift angegebenen Bedingungen), wobei ich unlösliche oder nur teilweise lösliche Chromsalze benutze, welche imstande sind, Chromsäure in Freiheit zu setzen unter den in der Patentschrift angegebenen Bedingungen, beispielsweise braunes Chromsuperoxyd, chromsaures Chromoxyd, chromsaures Eisenoxyd, basisch chromsaures Blei, oder die löslicheren Salze, chromsaures Chromoxyd-Mangan, chromsaures Mangan u. s. w.

2. Die Erzeugung von Schwarz aus Anilin oder seinen Homologen.

3. Die Darstellung aller Farben, welche im Zeugdruck durch Oxydation mit Chromsäure erhalten werden, und welche man bisher in zwei Operationen herstellen mußte.

4. Als Beizen für rote, blaue oder andere Krappfarben, sowohl für sich wie in Mischung mit einem chlorsauren Salz.“

Am 8. November 1865 nahm Paraf-Javal ein französisches Patent 69 254, betreffend „Verfahren, die Eigenschaften gewisser Körper so zu verwerten, daß man neue Resultate oder auch bekannte Resultate auf eine vorteilhaftere Weise erzielt.“

Paraf-Javal hatte die Wahrnehmung gemacht, daß viele Körper, z. B. Chromsäure, Anilin oder Toluidin, zu rasch aufeinander einwirken, wodurch eine vorteilhafte Anwendung ausgeschlossen ist. Bei dem Färben erzielt er die bestmögliche Ausnützung, indem er die Bäder, welche Chromsäure und die farbeerzeugende Substanz, z. B. Anilin enthält, stark verdünnt und das Färben so lange wiederholt, als zur Erzielung des gewünschten Farbtons erforderlich ist, oder auch, indem er die Färbebäder so weit als möglich neutralisiert und dann eine Säurepassage folgen läßt; oder indem er so stark abkühlt, daß die Reaktion verhindert wird. In diesem letzterwähnten Falle färbt sich das Gewebe unverzüglich, sowie es aus dem Bade herauskommt.

Die grauen und schwarzen Farben, welche durch Einwirkung von

---

[1]) Französ. Pat. 71 692 vom 24. Mai 1866.

Chromsäure auf Anilin erhalten werden, sind — nach Paraf — verschieden von den nach anderen bekannten Verfahren dargestellten, sie vergrünen nicht durch Säuren und sind unlöslich in flüchtigen oder verseifbaren Ölen, in Phenol und in Anilin.

Dieses Verfahren stimmt im Prinzip mit dem von Boboeuf überein, doch zeichnet es sich durch bestimmte Unterschiede aus: Boboeuf spricht von einer augenblicklichen Entstehung des Schwarz in einem Bade, welches er zweifelsohne konzentriert angewendet hat, während Paraf-Javal das Bad, welches die zur Erzeugung des Schwarz erforderlichen Stoffe enthält, verdünnt und die Farbe langsam zur Entwicklung bringt. Im Jahre 1866 gibt Paraf-Javal also auch die Anwendung des Einbad-Verfahrens genau mit demselben Stoffe an, welches Grawitz neun Jahre später als seine Erfindung beansprucht.

Wenn man das Bad Paraf-Javal gegen Ende der Operation erwärmt — der Vorteil des Erwärmens ist aber seit 1874 bekannt —, so ergibt sich das genau gleiche Verfahren, welches S. Grawitz im Jahre 1877 patentiert wurde, wovon später noch die Rede sein wird.

Higgin[1]) empfiehlt in demselben Jahre, die Gewebe mit unlöslichem Chromat, z. B. mit chromsaurem Kupfer, zu präparieren und dann ein Anilinsalz aufzudrucken bezw. zu klotzen, wenn es sich um Uniware handelt. Die Bildung des chromsauren Kupferoxyds kann durch doppelte Umsetzung von neutralem chromsauren Kali oder Natron oder auch auf die Weise bewerkstelligt werden, dafs man chromsaures Kupferoxyd in Ammoniak löst, die Faser damit imprägniert und das Ammoniak sodann durch Trocknen bei einer gewissen Wärme verflüchtigt.

Carvès und Thirault[2]) erhielten ein Patent „auf die Anwendung zum Färben und Drucken verschiedener in kochendem Wasser löslicher grauer Farben, welche echt und gegen Säuren und Seife und direkt aus Anilin und seinen Homologen erhalten werden"; sie werden mit dem allgemeinen Namen „Mureïne" bezeichnet und dargestellt durch die Einwirkung von Kaliumbichromat, von einem Eisensalz und einer Säure auf die Lösung eines Anilinsalzes in einem Überschufs von Säure. Muster von verschiedenen grauen Färbungen, welche nach diesem Verfahren gefärbt waren, sind in der Pariser Ausstellung vom Jahre 1867 ausgestellt gewesen.

Reimann[3]) gibt folgende Vorschrift zum Färben von Baumwolle mit Anilinschwarz: Mit einem löslichen Chromoxydsalz behandeln, ohne zu spülen, durch Soda, dann durch Kaliumchromat nehmen, um unlösliches Chromoxyd zu fixieren. Färben in einer Anilinsalzlösung, welcher $2^{1}/_{2}$ Prozent von einem löslichen chlorsauren Salze zugesetzt sind, ausdrücken, oxydieren lassen, bis die Farbe dunkelgrün erscheint, zum Schlusse durch Bichromat nehmen, um das Schwarz zu entwickeln.

---

[1]) Franzöz. Pat. 73074 vom 26. September 1866.
[2]) Franzöz. Pat. 73345 vom 5. November 1866.
[3]) Wagners Jahresbericht 1867, S. 56. — Die Färberei der Gespinste und Gewebe. Berlin 1867. S. 272.

Für Baumwolle empfiehlt Persoz in dem erwähnten Patent, zuerst chromsaures Blei auf der Faser zu fixieren und hierauf in Anilinsalzlösung, nachdem genügend angesäuert ist, auszufärben.

Lauth[1]) veröffentlichte ein allgemein verwendbares Verfahren, um die höheren Sauerstoffverbindungen des Mangans auf den Textilstoffen zu fixieren und diese sodann in einer sauren Lösung eines Anilinsalzes zu behandeln.

Für die Pflanzenfaser wendet Lauth die Stoffe und Vorschriften an, welche für die Erzeugung von Manganbister jedem Industriellen längst geläufig sind, für animalische Faser mangan- bezw. übermangansaures Alkali. Das Färbebad enthält im Liter Wasser 50 g Anilin, 100 g Salzsäure.

„Die Konzentration der Beize und des Färbebades, Beschaffenheit der Säure und der Base (Anilin, Toluidin, Cumidin, Naphtylamin etc.) richten sich nach den Umständen und nach der gewünschten Nuance des Schwarz; diese kann schwanken zwischen Graublau, Rotbraun und Kohlschwarz.

Durch folgende Abänderung des Verfahrens kann man ebenfalls Schwarz erhalten. Eine Mischung aus wiedergewonnenen oder frisch gefällten Mangansuperoxyd, einem neutralen Anilinsalz und Chlorammonium (oder irgend einem anderen Körper, welcher fähig ist, unter Mithilfe von Dampf Mangansuperoxyd zu zerlegen), wird aufgedruckt und gedämpft.

Bisher war ausschliefslich von Manganoxyduloxyd und -Superoxyd die Sprache; diese können aber auch durch andere sauerstoffreiche Oxyde oder Säuren der Metalle, beispielsweise durch Bleisäure (Bleisuperoxyd), durch gewisse Salze, wie Kupfer- und Baryummanganate und -Permanganate, durch chlorigsaures Blei u. s. w., ersetzt werden.

Wie hieraus zu ersehen ist, benutze ich als Beizen vorzugsweise unlösliche Substanzen, welche reich an Sauerstoff oder Chlor sind, sich leicht zersetzen und daher sofort Schwarz bilden, wenn sie mit einer sauren Anilinsalzlösung zusammentreffen. Die Unlöslichkeit dieser Beizen bietet den Vorteil, dafs man sie leicht auf den Stoffen, welche man färben will, fixieren kann, und dafs sie nicht in der Farbflotte ausfliefsen; hierdurch wird eine Ausscheidung von Schwarz im Bade anstatt auf der Faser, wie sie bei den bisherigen Verfahren vorkommt, vermieden."

In einem Zusatzpatent vom 15. Oktober 1869 wird ferner gesagt:

„Nach dem Herausnehmen aus dem Farbbade wasche ich die Textilstoffe so lange, bis die Säure vollständig entfernt ist, was leicht festzustellen ist, da Anilinschwarz in Gegenwart von Säuren grün wird. Es erübrigt dann nur noch, die gefärbten Garne oder Gewebe zu trocknen.

Die erhaltene Nuance läfst sich aber auch nach Belieben abändern durch eine Art von Avivage oder Nachoxydation, indem die gefärbten

---

1]) Franzö́s. Pat. 85 554 vom 5. Mai 1869.

Garne oder Gewebe in eine handwarme oder kochende Lösung der
verschiedensten Substanzen gebracht werden, deren Natur und Konzentration ich nach der gewünschten Nuance und Stärke der Farbe
bestimme; ich erwähne hier unter anderen nur Chlorkalk, Chrom-,
Kupfer-, Eisen-, Quecksilbersalze, allein oder in Verbindung
mit chlorsaurem Kali, Ferricyankalium, Chromate u. s. w."

Einzelheiten seines Verfahrens veröffentlicht Lauth 1873 in aus-
führlicherer Weise in einem sehr interessanten Artikel des Moniteur
scientifique S. 794; er spricht sich dabei vornehmlich über die
Avivage aus:

„Nach dem Färben kann man die Nuancen abändern oder ihre
Intensität erhöhen mit Hilfe verschiedener Agentien; diese Tatsache
scheint mir sehr bemerkenswert; sie dürfte einen Beweis dafür bieten,
dafs in dem Augenblick, wo das Mangansuperoxyd seine Wirkung ausgeübt hat, der erzeugte Farbstoff, welcher alle Eigenschaften des
Schwarz besitzt, trotzdem noch in einem unfertigen Zustande
ist, und dafs eine nachträgliche Oxydation zweckdienlich
ist, um ihn in seinen endgültigen Zustand überzuführen.

Kaliumbichromat (1 g im Liter), Kupfer-, Chrom- und Quecksilbersalze und vor allem eine Mischung aus chlorsaurem Kali, einem Kupfersalz und Chlorammonium (1 g von jedem Salze im Liter) erhöhen
wesentlich die Intensität des Schwarz. Diese Behandlung mufs stattfinden nach dem Spülen, welches dem Färben folgt, und $1/2$ Stunde
bei Siedehitze dauern. Hierauf wird in Wasser gespült und kochend
geseift.

Das eben beschriebene Verfahren ist zuverlässig; es liefert sehr
schöne vollständig echte Schwarz und greift die Faser nicht an."

Durch die Avivage mit Chromat oder Chlorkalk wird das Lauthsche
Schwarz unvergrünlich; es wird es übrigens auch direkt, wenn
im sauren Anilinsalzbade bei einer Temperatur über 75 ⁰ gefärbt wird[1]).
Wenn in der Kälte gefärbt und nachher gedämpft wird (s. modifiziertes
Verfahren von Boboeuf, S. 121), vergrünt das Schwarz ebenfalls nicht in
merklicher Weise. Das Lauthsche Verfahren hatte anfänglich nicht den
verdienten Erfolg, es wurde aber später wieder aufgenommen, nicht
sowohl für das Färben von Uniware und Garnen wie in grofsem Mafsstabe zum Aufsatz von „geätztem Bister" mit Anilin oder Naphthylamin.

Gonin in Rouen bediente sich in den Jahren 1870—1871 des
folgenden Färbeverfahrens für Anilinschwarz, welches er verschiedenen
Industriellen überliefs; die Baumwolle wurde in zwei Bädern behandelt,
das erste enthielt 1 kg salzsaures Anilin, 1 kg Salzsäure, 600 g Kupferchlorid in Kristallen, 600 g chlorsaures Kali, 500 g Schwefelsäure,
80 l Wasser; das zweite Bad 1 kg Kaliumbichromat, $1/2$ kg Schwefelsäure und 80 l Wasser. Die beiden Bäder wurden in dem Verhältnis,

---

[1]) Vgl. hiermit: Camille Koechlin, Sitzungsberichte des Comité de Chimie
de Mulhouse, 14. Juni. Bulletin 1882, S. 63 der Sitzungsberichte.

wie sie verbraucht wurden, mit gleichartig zusammengesetzten Lösungen aufgefüllt. Das Verfahren wurde in der damaligen Zeit nicht veröffentlicht.

Persoz[1]) gelang es im Jahre 1871, das Verfahren von Paraf-Javal (s. S. 122) so abzuändern, daſs er mit Kaliumbichromat und Anilinsalz in getrennten Bädern brauchbares Schwarz erzielte.

Er foulardiert die Gewebe in der Lösung des einen der Salze und läſst unmittelbar darauf die Lösung des anderen in zerstäubtem Zustande darauf einwirken. Man kann, seinen Angaben zufolge, verschiedene Säuren anwenden (er empfiehlt vornehmlich ein Gemisch von Salzsäure und Schwefelsäure), den Gehalt der Lösungen an Salzen und Säure abändern, endlich auch in der Wärme arbeiten und auf diese Weise entweder eine augenblickliche oder im Gegenteil eine derartig allmähliche Färbung erzielen, daſs dieselbe erst zur Entwicklung gelangt, nachdem der Stoff durch erwärmte Luft gelaufen ist. Die Einrichtung wird stets in der Weise getroffen, daſs der am Eingange des Apparats weiſs eintretende Stoff am Ende schwarz herauskommt.

Persoz erwähnt noch, daſs die gleiche Methode mit kleinen, der Natur des verwendeten Materials angepaſsten Abänderungen sich gut zum Färben der Wolle eignet.

Alland änderte im Februar 1871 sein (S. 121) beschriebenes Verfahren in der Weise ab, daſs er die Textilfaser mit einer Mischung von Eisenchlorid, Anilinsalz und chlorsaurem Kali behandelt und hierauf ganz langsam im geschlossenen Gefäſse erwärmt, so daſs die Temperatur in fünf Stunden von 40 auf 50° C. steigt. Die Ware kommt dann auf ein gleiches Bad zurück, nach 1 Stunde wird mit angesäuertem Bichromat während 15 Minuten fixiert, gut gespült, mit Sodalösung behandelt und schlieſslich kochend geseift. Dieses Verfahren gelangte durch Vertrauensbruch eines Angestellten[2]) in den Besitz von Jarosson und Müller-Pack, welche sich dasselbe mit unwesentlichen Abänderungen am 3. Juni 1872 durch franz. Patent 95 512 schützen lieſsen. Eine Reklamation Allands wurde von den Patentinhabern berücksichtigt und dieser als Teilhaber an dem Ertrage des Patents anerkannt.

Nahrath und Firmenich in Genf überlieſsen seit Anfang des Jahres 1873 ihren Abnehmern von Anilinsalz folgende Vorschrift: Die Faser wird in kurzem Bad in einer Lösung von salzsaurem Anilin, welche mit Weinsäure versetzt ist, behandelt, nach dem Abwinden in einem Bad, welches Bichromat und Salzsäure enthält, mehrere Stunden oxydiert, sodann auf das erste Bad von Anilinsalz zurückgenommen. Diese Behandlung in den beiden Bädern wird wiederholt, bis das Schwarz die genügende Tiefe besitzt.

---

[1]) Moniteur scientifique 1872, S. 396. — Wagners Jahresbericht 1872, S. 710.

[2]) Vgl. Affaire Wibaux-Florin et Gaydet Père et fils contre Samuel Grawitz. Teinture et impression en noir d'aniline. Mémoire de réfutation. Paris. Imprimerie Tolmer et Cie, 1882, S. 39.

Tantin und Brière[1]) schlagen vor, Anilinschwarz in einem einzigen Bade zu färben, welches ein sehr saures Anilinsalz und Mangansuperoxyd enthält. Sie behandeln hierin drei Stunden die Baumwolle, welche dabei eine dunkelgrüne Farbe annimmt, und oxydieren sodann in einem Bichromatbad.

Pinckney[2]) gab Vorschriften für die Anwendung der Vanadium- und Uransalze in Färberei und Druckerei; die Vorteile, welche Vanadium bietet, waren bekanntlich von Lightfoot bereits 1871 hervorgehoben worden. Pinckney empfiehlt zum Färben in einem Bade: 150 g salzsaures Anilin, $^1/_8$ g Vanadiumsalz, 20 g Nickelchlorid, 100 g chlorsaures Kali und $2^1/_2$ l Wasser. Man nimmt die Faser durch die Mischung dieser Substanzen, oder man kann auch die Bäder getrennt anwenden, indem man zunächst in dem Bad mit dem Metallsalz und hierauf in demjenigen, welches das Anilinsalz und das chlorsaure Salz enthält, behandelt. Obwohl die Farbe sich bereits bei gewöhnlicher Temperatur entwickelt, wird doch in manchen Fällen eine höhere Temperatur vorteilhafter sein.

Erwähnung verdient auch das folgende, von L. Bretonnière in Laval ausgearbeitete Verfahren (obschon dasselbe damals nicht veröffentlicht wurde), welches von ihm am 27. Juni 1873 an die Herren J. J. Müller-Pack verkauft worden ist.

Man bereite folgende Lösungen:

1 l leichtes Anilinöl, 2 kg Salzsäure von 22° Bé., 10 l warmes Wasser und 1 kg 200 g Kaliumbichromat gelöst in 10 l warmem Wasser.

In einem Bottich, welcher 90 l Wasser von 60° enthält, gießt man (für 10 kg Baumwollgarn) 2 l der Anilinlösung, geht mit dem Garn ein und hantiert zehn Minuten; nunmehr werden 2 l der Bichromatlösung hinzugefügt, es wird wieder zehn Minuten hantiert, worauf eine graue Farbe erzielt wird. Nachdem neuerdings 2 l der Anilinsalzlösung hinzugegeben wurden, hantiert man zehn Minuten, fügt 2 l Bichromatlösung hinzu und so weiter, bis die beiden Lösungen ganz verbraucht sind. Die Baumwolle erscheint dann tief bronzeschwarz; nachdem 2—300 cc Salzsäure in das Bad gegossen wurden, wird die Baumwolle fünf Minuten lang umgezogen, herausgenommen, verlüftet und sodann zehn Minuten in vielem kaltem Wasser, welches mit 50 cc Schwefelsäure versetzt ist, gespült. Zum Schluß wird nochmals sorgfältig gespült, nach dem Spülen kann auch noch geseift werden. Es wird nach diesem Verfahren ein sehr schönes unvergrünliches Schwarz erhalten. Vergl. Wibaux-Florin S. 45.

M. de Vinant[3]) färbt auf Baumwollgarn Anilinschwarz, indem er dasselbe durch Kupfervitriollösung, welche mit Salzsäure angesäuert ist,

---

[1]) Französ. Pat. 101 685 vom 5. Januar 1874.
[2]) Französ. Pat. 102 050 vom 2. Februar 1874.
[3]) Moniteur de la teinture (4) I, S. 67. — Wagners Jahresber. 1873, S. 837.

dann durch Natriumsulfhydrat, hierauf durch eine Lösung von Salmiak, chlorsaurem Kali und holzessigsaurem Anilin nimmt (hierauf muſs jedenfalls erst verhängt werden) und schlieſslich mit Kaliumbichromat behandelt.

Lamy[1]) hat festgestellt, daſs ein Anilinschwarz um so widerstandsfähiger und um so unvergrünlicher ist, je mehr es oxydiert wurde.

Das rötliche Schwarz, welches durch Behandlung von Hängeschwarz mit Bichromat und hierauf mit Natriumhypochlorit (Chlornatron) erhalten wird, ist gegen Laugen und Säuren echter wie das Blauschwarz, welches durch Behandlung mit Soda erzielt wird.

Nach G. Witz[2]) können mit Anilinschwarz gefärbte oder bedruckte Gewebe entfärbt werden, indem sie zunächst durch eine angesäuerte Lösung von übermangansaurem Kali, hierauf durch Oxalsäure genommen werden. Die Bemerkungen des Verfassers lauten in wörtlicher Übersetzung: „Wenn man ein Anilinschwarzmuster, selbst ein chromiertes, welches vorher mit schwefliger Säure vergrünt wurde oder auch nicht, eintaucht in Schwefelsäure von 9° Bé., die mit einer geringen Menge einer kaltgesättigten Lösung von übermangansaurem Kali versetzt ist, so ist nach einigen Minuten eine Entfärbung des Schwarz wahrzunehmen. Die grünliche Färbung wird allmählich durch den Niederschlag von braunem Manganoxyd verdeckt. Wird das Muster hierauf mit Säure (vorzugsweise mit Oxalsäure) behandelt, so wird es schön weiſs, vorausgesetzt, daſs das aufgedruckte Schwarz nicht allzu intensiv war; das Baumwollgewebe wird bei diesem Versuch nur mäſsig angegriffen.

Durch abwechselnde Behandlung mit der Permanganatlösung und feinpulverisierter oder gelöster Oxalsäure gelingt es, Anilinschwarz entweder vollständig oder von einzelnen Stellen zu entfernen; auf diese Weise ist man bei der Fabrikation in der Lage, Flecken oder Stellen, welche unabsichtlich gefärbt wurden, wieder in Ordnung zu bringen. Weinsteinsäure wirkt schwächer wie Oxalsäure. J. Dépierre hat neuerdings gezeigt, daſs eine Mischung aus Kaliumbichromat und Oxalsäure in gleicher Weise auf Anilinschwarz einwirkt. Ich möchte noch daran erinnern, daſs ich früher nachgewiesen habe, daſs auch reine Chlorsäure in wässeriger Lösung in der Kälte die gleichen Eigenschaften zeigt: Anilinschwarz wird zunächst grün, sodann entfärbt."

Vom 30. September 1874 datiert das erste französische Patent 105130 von S. Grawitz, von welchem schon früher (S. 7) die Rede war. Obwohl sich dasselbe nach der Patentbeschreibung ausschlieſslich auf Zeugdruck und Anilinschwarz in Pulver bezog, diente es in der Folge doch Grawitz als Stützpunkt für seine unberechtigten Ansprüche an die französischen Färber. Am 3. Oktober 1874 nahm Grawitz bereits das erste Zusatzpatent, am 3. November zwei weitere analoge Patente 105554 und 105555.

---

1) Wagners Jahresbericht 1874, S. 888.
2) Bull. de la Soc. ind. de Rouen 1874, S. 100.

Coquillion[1]) beschreibt verschiedene Darstellungsverfahren für Anilinschwarz, welche auf der Einwirkung von Eisensalzen auf Anilinsalze in Anwesenheit von Chloraten beruhen. Er gibt z. B. folgende Färbevorschrift:

„Auf 20 kg abgekochte Baumwolle werden angewendet 3 kg Anilinöl und 4 kg Salzsäure von 20° Bé. Nach dem Vermischen der beiden Flüssigkeiten läfst man erkalten. Hierauf werden 2 kg chlorsaures Kali, gelöst in 30 oder 35 l Wasser, und zuletzt nach gutem Umrühren 35 l Eisenchlorid von 20° Bé. hinzugefügt und die zum Netzen der Stränge erforderliche Menge Wasser. Die Baumwolle bleibt in dieser Mischung 8—12 Stunden bei gewöhnlicher Temperatur. Hierauf kommt sie aus dem Bade und wird durch eine Sodalösung von 10—15° Bé. genommen, welche den Überschufs an Säure wegnimmt. Nach dem Spülen bringt man die Baumwolle in ein Bad von Kaliumbichromat, welches 40—50° warm ist und annähernd 200 g des Salzes in 30 oder 35 l gelöst enthält. Dieses Bad hat den Zweck, das Schwarz widerstandsfähiger zu machen und das Vergrünen zu verhindern. Die Baumwolle kann darin etwa eine halbe Stunde bleiben; sie wird sodann gespült, abgewunden und durch ein letztes Bad genommen, welches sie geschmeidig macht; dasselbe enthält $^1/_2$ kg Tournantöl und 1 kg Pottasche oder Soda in 30—35 l Wasser.

Am 29. April 1875 erhielt Grawitz das zweite Zusatzpatent zu seinem Patent 105 130.

Nach dem Patente Nr. 109 193 vom 23. August 1875 färbt Leriche Baumwolle, indem er sie abwechselnd zunächst durch eine Mischung warmer Lösungen von Kaliumchlorat und -Chromat, hierauf durch eine gleichfalls warme Lösung von schwefelsaurem Anilin hindurchnimmt. Diese Passagen werden mehrmals wiederholt.

Im Jahre 1875 machte Ladureau den Vorschlag, die Baumwolle mit einer Lösung von Manganchlorid, Eisenchlorid, chlorsaurem Kali und Anilinsalz zu tränken und hierauf zur vollständigen Entwicklung des Schwarz — ohne zu spülen — in der Kälte oder besser in der Wärme durch ein Bad zu nehmen, welches etwa 1 Prozent Kaliumbichromat enthält.

Nach einem bayrischen Patente färbt L. Wagner[2]) Baumwolle im Strang oder im Stück nach folgendem Verfahren dunkelblau.

Er verdickt eine Traubenzuckerlösung ($^1/_2$ l) in der Wärme mit 40 g Stärke und fügt 40 g chlorsaures Kali hinzu. In einem anderen halben Liter der Zuckerlösung löst er 80 g salzsaures und 13 g schwefelsaures Anilin; endlich in 2 l derselben Zuckerlösung 40 g Kupferchlorid und 13 g Kupfersulfat. Nachdem diese drei Lösungen vermischt sind, wird die Baumwolle darin umgezogen, abgewunden, eine Stunde liegen gelassen, sodann 4—5 Stunden feuchtwarm bei 30° oxydiert. Hierauf

---

[1]) Französ. Pat. 106 031 vom 10. März 1875.
[2]) Wagners Jahresbericht 1875, S. 992.

nimmt man durch schwache Kalkmilch, dann durch verdünnte Salzsäure, schliefslich durch Soda oder Seife. Der Zusatz eines reduzierenden Körpers, wie Traubenzucker, soll ohne Zweifel die Oxydation des Anilins verlangsamen, damit nach der Bildung von Blau, d. h. Emeraldin, keine weitere Einwirkung auf dieses mehr stattfindet.

Über die Rolle, welche Vanadium bei der Bildung von Schwarz spielt, hat Antony Guyard (Hugo Tamm)[1] eine interessante Abhandlung veröffentlicht, auf welche wir in Kapitel II S. 15 bereits Bezug genommen haben. Er sagt unter anderem, dafs Anilinschwarz nichts anderes wie enthydratiertes Emeraldin sei, dafs eine hohe Temperatur in den Oxydationsräumen nicht für die Bildung von Emeraldin, sondern für seine Deshydratierung und Umbildung in Schwarz erforderlich sei; dafs Emeraldin sich inmitten der Flüssigkeiten, in welchen es entsteht, durch Erwärmen derselben in Schwarz umwandelt, in gleicher Weise wie blaues Kupferoxydhydrat in anhydrisches schwarzes Kupferoxyd durch Siedehitze übergeführt wird. Guyard gibt ferner eine sehr einfache Methode an, um Emeraldin von Anilinschwarz zu unterscheiden. Das erstere wird vollständig gelöst und zerstört von gelbem Schwefelammonium, Anilinschwarz dagegen von diesem nicht oder nur sehr wenig angegriffen. Witz[2] bemerkt — im Gegensatz zu dieser Angabe —, dafs ein in der Kälte, d. h. unter 15—18 ⁰ C., gebildetes Emeraldin nicht hydratiert und auch in gelbem Schwefelammonium nicht löslicher wie Anilinschwarz selbst sei.

Am 7. April 1876 liefs sich Jeannolle nachstehendes Färbeverfahren patentieren[3] für Dunkelblau, welches, mit Anilinblau oder Indigo aviviert, reines Küpenblau vorteilhaft ersetzen sollte. Jeannolle nimmt für 100 kg Baumwolle 1600 l Wasser, 5 kg Salzsäure, 12 kg Schwefelsäure, 5 kg Anilin und 5 kg Kaliumbichromat; färben in der Kälte eine Stunde, spülen und die letzten Mengen anhaftender Säure in schwach alkalischem Bade bei 40 ⁰ entfernen.

Am 2. Juni des gleichen Jahres gibt Hommey[4] folgende Färbevorschrift für Schwarz an: 1000 g Wasser, 80 g salzsaures Anilin, 40 g chlorsaures Kali, 5 g Salzsäure und 0,1 g vanadinsaures Ammoniak. Die Farbe wird in der Hänge entwickelt und das Schwarz durch ein warmes Bichromatbad fertig gemacht und fixiert.

Gouillon veröffentlicht im Moniteur de la Teinture am 5. Juli 1876 folgende Notiz:

Damit Anilinschwarz gut fixiert werde und keine Neigung zum Vergrünen mehr besitze, ist es nötig, dafs man während seiner Bildung eine erhöhte Temperatur einwirken läfst. Man kann dies erreichen, indem man das Verhängen in einer auf 40 — 50 ⁰ erwärmten Kammer vor-

---

[1] Bull. de la Soc. chim. de Paris XXV, 1876, S. 58.
[2] Société industrielle de Rouen, Sitzung vom 31. März 1876.
[3] Französ. Pat. 112 132.
[4] Bull. de la Soc. ind. de Rouen 1876, S. 263—266.

nimmt; immerhin ist dies gefährlich für die Faser. Es ist vorzuziehen, die Baumwolle nach der Oxydation mit einer kochenden Bichromatlösung zu behandeln.

Am 24. August 1876 nahm Grawitz das erste Zusatzpatent zu seinem Patent 105 554. Er rekapituliert dabei die chemischen Reaktionen, welche er sich zur Erzeugung von Schwarz oder ähnlichen Nuancen mit Anilin hatte patentieren lassen, ferner die Verfahren, welche er sich früher zum Färben von Textilstoffen vorbehalten hat oder noch vorbehalten will.

Grawitz übergeht bei dieser Rekapitulation alles, was er inzwischen als ungenau und unpraktisch an seinen Verfahren erkannt hatte, benutzt aber die gute Gelegenheit, um seinen Patenten die von anderen eingeführten Fortschritte einzuverleiben.

Am 13. Oktober 1876 erhielt John Bryson Orr das französische Patent 115 003, betreffend das Verhindern des Vergrünens (greening) des Anilinschwarz.

Die bedruckten Stücke werden nach der Hänge durch ein kochendes Bad von Kaliumbichromat (etwa $2^{1}/_{4}$ Prozent) genommen, welchem vorteilhafterweise etwas Säure hinzugefügt werden kann. Diese Behandlung soll mindestens eine Minute dauern. Hierauf werden die Stücke kochend geseift, getrocknet, sodann in einem kalten Bade von chlorsaurem Aluminium oder einem anderen Chlorat, wie chlorsaures Ammoniak, behandelt; das Bad soll einen Teil des Salzes in 60 Teilen Wasser enthalten. Nachdem die Stücke von neuem getrocknet sind, werden sie etwa eine halbe Stunde gedämpft. Dieses Dämpfen kann unterbleiben, wenn in dem oben erwähnten Chloratbad eine halbe bis eine Stunde kochend behandelt wird; das Chloratbad soll in diesem Falle einen Teil Salz in 100 Teilen Wasser enthalten.

Bryson Orr erwähnt noch, daſs das Bichromatbad aufbewahrt und wiederholt benutzt werden kann, ferner, daſs die Ware nach dem Trocknen, welches dem Chloratbad folgt, so rasch als möglich gedämpft werden muſs. Die angegebene Behandlung verhütet nicht nur das Vergrünen der Gewebe, sie verbessert auch das Schwarz und verhilft zu einem reineren Weiſs. Das gleiche Verfahren wird auch für gefärbte Gewebe angewendet, doch werden in diesem Falle schwächere Chloratbäder genommen.

Am 21. Oktober 1876 erhielt Grawitz sein viertes Patent 115 160, betreffend die Erzeugung von unveränderlichem Anilinschwarz in Färberei und Zeugdruck.

Theilig und Klaus[1]) in Krimmitschau imprägnieren, ihrem deutschen Patente 9804 zufolge, in der Kälte lose Baumwolle, welche vorher gut gelockert wird, oder Baumwollgarn mit salzsaurem Anilin, welchem chlorsaures Kali oder ein anderes Oxydationsmittel und Vanadiumchlorid zugesetzt ist. Die von dem Überschuſs der Säure befreiten Stoffe

---

[1]) Wagners Jahresbericht 1880, S. 785.

werden in einen geschlossenen Apparat gebracht, beweglich und offen erhalten und einem kontinuierlichen, den Apparat passierenden heifsen Luftstrome ausgesetzt. Diesem wird später Wasserdampf beigemischt, wenn ein gewisser Grad von Trockenheit im Material entstanden ist. Auf diese Weise ist die Oxydation eine rasche und vollständige, und die sauren Dämpfe werden weggeführt. Hierauf wird mit Bichromat oder Alkali behandelt. Das so gefärbte Material wird gespült und eventuell mit Seifen und Fetten geschmelzt, mit Anilinfarben geschönt und sodann getrocknet.

Das Verfahren der Herren Theilig und Klaus ist nach freundlicher Privatmitteilung noch heute bei den Patentinhabern selbst und in verschiedenen anderen Färbereien in Anwendung. Der Apparat zum Oxydieren des Anilins auf loser Baumwolle ist durch Figuren 8 und 9 dargestellt[1]). Der durch ein beliebiges Gebläse getriebene heifse Luftstrom, welchem nach Bedarf Dampf zugefügt wird, tritt durch ein Rohr a ein, passiert den gesamten Apparat und tritt bei b aus. Durch die Zinken-

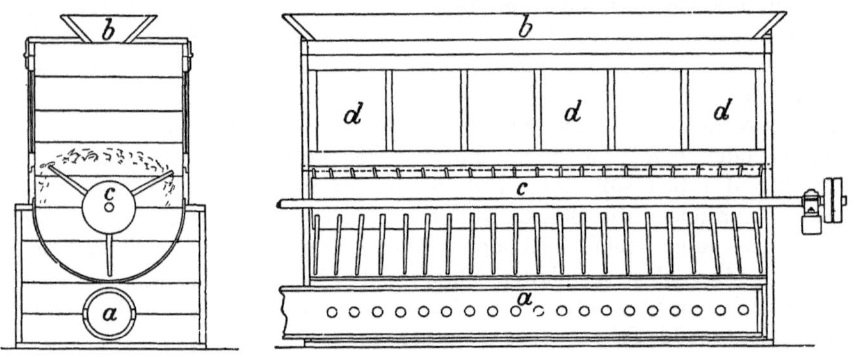

Fig. 8.   Fig. 9.

walze c wird die Baumwolle beweglich und offen erhalten. Durch die Glasfenster d kann man die Baumwolle und auch ein im Innern des Apparates befindliches Hygrometer beobachten.

Zum Oxydieren des Anilins auf Baumwollgarn dient der durch Fig. 10 dargestellte Apparat. Der heifse Luft- und Dampfstrom tritt durch die Kanäle a in das Zentrum des Rades c ein, während er bei b wieder austritt. Das Rad c nimmt vermittelst der 16 Doppelhaspel de das Garn auf und wird etwa 40 mal in der Minute gedreht. Durch den Hebel f wird öfters auf die Wirtel der inneren Haspel d gewirkt, so dafs sich alle Haspel drehen, damit das Garn nicht immer auf einer Stelle auf den Haspelstäbchen aufliegt. Der Apparat besitzt auf einer Seite eine Tür, durch welche das Garn eingebracht wird. Auf einem geeigneten Platz ist ein Hygrometer angebracht, welches man von aufsen durch ein Glasfenster beobachten kann.

---

[1]) Figuren wie Beschreibung sind der Patentschrift entnommen.

Gillard, Monnet und Cartier in Saint-Fons verwenden zum Färben von unvergrünlichem Schwarz ein Gemisch aus salzsaurem Paraphenylendiamin, salzsaurem Anilin, einem chlorsauren Alkali und Vanadium.

Man löst 7 kg des Monnetschen Salzes (Gemisch von salzsaurem Paraphenylendiamin und salzsaurem Anilin) in 50 l Wasser, verdünnt anderseits 12 l der Monnetschen Beize (diese enthält Chlorat und etwas Vanadium) mit Wasser ebenfalls auf 50 l. Man gibt 2 l von

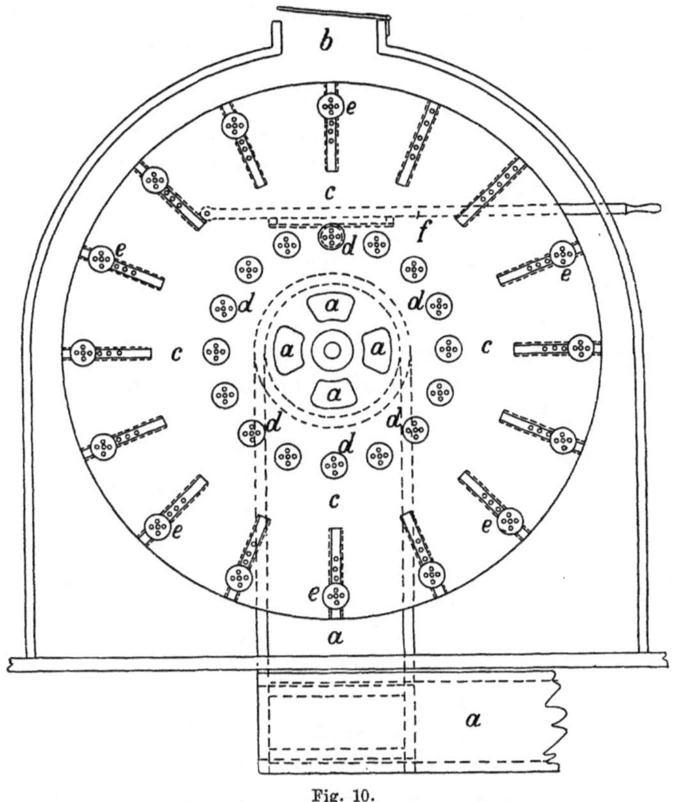

Fig. 10.

jeder der beiden Flüssigkeiten in eine Steingutschale, zieht 1 kg Baumwolle darin um und drückt aus, so daſs 3 l abflieſsen und 1 l in der Baumwolle verbleibt. Für das zweite Kilo Baumwolle fügt man nur je ein halbes Liter der beiden Flüssigkeiten dem Bade zu und verfährt sonst wie oben und so weiter, bis die ganze Partie behandelt und die beiden Lösungen aufgebraucht sind.

Die Baumwolle bleibt nun 8—9 Tage aufgehäuft liegen, sie wird jeden Tag einmal umgedreht. Nach dieser Zeit ist die Oxydation beendigt, es wird gewaschen und getrocknet.

Zum Glattfärben wendet man konzentriertere Lösungen des Monnetschen Salzes und der Beize an, klotzt die Stücke, läfst 24 Stunden aufgerollt liegen, wäscht, chromiert und seift. Das Seifen kann natürlich auch unterbleiben.

Die gleichen Verfahren, welche zur Bildung von Schwarz aus Anilin führen, sind auch — wie bereits erwähnt — auf andere Basen übertragen worden. Orthotoluidin liefert ein bläuliches Schwarz und α-Naphthylamin ein Violettbraun (Puce), β-Naphthylamin ein Braun, Paraphenylendiamin ein Dunkelbraun, Benzidin ein Gelbbraun. Die Anwendung dieser Basen hat keine grofse Bedeutung erlangt, Violettbraun mit α-Naphthylamin wird hauptsächlich wegen des unerträglichen Geruchs dieser Base nur noch selten fabriziert.

Lehne[1]) veröffentlichte die folgende Vorschrift zum Färben von Anilinschwarz auf Baumwolle, Halbseide oder Ramie. Die nach diesem Verfahren erhaltenen Färbungen sind nahezu unvergrünlich, sie schmutzen nicht ab, und die Faser wird nicht wesentlich geschwächt[2]).

<pre>
  400 g Stärke werden mit
    5 l Wasser gekocht, hierzu gibt man
  600 g chlorsaures Natron, gelöst in
    3 l Wasser,
  100 g Schwefelkupfer (Darstellg. S. 47),
    1 kg Anilinsalz (Berlin. Akt.-Gesellsch.), gelöst in
    2 l Wasser.
</pre>

Das Ganze wird gut vermischt und durch ein feines Sieb in eine Steingutschale gegossen. Das Garn wird Strang für Strang zwei- bis dreimal durch diese Mischung genommen; nach jeder Passage wird abgewunden und gut egalisiert. Hierauf läfst man bei einer Temperatur von 30° C. in feuchter Luft 1—2 Tage hängen. Das Garn soll lose und offen hängen und mufs öfters gedreht werden, damit die Oxydation gleichmäfsig verläuft.

Nach der Hänge wird 10 Minuten lang bei 80° C. in einem Bad aus:

<pre>
   60 g Kaliumbichromat,
   40 „ Schwefelsäure von 66° Bé.,
  100 l Wasser umgezogen, in
</pre>

kaltem Wasser gut gespült und hierauf 15 Minuten bei 70° C. in einer Lösung von 100 g Kernseife, 60 g calc. Soda in 100 l Wasser umgezogen und bei gelinder Wärme getrocknet. (Wenn man die Farbe statt in der Hänge durch einstündiges Dämpfen im Dampfkasten entwickelt, im übrigen nachoxydiert u. s. w. wie angegeben, so erhält man ein ebenso gutes, nicht abrufsendes Schwarz, doch ist der Faden merklich schwächer. Lehne.)

---

[1]) Färber-Zeitung 1890, S. 332.
[2]) Unvergrünliches, nicht abschmutzendes Anilinschwarz kommt unter dem Namen Diamantschwarz von verschiedenen Seiten in den Handel.

Lehne schreibt dem Stärkekleister die Wirkung zu, dafs er die allzu rasche Bildung von Anilinschwarz auf der Faser und das dadurch bedingte Abschmutzen der Färbung verhüte. Tatsächlich wurden bei dem Weglassen der Stärke in obiger Vorschrift Färbungen erhalten, welche etwas abschmutzten.

Vortreffliche Dienste leisten bei dem Färben von Garn die Oxydationsmaschinen von C. G. Haubold jun. mit selbsttätig drehbaren Stäben; sie werden durch die Figuren 11 und 12 veranschaulicht (vgl. *a* Fig. 9 u. 10 S. 131 und 132).

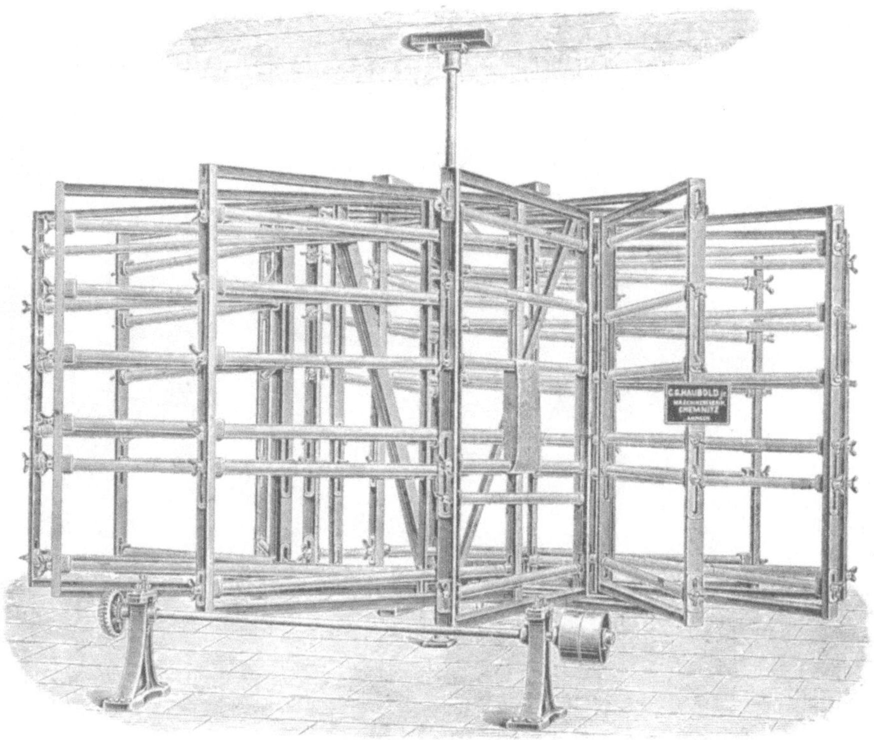

Fig. 11.

Die vertikale Garntrocken- und Oxydiermaschine (Fig. 11) besteht aus einer an ihren Enden gelagerten vertikalen Welle, welche zwei zwölfarmige Rosetten trägt, die wieder zwölf Holzrahmen zur Befestigung dienen. In jedem dieser Rahmen sind je drei unverstellbar und drei verstellbar gelagerte Stangen zur Aufnahme von drei Reihen Strähnen angeordnet. Die unverstellbar gelagerten Stangen erhalten durch Schneckenantriebe und Stirnräder infolge der Drehung des ganzen Systems drehende Bewegung. Jeder Rahmen fafst für jedes Stangenpaar $1^{1}/_{2}$ kg Garn, so dafs die Gesamtfassung der Maschine 54 kg Garn

beträgt, welches bei 25—30 Touren der Maschine etwa eine halbe Stunde
zum Trocknen benötigt. Die Beschickung erfordert etwa 30 Minuten.

Die horizontale Garntrocken- und Oxydiermaschine
(Fig. 12) besteht aus zwei gut versteiften Gufseisenständern, in welchen
eine Welle horizontal gelagert ist. Diese Welle trägt zwei achtarmige
Rosetten, an deren Armen die verstellbaren Verlängerungsstäbe befestigt
sind. Die das Garn aufnehmenden Stangen sind nun teils in den Rosetten, teils in diesen Verlängerungsstäben gelagert, so dafs hierdurch
auf jede Weifenlänge eingestellt werden kann. Die Garnstangen sitzen

Fig. 12.

in entsprechenden Lagerhülsen, in welchen sie durch Flachfedern vor
dem Herausfallen geschützt sind; durch seitliche Verschiebung und
Zurückdrücken dieser Federn können die Stangen eingelegt oder herausgenommen werden. Auf der Antriebseite der Maschine stehen die Lagerhülsen der inneren Stangen durch Räder untereinander in Verbindung
und erhalten durch ein aufsen angeordnetes Schneckenangetriebe bei
jedem Umgang eine Fortbewegung um einen Zahn. Jeder Arm fafst
etwa $2^1/_2$ kg Garn, so dafs die ganze Maschine etwa 20 kg aufnehmen
kann, die bei 130—150 Touren in beiläufig einer halben Stunde trocknen.
Zur Beschickung sind etwa 15 Minuten nötig.

E d. W e i l e r [1]) veröffentlichte folgende einfache Vorschriften zur Herstellung von billigem Schwarz auf Baumwollgarn.

I. 10 kg Garn werden in einem Bad aus 500 g Anilinöl, $1^1/_2$ kg Salzsäure 21° Bé. und 1 kg Natriumbichromat $1^1/_2$—2 Stunden fleifsig bei 62° C. umgezogen, bis sich die Farbe entwickelt hat. Hierauf wird gespült und getrocknet.

II. Mit 10 kg schwach geseiftem Garn geht man in ein kaltes Bad von 800 g Anilinöl, 3,2 kg Salzsäure 21° Bé. und 1,6 kg Natriumbichromat, zieht $^1/_2$ Stunde um, erwärmt ganz langsam innerhalb zwei Stunden zum Kochen und läfst $^1/_4$ Stunde kochen. Es wird sodann gespült, schwach geseift und getrocknet. Das langsame Erhitzen des Bades bewirkt eine allmähliche Entwicklung des Schwarz, das Bad wird infolgedessen besser ausgezogen und die Farbe satter.

Diese beiden Verfahren geben bräunliche Töne und finden wohl nur Verwendung für Kettengarne zu buntfarbiger Ware, welche waschecht sein soll. Die zum Schlichten der Ketten dienende Masse enthält gewöhnlich etwas Säure, dadurch verliert sich der bräunliche Ton.

Für lebhafteres Schwarz empfiehlt Weiler Schwarz I mit Soda, dann mit Eisenvitriol zu behandeln und hierauf mit Indigoersatz (oxydiertem Blauholzextrakt) zu avivieren.

Die Auslagen an Material berechnet E. Weiler für Schwarz I mit 1,49 M., für Schwarz II mit 2,43 M. auf 10 kg Garn. Für sogenanntes Eisenschwarz sollen sich die Auslagen für Blauholzextrakt und Eisenvitriol auf 1,10 M. auf 10 kg Garn einstellen [2]).

Von E. P. wird ebenfalls das Färben von Anilinschwarz auf Baumwollgarn besprochen [3]). Die wesentlichen Bestandteile einer „Anilinbeize" sollen nach dem Verfasser in folgendem Verhältnis vorhanden sein: 100 Teile Anilinöl, 85—90 Teile Salzsäure 21° Bé., 40 Teile chlorsaures Kali, 2 Teile Kupfervitriol. Alle anderen Zugaben sind nach E. P. nur von sekundärer Wirkung. Salmiak, welches gewöhnlich in gleicher Menge wie das Chlorat zugegeben wird, erhalte die bei der Oxydation erforderliche Feuchtigkeit, der Zusatz von gut gekochter Stärke (vergl. S. 135) wirke sehr gut in bezug auf die Egalität der Strähne. Alle anderen Zusätze — beispielsweise auch der von Glyzerin — seien ohne Wirkung.

Die Nachbehandlnng der Garne richtet sich nach der gewünschten Nuance. Nach E. P. kommen in Betracht:

1. Behandlung mit sehr schwacher Sodalösung, 80 g calcin. Soda auf 100 l Wasser bei verschiedener Temperatur,
2. Behandlung mit Seife und Soda, auf 100 l Wasser 80 g calc. Soda und 50 g Seife, oder
3. Behandlung mit 40 g Kaliumbichromat und 40 g calcin. Soda auf 100 l Wasser bei verschiedenen Temperaturen, oder

---

[1]) Färber-Zeitung 1889/90, S. 162.
[2]) Ebenda S. 137; die Herstellungspreise sind heute, enttprechend den veränderten Preisen der Rohstoffe, andere geworden.
[3]) Österreichs Wollen- und Leinenindustrie 1891, S. 515.

4. einige Minuten umziehen in einem Gemisch von 40 g Kaliumbichromat und 10 g Schwefelsäure 66° in 100 l Wasser,
nachher gut waschen, schwach seifen oder besser unter Seifen-
zusatz kalt ölen.

Da jede dieser Behandlung und die dabei herrschende Temperatur
von Einfluſs auf die Nuance und Echtheit der Färbung sind, so muſs
für jeden einzelnen Fall die passendste Behandlung ausprobiert werden.

J. Mullerus[1] (Justin-Mueller) empfiehlt zum Färben von Anilinschwarz auf Baumwollgarn das chlorsaure Kupfer.

In 2 l Wasser werden

350 g Chlorammonium,
600 „ techn. chlorsaures Kupfer 20° Bé.

gelöst.

480 g Anilinsalz werden in

1 l Wasser gelöst und zur ersten Lösung zugefügt.
Das Garn wird zwei- oder dreimal durch obige, mit Wasser auf 4° Bé.
verdünnte Färbeflotte genommen und bei 25—30° C. 12 bis 24 Stunden
in feuchter Luft verhängt. Das nun grüne Garn wird noch einige Male
durch die Flotte genommen, wieder verhängt und mit

4 kg Natriumbichromat pro 50 kg Garn

½ Stunde bei 40° C. gechromt, gewaschen und geseift.

Thies und Cleff[2] lieſsen sich die Anwendung von Fluorat
patentieren, welches die Faser mehr schonen soll als andere, insbesondere
das salzsaure Salz. Die Farbenfabriken vorm. Fr. Bayer in Elberfeld
haben folgende Färbevorschrift empfohlen:

In einem Holzkasten werden zuerst in

10 l kaltem Wasser
500 g salpetersaures Kupfer und
6 kg Anilinfluorat gelöst.

Anderseits werden

600 g Stärke und
1200 „ chlorsaures Kali mit
25 l Wasser umgerührt, aufgekocht und kalt gerührt.

Man mischt beides und stellt auf 50 l. Nach dem Imprägnieren
trocknen bei 40—50° C. und bei 50° C. in der Oxydationskammer
oxydieren. Zehn Minuten lang bei 80° C. in einem Bade mit

60 g Kaliumbichromat und
50 „ Schwefelsäure 66° Bé. in
100 l Wasser

chromieren und gut spülen. Das Fluorat hat die nachteilige Eigenschaft, die Hände der Arbeiter stark zu ätzen.

Soxhlet[3] hatte ein Einbadanilinschwarz-Färbeverfahren mitgeteilt,
welches sich für Garne eignen soll und wonach man Anilinsalz, Bichromat

---

[1] Färber-Zeitung 1892/93, S. 17.
[2] D. R.-P. 57 467.
[3] Färber-Zeitung 1890/91, S. 200.

und Schwefelsäure kalt in einer Holzkufe mengt, mit dem Garn sofort eingeht, es längere Zeit darin umzieht. Das Garn kommt nach dem Spülen auf ein Bad, welches auf 100 l Wasser, 10 l holzessigsaures Eisen 12° Bé. und 100 g Bisulfit 40° Bé. enthält.

Als Verbesserung dieses Soxhletschen Verfahrens empfiehlt E. Weiler[1]) folgende Arbeitsweise für Garne:

10 kg Garn werden auf ein Bad gestellt von

> 900 g Anilinöl,
> 1200 „ Schwefelsäure,
> 1200 „ Chromnatron und
> 300 „ salpetersaurem Eisen 30° Bé.,

kalt eingehen, bis 72° C. erwärmen, spülen, auf ein zweites Bad stellen von

> $1^1/_2$ kg Glaubersalz,
> $^1/_2$ „ Soda und
> 200 g Diaminschwarz RO.,

eine Stunde kochen, spülen, auf kaltem schwachsaurem Schwefelsäurebad viermal umziehen.

Das Diaminschwarz BO gibt blauere, das Diaminschwarz BH stark blaue Töne.

Jagenburg[2]) vermeidet die Anwendung von Chloraten, welche die Faser angreifen, und erzeugt ein unvergrünliches Schwarz, indem er die Baumwolle in einer Lösung von

> 250 g Anilinsalz,
> 300 „ essigsaurem Kupfer 12° Bé.,
> 1750 „ Wasser und
> 15—30 „ Essigsäure

behandelt, und bei 25—30° C. während 3—4 Tagen liegen läfst. Hierauf wird in einem Bade von

> 1500 g Wasser,
> 4 „ Natriumbichromat und
> 4 „ chlorsaurem Kalium

bei 40° C. 1—6 Stunden oxydiert.

Ch. Steiner[3]) färbt Baumwollstücke oder Garne, indem die Faser mit Ferro- oder Ferricyankupfer in der Weise gebeizt wird, dafs man zuerst durch ein Bad mit 28—30 g Kupfervitriol im Liter, dann durch ein zweites mit 15—30 g Ferrocyankalium im Liter nimmt. Die so gebeizte Baumwolle wird durch eine Lösung von Anilinsalz, Natrium-chlorat und Ferrocyannatrium genommen. — Die imprägnierte Ware wird bei höchstens 40° C. getrocknet und bei nicht über einer Atmosphäre Druck gedämpft.

---

1) Färber-Zeitung 1892/93, S. 64.
2) Französ. Pat. 220 031, 1892.
3) D. R.-P. 73 667.

C. H. Böhringer & Sohn[1]) benutzten statt des salzsauren Salzes das Anilinlaktat, um jede Schwächung der Faser zu vermeiden.

Bad: 120 g salzsaures Anilin in 600 cc Wasser lösen,
     30 „ Kupfernitrat   „ 300 „   „   „
   100 „ Natriumchlorat   „ 450 „   „   „
    90 „ Salmiaksalz   „ 300 „   „   „

mischen und auf 300 cc der Mischung 30 g milchsaure Tonerdelösung zufügen. Die milchsaure Tonerdelösung wird bereitet:

100 g Aluminiumsulfat in
200 „ Wasser lösen und zufügen
175 „ Baryumlaktat in
300 „ Wasser gelöst.

Die 120 g Anilinsalz im obigen Färbebad können auch ersetzt werden durch 60 g Anilinsalz und 85 g Anilinlaktat. Ein Kilogramm Garn wird in 4 l Bad umgezogen, bei 25° C. getrocknet und 4 Stunden bei 50° C. in einer mit Dampf gesättigten Atmosphäre entwickelt. Man chromiert sodann während 24 (!) Stunden in einem Bad, das 50 g Kaliumbichromat auf 8 l Wasser enthält. Um das Schwarz säureecht zu machen, muß noch einmal in einem Bade mit 3 Prozent Bichromat, 1 Prozent Anilinsalz, $^1/_2$ Prozent Toluidinsalz, 2 Prozent Milchsäure, 1,5 Prozeut Schwefelsäure eine Stunde kalt, eine Stunde bei 80° C. oxydiert werden.

Nach dem Verfahren scheint das Anilin nicht genügend oxydiert zu werden.

Marot und Bonnet[2]) setzen der Anilinschwarz - Färbeflotte Alkohol in Form von denaturiertem Spiritus zu. Sie erzielen dadurch eine vollständige Durchtränkung der Faser mit der Flotte, so daß man direkt das rohe Garn zum Färben verwenden kann; außerdem schützt der Alkohol infolge seiner leichten Oxydationsfähigkeit die Baumwollfaser vor der schwächenden Einwirkung der Oxydationsmittel. Im allgemeinen wird ein Fünftel der Färbeflotte durch Alkohol ersetzt. Das Verfahren eignet sich boconders zum Färben von Strümpfen und Wirkwaren. Es wird in großem Maßstabe bei den Patentinhabern in Troyes ausgeführt.

Die Farbwerke Höchst a. M. empfehlen Dianilschwarz CR als Untergrund für Anilinschwarz auf Baumwollgarn, indem das gut ausgekochte Garn in üblicher Weise kochend mit Dianilschwarz CR ausgefärbt und entweder direkt oder nach vorherigem Entwickeln mit Azophorrot in folgendem Bade mit Anilinschwarz überfärbt:

800—1000 l Wasser,
1,750 kg Anilinsalz,
1,175 „ Schwefelsäure 66° Bé.,
0,750 „ Kupfervitriol und
2,500 „ Kaliumbichromat
für 50 kg Garn

---

1) D. R.-P. 96 600.
2) D. R.-P. 102 232. Französ. Pat. 271 703 und 275 169.

$^1/_2$ Stunde kalt umziehen, wobei die Bichromatlösung in kleinen Partien zugesetzt wird, in $^1/_2$ Stunde auf 60° erwärmen und noch $^1/_2$ Stunde bei dieser Temperatur färben.

L'Huillier[1]) färbt Baumwollcops mittelst eines ihm patentierten Apparates. Die Cops werden in einem Kasten auf einer durchbohrten Platte aufgesetzt und nacheinander folgenden Operationen unterworfen: Erzeugung des Vakuums, Imprägnieren mit dem Anilinschwarzbad, Ausquetschen durch Wiedereintritt der Luft, Oxydation durch Eintreiben heifser Luft von 60—70° C., Chromieren bei 40° C. und Steigern der Temperatur auf 80° C., waschen, seifen und trocknen mit heifser Luft.

Unter Benutzung dieses Apparates von L'Huillier wurde Anilinoxydationsschwarz zuerst im Jahre 1902 auf Bobinen und Cops im Fabrikbetrieb erzeugt von der „Teinturerie Clement Marot" in Troyes, und zwar in derselben Weise wie auf Garn oder Geweben. Man imprägniert demnach die Faser mit der Lösung des Anilinsalzes und Oxydationsmittels, oxydiert bei bestimmter Temperatur und oxydiert wie üblich mit Bichromat nach. In der Praxis bietet die Imprägnierung der Bobinen, wenn man die gebräuchlichen Anilinschwarz-Vorschriften benutzen will, nahezu unüberwindliche Schwierigkeiten, weil es für eine gleichmäfsige Oxydation durchaus notwendig ist, die Ware gründlich zu trocknen. Man mufs deshalb Bäder von ungewöhnlicher Konzentration anwenden, infolgedessen macht sich zunächst der Übelstand bemerklich, dafs sich der Niederschlag zu rasch bildet, man also unter den in der Industrie üblichen Bedingungen nicht arbeiten kann. Dieser Übelstand wird vermieden, wenn man Alkohol verwendet, welcher die Wirkung der Bäder verzögert und sie während der ganzen Dauer des Färbens klar und frei von Niederschlägen erhält. Aufser dieser chemischen Wirkung übt der Alkohol auch die physikalische Wirkung aus, dafs er ermöglicht, die Baumwolle ohne vorheriges Netzen direkt zu tränken, wodurch das Verfahren erheblich abgekürzt wird. Auch die Oxydation der Bobinen wurde abgeändert. Während in den warmen Oxydationskammern die Bobinen, wie Versuche gelehrt haben, von aufsen nach innen oxydiert werden, ohne dafs es möglich ist, das Fortschreiten der Oxydation, welche sehr lang und fast immer verhängnisvoll für die Faser ist, zu beobachten, oxydiert die Firma Marot von innen nach aufsen, indem sie heifse Luft in die Mitte der auf Nickelhülsen aufgespulten Cops einströmen läfst. Von da aus erscheint das Emeraldin erst dann an der Peripherie, wenn die ganze Masse oxydiert ist, was nicht mehr als 12—15 Minuten erheischt. Aufserdem werden durch diese energische Ventilation die überflüssigen Stoffe, insbesondere die für die Faser sehr schädlichen Chlorverbindungen, nahezu vollständig ausgetrieben. Das Chromieren erfolgt in üblicher Weise; es hat sich herausgestellt, dafs die vergrünte Faser ohne Schaden mehrere Stunden unchromiert liegen kann; dies hängt wohl auch damit zusammen, dafs alle sauren

---

[1]) Französ. Pat. 288188. Revue gén. de chimie pure et appl. 1899, S. 537.

Gase fast völlig entfernt sind. Das Schwarz läfst sich nach Angaben der Firma auf Cops relativ weit billiger wie auf Garn herstellen.

Kopp, Noelting und Grandmougin[1]) berichten über ihre Prüfung eines der Société ind. de Mulhouse vorgelegten neuen Färbeverfahrens mit Anilinschwarz auf Manganbister, welcher durch die reduzierende Wirkung des Tannins auf der Faser aus Kaliumpermanganat niedergeschlagen wird. Die Baumwolle wird mit 60 g Tannin im Liter bei einer Temperatur von 60° C. gebeizt, oder indem man zwei Passagen auf dem Foulard in einem Bad mit 100 g Tannin im Liter gibt. Man geht darauf in eine Permanganatlösung von 20 g im Liter ein, wäscht und färbt mit saurem Anilinsalz. Das Verfahren wird auch für Halbseide vorgeschlagen. Es ist nach den Versuchen Kopps, Noeltings und Grandmougins weder billig noch durch gute Resultate ausgezeichnet.

Beltzer[2]) veröffentlicht eine eingehende Studie über die jetzt gebräuchlichen Färbemethoden, welche sich in zwei Hauptgruppen:

     1. das Färben in einem Bade und

     2. das Färben durch Entwicklung im Oxydationsapparat,

einteilen lassen.

Im Einbadverfahren wurden zahlreiche Vorschläge über den Zusatz verschiedener Salze gemacht, um das Schwarz möglichst reibecht auf der Faser zu erzeugen. Man beschränkt sich aber heute im ganzen grofsen auf den schon von Bobeuf angegebenen Weg, Anilin als Chlorid oder Sulfat zu verwenden und Natriumbichromat als Oxydationsmittel zuzusetzen.

Das Einbadverfahren kann warm oder kalt ausgeführt werden. Für ein warmes Einbadverfahren empfiehlt Beltzer folgende Bäder:

Tiefschwarz, für 100 kg Baumwolle:

    1.   8 kg Anilin,
        32 „ Salzsäure[3]),
         2 „ Schwefelsäure[3]),
       50 l Wasser.

    2. 12,5 kg Natriumbichromat,
        50 l Wasser.

Man färbt in 1400 l Flotte und fügt die beiden Lösungen auf ein- oder zweimal zu.

Mittelschwarz, für 100 kg Baumwolle:

    1. 6 kg Anilin,
       20 „ Salzsäure[3]),
       50 l Wasser,
       10 kg Schwefelsäure 66° Bé.,

    2. 12 kg Natriumbichromat,
       50 l Wasser.

Färben wie für Tiefschwarz mit 1400 l Flotte.

---

[1]) Bull. Soc. ind. de Mulhouse 1894, S. 82.
[2]) Revue gén. des mat. colorantes 1902, S. 59, 95, 111.
[3]) ° Bé. sind nicht angegeben, also wahrscheinlich 22° bezw. 66°.

Billiges Schwarz, für 100 kg Baumwolle:

    1. 4 kg Anilin,
       30 „ Salzsäure,
       50 l Wasser.
    2. 8 kg Natriumbichromat,
       50 l Wasser.
    Färben in 1000 l Flotte.

Man arbeitet in der Weise, daſs in eine Holzbarke das nötige Wasser angesetzt wird. Man fügt für 50 kg Baumwolle 12,5 kg Bichromatlösung zu, zieht das Baumwollgarn um, fügt 12,5 l Anilinsalzlösung zu, zieht das Garn $^1/_2$ Stunde um. Es wird nun die zweite Portion Bichromat- und Anilinsalzlösung eingetragen, das Garn zuerst $^1/_2$ Stunde kalt, dann bei langsam einströmendem Dampf umgezogen, bis es eine dunkelgrüne Farbe angenommen hat. Man erhitzt dann schnell auf 60—70 ° C. und zieht bei dieser Temperatur noch $^1/_4$ Stunde um. Das Färben soll im ganzen ungefähr 2 Stunden dauern.

Bei einer guten Zusammensetzung des Färbebades soll sich nach Entfernung der Garne in der Flotte kein Anilinsalz und kein unbenütztes Bichromat mehr befinden. Man kann sich hiervon leicht überzeugen, indem man in einer kleinen Probe mit einem Zusatz von Bichromat kocht, wobei Anilinsalz als Schwarz ausfallen würde, und in einer zweiten Probe Bleiacetat zusetzt. Im Falle des Überschusses des einen oder anderen Körpers muſs bei der nächsten Partie entsprechend abgebrochen werden, bis das richtige Verhältnis erreicht wurde.

Für das Einbadverfahren in der Kälte gibt Beltzer folgende Ansätze:

Tiefschwarz, für 100 kg Baumwolle:

    1. 9,220 kg Anilin,
      24,800 „ Schwefelsäure 66 ° Bé.,
       50 l Wasser.
    2. 21,600 kg Natriumbichromat,
       50 l Wasser.

Man färbt in eine Flotte von 1200 l Wasser und setzt die beiden Lösungen auf zweimal zu.

Mittelschwarz für 100 kg Baumwolle:

    1. 7 l Anilin,
      10,5 „ Schwefelsäure 66 ° Bé.,
      50 „ Wasser.
    2. 16,8 kg Natriumbichromat,
       50 l Wasser.

Man färbt in 1200 l Flotte und fügt die beiden Lösungen auf einmal zu.

Gewöhnliches Schwarz, für 100 kg Baumwolle:

    1. 6 l Anilin,
      9 „ Schwefelsäure 66 ° Bé.,
      50 „ Wasser.

2. 14,4 kg Natriumbichromat,
50 l Wasser.

Man färbt in 1200 l Flotte und gibt die beiden Lösungen auf einmal zu.

Gefärbt wird wie beim Einbadverfahren in der Wärme, indem in die mit Wasser angesetzte Färbeflotte zuerst die Bichromatlösung gegeben, das Garn darin umgezogen, die Anilinsalzlösung zugesetzt und das Garn 1 bis $1^1/_2$ Stunde darin gefärbt wird.

Beltzer hat über das Einbadverfahren quantitative Versuche angestellt, um die günstigsten Bedingungen der Anilinschwarzbildung zu ermitteln.

1. Bad: 6 l Wasser,
   500 cc Anilinsulfat entsprechend 30 cc Anilin und 45 cc Schwefelsäure 66° Bé.,
   1000 cc Natriumbichromat entsprechend 72 g $Na_2Cr_2O_7$ (64,1 proz.) = 46,184 g CrO_3.

2. Bad: 6 l Wasser,
   500 cc Anilinsulfat, wie oben,
   1000 „ Natriumbichromat, wie oben,
   25 g Schwefelsäure.

3. Bad: 6 l Wasser,
   500 cc Anilinsulfat, wie oben,
   1000 „ Natriumbichromat, entsprechend 72 g $Na_2Cr_2O_7$ (70,3 proz.) = 50,600 g CrO_3,
   24 g Schwefelsäure.

4. Bad: 6 l Wasser,
   500 cc Anilinsulfat, wie oben,
   1000 „ Natriumbichromat, entsprechend 72 g $Na_2Cr_2O_7$ (70,5 proz.) = 50,600 g CrO_3.

Das Schwarz in Nr. 2 entwickelt sich am schnellsten, in Nr. 4 am langsamsten. Nach drei Stunden waren in allen vier Bädern Anilin und Chromsäure verschwunden. Das Schwarz aus 2 und 3 erschien schwächer und violettstichiger als 1 und 4. In allen vier Fällen waren etwa 37 Prozent des verwendeten Chroms dem Bade entzogen worden. — Die Flotte 2 und 3 zeigte einen reichlichen Niederschlag an Anilinschwarz.

Es hat sich demnach das Bad 1 und 4 am günstigsten erwiesen. Bei einem Säureüberschufs, wie ihn Bad 2 und 3 zeigten, entwickelt sich das Schwarz zu schnell. Am besten war entschieden 1.

Das mit dem Einbadverfahren erzielte Schwarz zeigt zwei wesentliche Nachteile: sein bronziges Aussehen sowie seine Reibunechtheit; man kann beiden Übelständen durch ein geeignetes Seifen abhelfen.

Das Oxydationsverfahren bedingt die Anwendung von zwei Bädern und das Entwickeln des Schwarz bis zur Emeraldinstufe nach dem ersten Bad. Es ist also umständlicher und schliefst die Gefahr der Schwächung der Faser ein, liefert aber ein vollkommen reibechtes Anilinschwarz von schöner tiefer Nuance.

Das Gewebe wird zuerst in einem Bad mit Anilinsalz, Chlorat und einem geeigneten Metallsalz als Oxydationsvermittler imprägniert. Beltzer nennt dieses Bad das Emeraldinogenbad und gibt dafür folgende Vorschriften:

1.   6 l Anilin,
6 „ Salzsäure 22 ⁰ Bé.,
1 kg Weinsäure,
47 l Wasser,
2.   2 kg Kaliumchlorat,
1,35 „ Kupfersulfat,
1,35 „ Salmiak,
55 l Wasser.

Man mengt 1 und 2, imprägniert die Baumwolle gut, entwickelt das Emeraldinschwarz und chromiert mit 50 g $Na_2Cr_2O_7$ im Liter,

oder: 1. 10 l Anilin,
10 „ Salzsäure,
1 kg Weinsäure,
40 l Wasser.
2. 1,5 kg Natriumchlorat,
1,35 „ Kupfersulfat,
2 „ Salmiak,
58 l Wasser.

Die Behandlung wie oben, zum Chromen verwendet Beltzer 60 g $Na_2Cr_2O_7$ im Liter.

Ein drittes Emeraldinogenbad ist folgendes:

1. 2,400 l Anilin,
2,400 „ Salzsäure,
1,100 „ Weinsäure,
1,200 „ Leiogomme,
0,400 „ Glyzerin,
8,000 „ Wasser.
2. 350 g Kaliumchlorat,
270 „ Kupfersulfat,
400 „ Salmiak,
6 l Wasser,
1,800 kg Leiogomme,
600 g Glyzerin.

Entwickeln wie bei der ersten Vorschrift.

Das Entwickeln des Emeraldinschwarz muſs, wie bereits erwähnt, mit Vorsicht geschehen, um die Schwächung der Faser zu vermeiden. Es ist nach Beltzer von Vorteil, in den Trockenkammern mit der Temperatur nicht über 50—60⁰ C. zu gehen und durch eine gute Ventilation die gebildeten gasförmigen chlorhaltigen Produkte stets zu entfernen. Die Temperatur darf aber keinesfalls unter 40⁰ C. sinken, denn das Emeraldin entwickelt sich dann nur langsam und ungleichmäſsig.

Man benützt für Baumwollgarne eigene Trockenkammern, in denen die Garne aufgehängt werden, für Strickgarne eignet sich der Preibischapparat[1]) vorzüglich.

Beltzer[2]) hat systematische Versuche angestellt über die Ursache und den Grad der Schwächung der Faser im Anilinschwarzprozeſs, welche auf S. 101 ausführlich wiedergegeben wurden. Er kommt auf Grund seiner Versuche dazu, das salzsaure Anilin in der Färberei durch das borsaure oder phosphorsaure und weinsaure Salz zu ersetzen.

Schwarz mit Anilinborotartrat:

> 1. 100 cc Anilin,
> 50 g Borsäure,
> 50 „ Weinsäure,
> 60 cc Glyzerin,
> 500 „ Wasser.
> 2. 20 g Kupferacetat,
> 20 „ Salmiak,
> 20 „ chlorsaures Ammon,
> 5 „ Weinsäure,
> 500 cc Wasser.

Die 100 cc Anilin lösen sich in der Wärme in der angegebenen Menge Borsäure und Weinsäure. Man mischt 1 und 2 bei 20—40 ^{0} C., wobei sich das ausfallende Kupferborat wieder löst. — Man imprägniert die Baumwolle in dem Bad, trocknet in einer feuchten Trockenstube bei 70 ^{0} C. während sechs Stunden und chromiert mit etwas Bichromat. Bei noch höherer Temperatur wurde auch durch dieses Schwarz die Faser angegriffen. Beltzer schreibt dies den sich entwickelnden Chlorgasen zu und ersetzt das Chlorat deshalb teilweise dnrch Natriumsuperoxyd. Er gibt nachstehende drei Vorschriften für Emeraldinogenbad mit Superoxyd:

> I. A. 0 l Anilin,
> 3 „ Salzsäure 22 ^{0} Bé.,
> 3 kg Arsensäure,
> 50 l Wasser.
> B. 6 l Salzsäure 22 ^{0} Bé.,
> 2 kg Natriumsuperoxyd,
> 50 l Wasser.
> C. 1 kg Kupferacetat,
> 1,5 „ Natriumchlorat,
> 1 „ Salmiak,
> 25 l Wasser.

Man mischt B und C, fügt dann A zu. Man imprägniert und trocknet bei 30—40 ^{0} C. Wenn das Emeraldin gut entwickelt ist, wird chromiert.

---

[1]) Siehe auch S. 94.
[2]) Rev. gen. mat. col. 1902, S. 113.

II. A. 100 cc Anilin,
    50 g Borsäure,
    50 „ Weinsäure,
    60 cc Glyzerin,
  300 „ Wasser.
  B. 20 g Natriumsuperoxyd,
    60 cc Salzsäure 22 ^{0} Bé.
  300 „ Wasser.
  C. 20 g Kupfersulfat,
    15 „ Natriumchlorat,
    20 „ Salmiak,
  300 cc Wasser.

Sonst wie bei I.

III. A. 150 cc Anilin,
  150 „ Salzsäure 21 ^{0} Bé.,
  700 „ Aluminiumacetat 14 ^{0} Bé.,
  B. 10 g Nickelsulfat,
    5 „ Kupfersulfat,
    20 „ Natriumchlorat,
    20 „ Salmiaksalz.

Auflösen in folgender Lösung von Wasserstoffsuperoxyd:
  30 g Natriumsuperoxyd,
  90 cc Salzsäure 21 ^{0} Bé.,
  1 l Wasser.

Man mischt A und B möglichst kalt.

Beltzer hat durch Verwendung von Superoxyd die Schwächung der Faser vermieden und ein gutes Schwarz erhalten. Leider entwickelt sich das Anilinschwarz in den mit Superoxyd versetzten Bädern sehr schnell.

Als besten Sauerstoffüberträger für das Oxydationsfärbeschwarz gibt Beltzer das Kupferacetat an. Es greift die Faser beim Trocknen nicht an.

In ihrem „Kurzer Ratgeber für die Anwendung der Teerfarbstoffe" (S. 32) geben die Farbwerke vorm. Meister, Lucius & Brüning in Höchst a. M. folgendes Rezept für ein Oxydationsanilinschwarz.

Die starke Oxydationsflotte von 10 ^{0} Bé. enthält im Liter 120 g Anilinsalz, 40 g chlorsaures Natron, 150 g essigsaure Tonerde von 14 ^{0} Bé., 5 g Salmiak und 3 g Kupfervitriol.

Man imprägniert mit der auf 8 ^{0} Bé. eingestellten Flotte und hält durch Aufbesserung mit 10 ^{0} Bé. starker Flotte konstant. Man windet, egalisiert, trocknet und oxydiert.

Hierauf wird $^1/_2$ Stunde bei 60 ^{0} auf der Wanne mit 2,5 Prozent Chromkali, 0,5 Prozent Anilinsalz und 0,2 Prozent Schwefelsäure 66 ^{0} Bé. nachbehandelt, sehr gut gespült und geseift.

Die Oxydationskammern spielen bei der Färberei eine grofse

Rolle. Es kann hierzu jede gut ventilierte Trockenkammer dienen. Ein solche ist folgendermaßen eingerichtet[1]):

Oben an der Decke oder im Giebel ist ein Ventilator angebracht. Dieser saugt nun die Luft durch, die von außen her unter dem Fußboden in die Kammer dringt. Die Öffnungen münden in einen Kanal, in welchem mittels Dampf heizbare Rippenrohre liegen. An diesen erwärmt sich die eingesogene Luft, zieht durch das Garn, beladet sich mit Feuchtigkeit resp. mit den später auftretenden sauren, der Baumwolle so gefährlichen Gasen und wird nach außen geworfen.

Die Größe der Kammer ist der Tagesproduktion[2]) anzupassen, doch sei die Kammer eher zu groß als zu klein. Für eine Charge von 100 kg Garn darf man 80 bis 100 cbm Raum als genügend bezeichnen. Die Kammer soll nicht zu niedrig sein, sie soll etwa 4,5 m Höhe haben, damit man bequem darin arbeiten kann. Es ist gut, 1,5 bis 2 m unter der Decke frei zu haben, damit sich dort die dem Garne entsteigenden Dämpfe ansammeln und nach und nach fortgesaugt werden können, denn es ist zur Vermeidung von unegalen Färbungen unerläßlich, daß in der Kammer kein Luftzug herrsche. Aus diesem Grunde ist es gut, oberhalb des Bodens noch einen zweiten, falschen Boden anzubringen.

Da es notwendig ist, daß die Temperatur in allen Teilen der Oxydationskammer möglichst gleich sei, so kleidet man die Wände mit Holz aus. Liegt die Kammer an einem geschützten Orte, so müssen die Wände zum mindesten mit gekochtem Leinöl gestrichen werden, um das Mauerwerk vor den sauren Dämpfen zu schützen, ebenso um ein Herabfallen von Kalk, der graue oder selbst weiße Punkte auf dem Garne hervorbringen würde, zu verhindern.

Zum Aufhängen des Garnes dient eine entsprechende Anordnung von Latten, auf welche die mit Garn beschickten Stöcke gebracht werden.

Um den Gang der Oxydation genau verfolgen zu können, bringt man an einer passenden Stelle der Oxydationskammer ein Fenster von etwa 45 cm im Geviert an. In der Nähe desselben befestigt man ein Psychrometer. Dieses besteht aus zwei auf einem Holzbrettchen befestigten, genau zusammenstimmenden Thermometern, von welchen die Quecksilberkugel des einen mit einem Stückchen Baumwollgewebe bedeckt ist, das in ein kleines mit Wasser gefülltes Gefäß taucht. Durch die Verdampfung des Wassers auf der Kugel tritt am Thermometer eine Abkühlung ein. Je trockner nun die Luft in dem Raume ist, um

---

[1]) Nach der Beschreibung in einer Broschüre von K. Oehler in Offenbach (Verfasser F. V. Kallab).

[2]) Die nachbenannten Maschinenfabriken: C. G. Haubold jun. und C. H. Weisbach, beide in Chemnitz, liefern Oxydationsmaschinen (in Form von Haspeln), für Anilinschwarzgarn, die 3×6 m Raum beanspruchen. Auf diesen rotierenden Haspeln trocknet das Garn ca. fünfmal so rasch wie in einer gewöhnlichen Oxydationskammer.

so gröfser ist begreiflicherweise die Verdampfung, mithin um so gröfser die Differenz zwischen dem nassen und dem trocknen Thermometer.

Das Baumwollgarn wird mit 3 — 5 Prozent Soda abgekocht, in Wasser gespült und durch Abwinden oder Zentrifugieren möglichst vollständig entwässert. Dann wird gestreckt. In diesem Zustand wird in die „Schwarzbeize" eingegangen, und zwar mit 15—25 kg Garn. Letzteres ist das Maximum, das man auf einmal imprägniert. Zu diesem Zwecke bereitet man folgende Schwarzbeize: man löst

60 kg	Anilinsalz K. Oehler	in	320 l	Wasser
2,75 „	Kupfervitriol	„	50 „	„
18.80 „	Natriumchlorat	„	37 „	„
2 „	Salmiak (Chlorammonium)	„	12 „	„

Ferner nimmt man 24 l essigsaure Tonerde 10° Bé. Es wird eine Holzkufe gewählt von etwa 600 l Inhalt, in welcher 25 kg Baumwollgarn bequem hantiert werden können, und in diese Kufe die obengenannten kalten Lösungen zusammengegossen. Die Gesamtflüssigkeit wird ca. 500 l betragen und am Beauméschen Aräometer bei 15° C. Flüssigkeits-temperatur 8°, bei 25° C. 7.50 Bé. zeigen. Dann wird das Niveau der Flüssigkeit in entsprechender Weise an einer der Kufenwände notiert.

Nun wird mit dem Garn eingegangen und eine Viertelstunde um-gezogen. Dann wird aufgeworfen, leicht abgewunden und in die in der Nähe befindliche, am besten etwas erhöht stehende Zentrifuge eingelegt. Das Ausschleudern darf nicht zu energisch sein; es ist so zu regeln, dafs das Garn nach dem Herausheben aus der Zentrifuge ungefähr doppelt so schwer ist, als es ursprünglich gewesen war. Dann wird egalisiert, d. h. durch Strecken des Garnes die Beize möglichst gleich-mäfsig verteilt.

Bei der oben angedeuteten Anordnung der Zentrifuge ist es leicht durchführbar, den Überschufs von Beize in die Kufe zurücklaufen zu lassen.

Das imprägnierte Garn wird aufgestockt. Hierbei gebraucht man die Vorsicht, die (gewöhnlich buchenen) Stöcke mit der Beize abzu-wischen und hierauf zu trocknen. Anderenfalls würden die Stöcke an den Berührungsstellen einen Teil der Beize aufsaugen, wodurch an diesen Stellen des Garns hellere Streifen entstehen würden.

Man hängt das mit Schwarzbeize imprägnierte Garn gleichmäfsig und nicht zu dicht auf, bringt den Ventilator in Gang und erwärmt auf 35° C.

Das eingebrachte Garn ist von schmutzig-weifser Farbe. In dem Mafse, als die darin befindliche Schwarzbeize eintrocknet, wird es hell-grün und dann dunkelgrün.

Nach zwei Stunden sind die Stränge umzuziehen. Dies wird da-durch erleichtert, dafs man statt der Stöcke 3 m lange Holzleisten ver-wendet, die etwa 3 cm im Geviert messen und deren Kanten abgerundet sind. Selbstverständlich sind die Leisten ganz glatt gehobelt und mit

Schmirgelpapier nachgeglättet und dabei möglichst astfrei. Natürlich sind auch diese Leisten vor der Verwendung mit Schwarzbeize abzuwischen und dann zu trocknen. — Auf diesen Leisten ruht das zu oxydierende Garn etwa 2 kg auf einer Leiste. Sind dann die Garne umzuwenden, so dreht man mit der Hand die Leisten so viele mal herum, bis der obere Teil der Stränge nach unten liegt, was bei 50 kg Garn von zwei Arbeitern in nicht mehr als 8—10 Minuten, also bei 100 kg von 4 Arbeitern besorgt werden kann. Auf eine möglichste Beschränkung des Aufenthaltes der Arbeiter in der Oxydationskammer ist nämlich sehr zu achten, da der Aufenthalt daselbst kein angenehmer ist.

Wie bereits eingangs erwähnt, zerfällt das Färben von Oxydationsschwarz in zwei Phasen, nämlich Trocknen und Oxydieren, in einem und demselben Raum.

Dem ersten Umziehen des Garnes folgt nach weiteren zwei Stunden ein zweites, doch wird dann das Garn nur um die Hälfte umgezogen. Dieses Umziehen erfolgt überhaupt alle zwei Stunden. Je nachdem die Trockeneinrichtung funktioniert, ist das Garn in 4—6 Stunden trocken. Es folgt nun das eigentliche Oxydieren. Zu diesem Zwecke ist feuchte Wärme notwendig. Diese erzielt man durch vorsichtiges Einlassen von Dampf. Das trockne Thermometer muſs 35, das feuchte 30⁰ C. zeigen. Während dieser Phase spielt sich die eigentliche Bildung von Anilinschwarz (Emeraldin) ab, und es werden stark riechende Gase, vornehmlich Salzsäure und verschiedene Sauerstoffverbindungen des Chlors, frei.

Das Garn bleibt unter zeitweisem Umwenden unter steter langsamer Ventilation so lange in der Oxydationskammer, bis es eine schwarzgrüne Farbe angenommen hat. Diese kann weitere 4—6 Stunden und selbst länger dauern. Dann kommt es heraus und baldigst in folgendes

Chromierungsbad: per 50 kg Garn nimmt man

> 1000 l Wasser,
> 3 kg Bichromat,
> 0,75 l Schwefelsäure.

In diesem Bade wird bei 75—80⁰ C. 10—15 Minuten rasch hantiert und darauf in Wasser sehr gut gespült. Dann wird

geseift mit 3 g Marseiller Seife und 1 g Soda . } per 1 l Wasser

bei etwa 80⁰ C. 15 Minuten lang und schlieſslich gespült — fertig.

Das Imprägnierungsbad wurde für 25 kg Garn angegeben. Hat man etwa 100 kg Garn zu färben, so sorgt man dafür, daſs die weiteren dreimal 25 kg rasch hintereinander imprägniert werden. Nun ist die Beize durch das in den ersten 25 kg enthaltene Wasser etwas dünner geworden. Es wird von 8⁰ Bé. auf 7,6⁰ Bé. gesunken sein und 20—22 l abgenommen haben. Dieses kann durch Messen des Flüssigkeitsniveaus von der anfangs gemachten Markierung aus berechnet werden. Es handelt sich darum, den folgenden Partien eine Schwarzbeize von ganz gleicher Konzentration zu geben. Angenommen, es wären 20 l Beize verbraucht (was $^1/_{25}$ der ursprünglichen 500 l ausmacht): man nimmt daher etwa den 20. Teil der ursprünglich angewandten Materialien, nämlich

3000 g Anilinsalz,
138 „ Kupfervitriol,
940 „ Natriumchlorat,
100 „ Salmiak,
1200 cc (1,2 l) essigsaure Tonerde, löst alles

in möglichst wenig Wasser (etwa 10 l), setzt die Mischung der Schwarzbeize zu, mifst mit dem Aräometer und verdünnt event. mit Wasser, bis das Aräometer 8° Bé. zeigt. Durch Beachtung der auf der Kufe befindlichen Marke wird man finden, ob der nachträglich gemachte Zusatz genügt, um das ursprüngliche Flottenniveau zu erreichen. Mit der Zeit wird man eine solche Erfahrung bekommen, dafs man in bequemster Weise manipulieren kann, und zwar in folgender Weise: Das Anilinsalz löst man in etwa der gleichen Gewichtsmenge Wasser, von Kupfervitriol, Natriumchlorat und Salmiak bereitet man Vorratslösungen und benutzt dann für jede ein besonderes Mefsgefäfs, das der anzuwendenden Menge genau entspricht. Nach dem Herausnehmen und Zentrifugieren der ersten Partie setzt man Anilinsalzlösung und das vorgeschriebene Quantum der übrigen Lösungen und der essigsauren Tonerde zu, mifst mit dem Aräometer und geht sofort mit der zweiten Partie ein u. s. w.

Man richte sich so ein, dafs der Betrieb ein kontinuierlicher ist, da dann die Schwarzbeize immer brauchbar bleibt. Sollte sie durch zu langes Stehen oder durch zu langen Gebrauch trüb werden, so mufs sie filtriert werden, denn eine trübe Schwarzbeize gibt ein etwas abschmierendes Schwarz.

Sollte der Betrieb kein kontinuierlicher sein oder das Anilinschwarz vorerst versuchsweise eingeführt werden, so bereitet man nur so viel Schwarzbeize, als man für eine Partie Garn braucht.

Man verfahre wie folgt:

Das Garn wird nach dem Auskochen und Spülen getrocknet. Dann bereitet man für 100 kg Garn etwa den vierten Teil der früher angegebenen Schwarzbeize, nämlich:

15 kg Anilinsalz,
688 g Kupfervitriol,
4,70 kg Natriumchlorat,
500 g Salmiak,
6 l essigsaure Tonerde 10° Bé.

und bereitet daraus eine Lösung von 125 l zu 8° Bé. Von dieser Stammlösung gibt man etwa 10—12 l in eine Steingutschale und imprägniert darin Kilo für Kilo unter stetem Nachbessern von Stammbeize. Um ein gleichmäfsiges Durchdringen der Beize zu erzielen, bearbeitet man das Garn in der Beize so lange, bis es genetzt ist, windet an einem Pfahle dreimal leicht ab, legt beiseite, bis die sämtlichen 100 kg

Garn durchgenommen sind, und wiederholt das Imprägnieren noch einmal. Zentrifugieren, Strecken, Behandeln in der Oxydationskammer u. s. w.

Die zum Anilinschwarz verwendeten Utensilien: Böcke, Bänke, Ringpfähle, sowie Gefäfse müssen von Holz sein und dürfen nur für diesen Artikel und nichts anderes verwendet werden. So z. B. erzeugt eine Spur Alkali einen weifslichen Flecken, selbst Wasser gibt graue Flecken, wenn damit die imprägnierte Ware in Berührung kommt. Man halte beim Trocknen, besonders aber beim Oxydieren die angegebene Temperatur ein, da eine Steigerung derselben die Baumwollfaser morsch machen würde.

Des weiteren ist von der Oxydationskammer direktes Tageslicht ferne zu halten.

Da das richtige Treffen der Schwarznuance von der Tiefe der schwarzgrünen, in der Oxydationskammer erzielten Farbe abhängig ist, so richte man es so ein, dafs man das Abmustern bei Tageslicht vornehmen kann und beginne mit dem Imprägnieren zeitlich morgens.

Da die Menge der dem Garne einverleibten Beize die Intensität des Anilinschwarz bedingt, so wird man mit einer stärkeren Beize etwa 8,5 oder 9° Bé. auch ein tieferes Schwarz bekommen. Feinere Garne brauchen mehr Beize als starke. Hauptsache ist Gleichmäfsigkeit in allem, im Imprägnieren, im Abwinden oder Zentrifugieren, Trocknen und im Oxydieren.

Mercerisiertes Garn braucht um 20 bis 25 Prozent schwächere Beize.

Fünftes Kapitel.

Untersuchung der wichtigsten Ausgangsmaterialien.

I. Anilin.

Vollkommen reines Anilin ist eine farblose, ölige Flüssigkeit, Siedepunkt 182 ⁰ C., spezifisches Gewicht 1,0265 bei 15 ⁰ C. An Luft und Licht färbt es sich bald braun.

Das technische Anilinöl, welches vornehmlich zum Färben oder Drucken von Anilinschwarz dient, ist das sog. Blauöl, es wird aus dem technisch reinsten Benzol gewonnen. Es enthält gewöhnlich etwas Wasser, geringe Mengen von Ortho- und Paratoluidin, aufserdem zuweilen Ammoniak, Nitrobenzol, Nitrotoluole und schwefelhaltige Substanzen (Amidothiophen?). Nach Schultz[1]) betrug die Menge der Verunreinigungen abzüglich Wasser kaum $\frac{1}{2}$ Prozent; jetzt ist gutes Handelsanilin sozusagen chemisch rein und löst sich vollkommen klar in Salzsäure auf.

Der Färber oder Kolorist erhält durch folgende Versuche Aufschlufs über die Brauchbarkeit eines Anilinöls für seine Zwecke, in erster Linie durch die

A. Probedestillation. 200 g des Anilins werden aus einem Fraktionierkölbchen, welches mit einem kleinen Kühler verbunden ist, destilliert. Die Temperatur wird vermittels eines genauen Thermometers beobachtet; die Quecksilberkugel soll sich wenig unterhalb der Stelle, wo das Rohr des Fraktionierkölbchens angeschmolzen ist, befinden. Das bei 181—182 ⁰ C. Destillierende wird in einem gewogenen Kölbchen aufgefangen. Es soll mindestens 96 Prozent vom Gewicht des angewandten Anilins betragen[2]).

---

[1]) Die Chemie des Steinkohlenteers. Dritte Auflage 1900, I, S. 68.

[2]) Die Siedetemperatur wechselt etwas mit dem Barometerstande. Die Hauptsache ist nur, dafs das Öl sozusagen vollständig innerhalb 1—1$\frac{1}{2}$ Graden übergeht.

Ein Wassergehalt macht sich natürlich bei der Destillation bemerkbar. Man erkennt ihn auch schon daran, dafs ein wasserhaltiges Anilin beim Schütteln schäumt. Zum Trocknen wendet man Ätzkali (nicht Chlorcalcium) an.

B. Probedruck.

Verdickung.

75 g Stärke werden mit

525 „ Wasser gekocht, hierzu kommen

16 „ Natriumchlorat, gelöst in

70 „ Wasser.

Druckfarbe.

300 g Verdickung,

16 „ Anilinöl, gelöst in

$18^1/_2$ „ Salzsäure 21^0 Bé., verdünnt mit

20 „ Wasser. Unmittelbar vor dem Druck werden zugesetzt

$3^1/_2$ „ Schwefelkupfer in Teig (vgl. S. 58).

Nach dem Druck 36 Stunden bei etwa 30^0 C. feuchtwarm hängen lassen, chromieren mit einer Lösung von

$^1/_2$ g Kaliumbichromat,

$^1/_2$ „ Schwefelsäure 66^0 Bé. in

1 l Wasser bei 80^0 C.,

handwarm seifen mit 4 g Kernseife in 1 l Wasser, spülen, trocknen.

C. Probefärben. Bei dem Probefärben kann der gleiche Ansatz wie oben verwendet werden, statt 75 g Stärke werden nur 10 g verwendet. Strängchen ungebleichten Baumwollgarns zu je 20 g werden in der Farbmasse gut umgezogen, abgewunden, nochmals umgezogen, abgewunden, hierauf wird in der Hänge oxydiert, chromiert und geseift wie eben beschrieben.

Kertess empfiehlt folgende Vorschrift:

Für 50 g Baumwollgarn löse man

$3^1/_2$ „ des zu untersuchenden Anilinöls in

10 „ gewöhnlicher Salzsäure, die mit

10 „ Wasser verdünnt wird.

Anderseits bereite man eine Lösung von

$5^1/_2$ g Kaliumbichromat in

500 „ kaltem Wasser,

setze die Anilinlösung hinzu und ziehe das Garn in dieser Mischung eine halbe Stunde kalt um, erhöhe dann allmählich die Temperatur auf 60^0 C. und vollende die Ausfärbung bei dieser Temperatur. Nach gutem Waschen wird das Schwarz handwarm geseift.

Im allgemeinen muſs hervorgehoben werden, daſs Probefärbung oder Probedruck gerade bei Schwarz nie ein scharfes Urteil bezüglich der Ausgiebigkeit des Farbmaterials zu bilden gestatten. Die zuerst angegebene Probedestillation ist daher in diesem Falle stets vorzuziehen.

Am zweckmäſsigsten wird man wohl, wenn man einen Probedruck oder eine Probefärbung ausführen will, gerade die Methode wählen, nach welcher das Anilin nachher im groſsen verarbeitet worden soll.

Manche Färber wenden, wie früher erwähnt, nicht reines Anilin, sondern Gemische von Anilin mit Toluidin und Homologen an. Bis zu einem gewissen Punkte lassen sich derartige Öle mit dem Typ, mit dem man befriedigende Resultate erhalten hatte, vergleichen durch Probe-destillation und Bestimmung des spez. Gewichtes. Immerhin ist es aber in diesem Falle doch am sichersten, eine Probefärbung bezw. -Druck auszuführen.

II. Anilinsalz.

Reines Anilinsalz oder salzsaures Anilin ($C_6H_5NH_2HCl$), kristallisiert in Nadeln oder grofsen Blättern, löst sich sehr leicht in Wasser oder Alkohol und schmilzt bei 192 ° C.

Das käufliche Anilinsalz ist meistens in der Form farbloser oder grauer Blättchen oder geschmolzen in Gestalt von Brocken. Es ist zu prüfen auf seinen Feuchtigkeitsgehalt, auf seinen Gehalt an reinem salz-saurem Anilin, an freier Salzsäure oder an freiem Anilin, an Kochsalz oder Chlorammonium (Salmiak).

I. Wasserbestimmung durch Trocknen von etwa 4 g im Wäge-gläschen über Schwefelsäure im Exsikkator bis zum konstanten Gewicht.

II. Säuregehalt. Anilinsalz wird im grofsen dargestellt, indem in geräumigen Tongefäfsen 100 Teile Anilin mit 130—135 Teilen Salz-säure gemischt werden. Das Gemenge bleibt so lange stehen, bis es erkaltet ist und bis sich keine Kristalle mehr abscheiden. Die Mutter-lauge wird abgelassen, die Kristalle werden mit einer Zentrifuge ab-geschleudert und in einer Trockenkammer vollständig getrocknet. Anilin-salz schliefst infolge dieser Darstellung leicht etwas freie Salzsäure ein. Zum Nachweis derselben dient Fuchsinpapier, welches man sich leicht durch Tränken von Filtrierpapier mit $^1/_{10}$prozentiger Fuchsinlösung her-stellen kann. Durch freie Salzsäure wird das Papier entfärbt. Methyl-violettpapier wird grün.

Die quantitative Bestimmung der freien Salzsäure gelingt nach folgendem Verfahren: man stelle drei gleich grofse, etwa 200 cc fassende Kölbchen nebeneinander, in dem ersten und zweiten löse man je 50 g des fraglichen Anilinsalzes in 100 cc Wasser, in den dritten Kolben kommen 100 cc destilliertes Wasser. Hierauf füge man je 1 cc einer Lösung von 1 g Kristallviolett in 1 l Wasser zu jedem der drei Kolben und titriere die Lösung im ersten Kolben so lange mit $^1/_{10}$ Normalnatron, bis die Lösung, welche durch die freie Salzsäure blau geworden ist, wieder den violetten Ton der neutralen Kristallviolettlösung angenommen hat. Kolben 2 und 3 dienen zum Vergleich; bei einiger Übung läfst sich der Endpunkt der Reaktion scharf erkennen.

Der Prozentgehalt des Anilinsalzes an freier Salzsäure läfst sich nunmehr leicht berechnen. 5 g Anilinsalz haben beispielsweise zur Neutralisation 10,7 cc $^1/_{10}$ Normalnatron verbraucht. Da 1 cc $^1/_{10}$ Normalnatron $= 0,00365$ HCl entspricht, so sind in 5 g des Anilin-salzes $= 0,00365 \times 10,7 = 0,039055$ g HCl, in 100 g des Anilin-salzes $= 0,78$ g HCl.

Den Gesamtsäuregehalt kann man mit N. NaOH und Phenolphthalein als Indikator titrieren.

III. Gehalt an reinem Anilinsalz. Derselbe wird berechnet aus der Menge Anilin, welche durch Umsetzung mit Natronlauge aus einer bestimmten Menge des Salzes erhalten wird.

In einem graduierten, mit Glasstopfen versehenen Meſszylinder von 200 cc werden 20 g des fraglichen Salzes in 40 cc heiſsem Wasser gelöst; hierzu fügt man eine Lösung von 7 g Ätznatron in 20 cc Wasser oder 21 g Natronlauge 30° Bé., sodann 30 g Kochsalz, schüttle gut, lasse abkühlen und fülle mit destilliertem Wasser bis 200 cc auf. Wenn die Temperatur 15° C. beträgt, lese man ab, wieviel ccm Anilin sich abgeschieden haben. Durch Multiplikation mit 5,130 erhält man in Gewichtsprozenten den Gehalt des Salzes an Anilin. 71,8 Gewichtsteile Anilin entsprechen = 100 Gewichtsteilen salzsauren Anilins, aus der Menge des Anilinöls läſst sich somit leicht die Menge von reinem salzsaurem Anilin in dem angewandten Anilinsalz berechnen.

Noch empfehlenswerter ist es, 300 g Anilinsalz in einem groſsen Meſszylinder, wie oben, mit Natronlauge zu zersetzen, das abgeschiedene Anilinöl zu messen, dann im Scheidetrichter von der Salzlösung zu trennen, mit einigen Stücken Chlorcalcium über Nacht zu trocknen und, wie früher bei Anilin angegeben, zur Probedestillation zu verwenden.

IV. Anwesenheit anorganischer Verunreinigungen oder Verfälschungen. Man extrahiert eine Probe des Anilinsalzes mit absolutem Alkohol bis kein Anilinsalz mehr in Lösung geht. Der Rückstand ist Verunreinigung oder Verfälschung. Dem Anilinsalz wird manchmal Kochsalz zugesetzt.

III. Kaliumchlorat

(ClO_3K).

Bildet in reinem Zustande luftbeständige Blättchen oder Tafeln oder ein Kristallmehl. Die Lösung soll weder sauer noch alkalisch reagieren. Es löst sich in 16 Teilen kaltem bezw. 3 Teilen siedendem Wasser. Die Prüfung auf Reinheit kann in folgender Weise vorgenommen werden[1]): Man bereite sich eine Auflösung von 3 g des chlorsauren Kalis in 60 cc Wasser; 10 cc derselben sollen durch 10 cc Schwefelwasserstoffwasser nicht getrübt oder gefärbt werden (infolge der Ausscheidung von metallischen Verunreinigungen, namentlich von Blei). In weiteren je 10 cc der Lösung dürfen durch oxalsaures Ammoniak keine Kalksalze, durch salpetersaures Silber keine Chloride, wie Calciumchlorid und Kaliumchlorid, nachweisbar sein. Eine etwaige Verfälschung mit Nitraten, z. B. mit Salpeter, welche zuweilen vorkommen soll, wird nachgewiesen durch den entstehenden Ammoniakgeruch, wenn 1 g des

---

[1]) Kommentar zum Arzneibuch für das Deutsche Reich, 1891, Bd. II, S. 138, J. Springer.

fraglichen Salzes im Probierrohr mit 5 cc Natronlauge, $^1/_2$ g Zinkfeile und $^1/_2$ g Eisenfeile erwärmt wird. Statt dessen kann man auch 1 g Aluminiumfeile nehmen.

Zur Anilinschwarzbildung sind theoretisch 31,7 Prozent des Anilinsalzgewichts an chlorsaurem Kali erforderlich[1]), wenn man folgende Formel zugrunde legt:

$$C_6H_5NH_2 + O = H_2O + C_6H_5N$$

(C_6H_5N als einfachster Ausdruck für die Anilinschwarzbase).

In der Praxis wird man selten weniger wie 40 Prozent Chlorat anwenden.

Zur Bestimmung des Gehalts an Chlorsäure eignet sich der Apparat von E. Felli[2]).

Mit Hilfe eines Trichters beschickt man den Ballon A mit 25 cc Jodkaliumlösung (50 g in 100 cc Wasser), in den Ballon B läfst mamittels einer Pipette 4—5 ccm reine Salzsäure (36 Prozent) fliefsen und ein kleines Wägeröhrchen mit der gewogenen Menge Chlorat (ca. $^1/_2$ g) fallen. Man schliefst sofort den Apparat mit der vorher mit Wasser befeuchteten eingeschliffenen Stopfen C und giefst eine kleine Menge Jodkaliumlösung in das Schälchen D.

Man befördert die Chlorentwicklung durch gelindes Erwärmen bis 50° C. während einiger Augenblicke und fleifsiges Umschwenken und läfst nach Beendigung der Entwicklung und darauf folgender Abkühlung die Jodkaliumlösung von A nach B fliefsen, um alles Chlor zu absorbieren. Es wird vorsichtig der Stopfen entfernt, der Inhalt des Apparates in einen graduierten Kolben von 250 cc gespült und hiervon 50 cc mit einer $^1/_{10}$ normalen Hyposulfitlösung titriert.

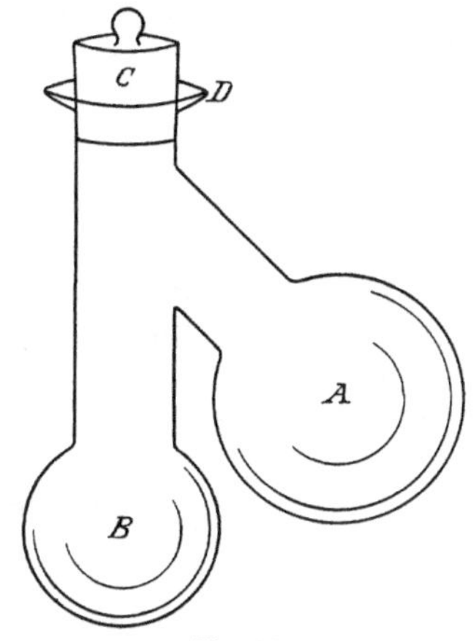

Fig. 13.

Besser jedoch verfährt man in folgender Weise. Die $^1/_{10}$ N oder besser konzentrierte Chromatlösung wird mit einem Überschufs 20prozentiger Jodkaliumlösung und starkem Überschufs Salzsäure in der Kälte versetzt. Alsdann wird stark mit Wasser verdünnt, so dafs für 0,1 g Chromat mindestens 500 cc Flüssigkeit resultiert und nun mit $^1/_{10}$ N-Hyposulfit das in Freiheit gesetzte Jod titriert; mit Stärke als Indikator.

---

[1]) Vgl. Henri Schmid, Über Anilinschwarz. Färber-Zeitung 1890/91, S. 95.
[2]) Bull. Soc. ind. de Mulhouse 1900, S. 153. Der Apparat kann von Desaga in Heidelberg bezogen werden.

IV. Natriumchlorat
(ClO_3Na).

Kommt in farblosen Kristallen in den Handel; 1 Teil braucht zu seiner Lösung nur 1 Teil kaltes Wasser, während chlorsaures Kali, wie schon erwähnt, 16 Teile kaltes Wasser erfordert. 87 Teile reines Natriumchlorat können 100 Teile reines Kaliumchlorat ersetzen. Da sich das letztere oft kristallinisch aus den Farben abscheidet, wird es jetzt häufig durch das Natriumsalz ersetzt. Die Prüfung erfolgt nach den bei Kaliumchlorat gegebenen Vorschriften. Aufserdem ist eine Bestimmung des Feuchtigkeitsgehalts angezeigt. Es enthält meistens von seiner Darstellung her etwas Chlornatrium.

Für die Bestimmung des Gehaltes an Chlorsäure kann besonders bei dem leicht löslichen Natriumchlorat auch die Methode mit Ferroammoniumsulfat angewendet werden.

Die etwa 5—10 prozentige Chloratlösung wird mit einem Überschufs von ca. $^1/_2$ N-Mohrsalz und einem ziemlichen Überschufs Schwefelsäure (1 : 3) während 5—10 Minuten stehen gelassen und hierauf der Überschufs Ferrosalz mit $^1/_{10}$ N-Permanganat zurücktitriert.

V. Kaliumbichromat
($Cr_2O_7K_2$).

Kommt in sehr reinem Zustande, gewöhnlich in roten, grofsen, wasserfreien triklinen Prismen in den Handel, löst sich in etwa zehn Teilen kaltem Wasser. Eine Prüfung auf Reinheit ist in den meisten Fällen überflüssig.

VI. Natriumbichromat
($Cr_2O_7Na_2 + 2H_2O$).

Kristallisiort ebenfalls in roten Prismen, welche aufserordentlich leicht löslich sind. Es enthält meistens etwas Sulfat. 100 Teilen chemisch reinen Kaliumbichromats entsprechen 101,6 Teile reinen Natriumbichromats. Der Gehalt der Chromate kann durch Titrieren mit Eisenoxydul-Ammoniak festgestellt werden.

VII. Ferrocyankalium
($K_4Fe(CN)_6 + 3H_2O$).

Zitronengelbe tetragonale Kristalle von süfslich - bitterem Salzgeschmack, löslich in vier Teilen kalten und zwei Teilen kochenden Wassers. Enthält als Beimischung zuweilen Kaliumsulfat oder auch das billigere Natriumsalz, weshalb eine Analyse angezeigt ist. Die Titrierung wird nach de Haën[1]) mit Kaliumpermanganat ausgeführt[2]).

---

[1]) Liebigs Annalen 90, S. 160.
[2]) Treadwell, Quantitative Analyse 1902, S. 418.

$$2\mathrm{Fe(CN)}_6\mathrm{H}_4 + \mathrm{O} = \mathrm{H}_2\mathrm{O} + 2\mathrm{Fe(CN)}_6\mathrm{H}_3.$$

Man löst 0,9 g des zu prüfenden Salzes in 100 cc Wasser, fügt 10 cc verdünnte Schwefelsäure hinzu und läfst zu dieser Lösung, welche sich in einer Porzellanschale befindet, Permanganatlösung bis zur bleibenden Rotfärbung fliefsen. Es ist nicht ganz leicht, den Endpunkt zu erkennen. Beim Ansäuern wird die Lösung des Blutlaugensalzes milchig trübe, mit einem Stich ins Blaue, nimmt auf Zusatz von Permanganat einen gelblichen Ton an, wird später grün, und erst auf Zusatz von mehr Permanganat tritt die rötliche Endfarbe auf. Wegen der Schwierigkeit, den Endpunkt der Reaktion festzustellen, empfiehlt de Haën, den Titer der Permanganatlösung mit reinem Ferrocyankalium, statt mit Eisen, zu stellen.

VIII. Ferrocyannatrium
$$(\mathrm{Na}_4\mathrm{Fe(CN)}_6 + 12\mathrm{H}_2\mathrm{O}).$$

Dem vorigen sehr ähnlich. Bildet gelbe Kristalle, die in warmer Luft verwittern und sich in 4,5 Teilen kalten Wassers lösen. Analyse wie bei dem Kaliumsalz.

Prüfung und Untersuchung von Anilinschwarz-Färbungen.

Die Prüfung von Anilinschwarz-Färbungen auf ihre Güte und Echtheit wird in vielen Fällen auf die Fragen beschränkt: rufst die Färbung nicht ab? bis zu welchem Grade hat die Faser durch das Färben an Festigkeit eingebüfst? und: vergrünt die Färbung nicht durch Einwirkung von schwefliger Säure? Irrtümlicherweise wird vielfach angenommen, dafs die mehr oder minder grofse Veränderung einer Färbung durch schweflige Säure stets auch einen Rückschlufs auf die Echtheit der Färbung gegen die Einflüsse der Witterung gestatte. Dies trifft aber nicht zu. Beispielsweise hat sich eine Färbung nach Monnets Verfahren (mit Anilin und Paraphenylendiamim) bei dreimonatlicher Einwirkung der Witterung (Juli bis September) stärker verändert als das nur mit Anilinsalz hergestellte Schwarz; dieses vergrünt dagegen durch schweflige Säure ziemlich stark, während Monnets Schwarz nur einen etwas bräunlicheren Ton annimmt.

Nach dem Verhalten einer Färbung gegen schweflige Säure kann somit nicht ohne weiteres auf die Wetterechtheit geschlossen, sondern diese mufs direkt festgestellt werden. Färbungen werden auf ihre Vergrünlichkeit durch schweflige Säure geprüft, indem ein Bad aus

20 cc Natriumbisulfit 38° Bé.,
20 „ Salzsäure 21° Bé.,
500 „ kalten Wassers

	Verdünnte Salzsäure (1 Teil 21° Bé. 10 n Wasser)	Sodalösung 5%	Zinnsalz und Salzsäure (1:1)	Weingeist 90%
Alizarinschwarz (Naphtazarin)	kalt: Flüssigkeit rotviolett, heiss:intensiv rotviolett; mit Natronlauge übersättigt: intensiv reinblau	kalt: Flüssigkeitblassblau, heiss: tiefer blau, angesäuert rötlich	kalt: Flüssigkeit intensiv gelb, warm: Flüssigkeit bräunlichgelb, Faser braun	heiss: blass rotviolett, mit Natronlauge versetzt: blau
Schwarz aus Alizarin und Methylenblau[1]	heiss:Flüssigkeit intensiv grün[2]), auf Zusatz von Natronlauge lebhaft violett	heiss:Flüssigkeit rotviolett, angesäuert: grün	kalt: Flüssigkeit gelb, Faser gelbbraun, warm: Faser entfärbt	heiss:Flüssigkeit grünblau, auf Zusatz von Säure grünlicher
Blauholzschwarz	kalt: Flüssigkeit rot, Faser missfarbig. Flüssigkeit mit Ammoniak dunkler	heiss:Flüssigkeit gelbbraun, auf Zusatz von Säure hellgelb	kalt: Flüssigkeit intensiv karmoisinrot, Faser schmutzig-rot	unverändert
Plutoschwarz CF extra	unverändert	unverändert	heiss: Faser zunächst dunkel-blaugrün, dann blassgrün	unverändert
Sambesischwarz F entwickelt mit Toluylendiamin; chromiert, gekupfert		unverändert	heiss: Lösung bräunlichgelb, Faser hellbraun	unverändert
Vidalschwarz		unverändert	kalt: Faser braun, heiss: braun-oliv	unverändert
Diaminbetaschwarz B	heiss — nach längerem Erwärmen: Lösung blass röthlich, Faser unverändert	heiss: Lösung blass rotviolett	kalt: unverändert, heiss: Faser entfärb-, Lösung farblos	unverändert
Anilinschwarz Diamintiefschwarz 00	heiss: Lösung blassrot, Faser unverändert	heiss: Lösung rotviolett, Faser unverändert	kalt: Faser moosgrün, heiss: braun, Lösung bräunlichgelb	unverändert
Diphenylschwarz (Nr. 31 der Tafeln)	heiss: Lösung blauviolett, Faser etwas weniger blaustichig	unverändert	heiss: Lösung braun, Faser bräunl. Stich	heiss — nach längerem Erwärmen: Lösung schwach violett
Anilinschwarz (Nr. 30 de Tafeln)	unverändert	unverändert	heiss: braune Lösung, Faser dunkelbraun	unverändert

---

[1] Vgl. Henri Schmid, Färber-Zeitung 1890/91, S. 347.   [2] Alizarin wird gelb, Methylenblau bleibt blau; Blau + Gelb = Grün.

hergestellt und damit Proben der Färbungen im Probierglase übergossen und zehn Minuten stehen gelassen wurden. Die Muster wurden sodann gründlich mit destilliertem Wasser gespült und getrocknet.

Eine schärfere Probe ist die folgende: In einen Literkolben bringt man 50 cc Bisulfit und 50 cc Salzsäure, hängt das befeuchtete Muster während einiger Stunden oberhalb der Flüssigkeit und trocknet es hierauf ohne zu waschen. Ein Schwarz, das dieser Behandlung widersteht, kann als vollkommen unvergrünlich bezeichnet werden.

Da es in vielen Fällen von Interesse ist, zu wissen, mit welchem Farbstoff ein bedrucktes oder gefärbtes schwarzes Muster hergestellt ist, so mögen hier einige charakteristische Reaktionen der Farbstoffe, welche dabei in Frage zu kommen pflegen, in tabellarischer Anordnung angeführt sein.

Die verwendeten Reagentien sind die folgenden:

1. verdünnte Salzsäure $\begin{cases} 1 \text{ Teil Salzsäure } 21^0 \text{ Bé.,} \\ 10 \text{ Teile Wasser.} \end{cases}$

2. Sodalösung $\begin{cases} 5 \text{ Teile calcin. Soda,} \\ 100 \text{ „ Wasser.} \end{cases}$

3. Zinnsalz und Salzsäure zu gleichen Teilen,

4. Weingeist 90 Prozent.

Sämtliche Prüfungen wurden in der Weise gemacht, dafs kleine Proben der fraglichen Färbungen mit dem Reagens im Probierglase zunächst in der Kälte geschüttelt wurden, eine etwaige Einwirkung bemerkt und sodann erwärmt wurde. Um die Veränderung der Faser zu beobachten, wurde diese ausgewaschen, zwischen Filtrierpapier abgeprefst, getrocknet und mit dem ursprünglichen Muster verglichen.

Über die Untersuchung schwarzgefärbter Baumwolle macht C. M. Whittacker[1]) folgende Angaben:

Die mit Hilfe von substantiven Farbstoffen durch direkte Färbung erhaltenen schwarzen Töne bluten stark, wenn sie mit kochendem Wasser behandelt werden.

Das Blauholzschwarz ist beim Erwärmen mit verdünnter Salzsäure oder Schwefelsäure sehr leicht daran zu erkennen, dafs es von der Faser abgezogen wird, wobei die saure Lösung eine orangerote bis rote, die Baumwolle selbst aber eine purpurne bis rotbraune Färbung annimmt; überschüssige Natronlauge verändert die saure Lösung nach Violett.

Die schwarzen Färbungen, welche mittels auf der Faser diazotierten und mit β-Naphtol oder dgl. entwickelten Azofarbstoffen erhalten sind, werden durch Kochen mit Natriumhydrosulfit vollständig zerstört; Anilinschwarz und Schwarz aus Schwefelfarbstoffen werden hierbei nur vorübergehend entfärbt, beim Waschen mit Wasser kommt die ursprüngliche Farbe wieder zum Vorschein.

---

[1]) Zeitschrift für Farben und Textilchemie 1902, I, S. 397.

Zur Unterscheidung von Anilinschwarz, Schwefelschwarz und mit Anilinöl überfärbtem Schwarz erhitzt man eine Chlorkalklösung von 3° Bé. zum Kochen und legt in diese Lösung das zu untersuchende Muster; Anilinschwarz wird nußbraun, ein mit Anilinschwarz übersetztes Schwefelschwarz gelb bis hellbraun (je nach der Menge des Anilinöls, welche zum Überfärben benutzt wurde) und Schwefelschwarz selbst wird vollständig gebleicht.

Legt man die Baumwolle in konzentrierte Schwefelsäure, läßt die die Faser verkohlen und verdünnt sodann etwas mit Wasser, so zeigt eine hellgrüne Lösung die Gegenwart von Anilinschwarz, eine wasserhelle Lösung hingegen die Gegenwart von Schwefelfarbstoffen an.

Erläuterungen zu den Mustertafeln[1].

Tafel I.

Nr. 1. Anilinschwarz in Teigform. Albumindruck.

1 kg Anilinschwarz in Teigform (Fabriques de produits
chimiques de Thann et de Mulhouse),
500 g Blutalbumin (1 : 1),
32 cc Tournantöl; fixiert in üblicher Weise durch Dämpfen.

Nr. 2. Schwarz mit Schwefelkupfer.

1100 g Maisstärke,
750 „ dunkel gebrannte Stärke,
9600 cc Wasser,
400 g Natriumchlorat und
72 „ Alininöl.
Kochen und bei 30° C.
1200 g salzsaures Anilin
zugeben. Vor dem Druck zugeben für
1 l Farbe
30 g Schwefelkupfer in Teig.
Schwefelkupfer in Teig.

$$1 \begin{cases} 5200 \text{ g Kupfersulfat,} \\ 6 \text{ l heißes Wasser,} \end{cases}$$
$$2 \begin{cases} 5000 \text{ g Schwefelnatrium,} \\ 6 \text{ l Wasser.} \end{cases}$$

2 unter gutem Umrühren in 1 schütten.

Nr. 3. Wie Nr. 2, mit Alizarinrot.

Nach dem Aufdruck durch Mather-Platt, dann durch Ammoniakgas passieren, endlich dämpfen.

Nr. 4. Schwarz mit Ferrocyananilin.

1100 g Maisstärke,
12000 cc Wasser,
1080 g Natriumchlorat.

11*

Kochen und bei 30⁰ C. hinzufügen

  1200 g salzsaures Anilin,

  2400 „ Ferrocyananilin,

  540 „ Anilinöl,

  200 „ Essigsäure.

Ferrocyananilin.

$1 \begin{cases} 16\,800 \text{ g salzsaures Anilin,} \\ 14\,000 \text{ cc Wasser,} \end{cases}$

$2 \begin{cases} 20\,000 \text{ g Ferrocyankalium,} \\ 20\,000 \text{ cc Wasser.} \end{cases}$

Warm 2 in 1 schütten. Zwei Tage stehen lassen und dann abfiltrieren.

Nr. 5.   Wie Nr. 4, auf Paranitralinrot.

Nr. 6.   Schwarz mit Bleichromat.

  1100 g Maisstärke,

  750 „ dunkel gebrannte Stärke,

  9600 cc Wasser,

  400 g Natriumchlorat,

  100 „ Anilinöl,

Kochen und bei 30⁰ C. zugeben

  800 g Bleichromat in Teig,

  1200 „ salzsaures Anilin.

Vor dem Druck für

  1 l Farbe

  30 g Schwefelkupfer in Teig

hinzugeben.

Bleichromat in Teig.

$1 \begin{cases} 4800 \text{ g Bleiacetat,} \\ 5000 \text{ cc heißes Wasser,} \end{cases}$

$2 \begin{cases} 1600 \text{ g Natriumbichromat,} \\ 4000 \text{ cc Wasser.} \end{cases}$

1 in 2 schütten, zweimal waschen und abfiltrieren.

Nr. 7.   Wie Nr. 6.

Nr. 8.   Wie Nr. 6 auf Türkischrot.

Tafel II.

Nr. 9.   Schwarz, mit Vanadium.

Druckfarbe:

  13 kg Weizenstärke,

  85 l Wasser,

  3 kg 900 g Kaliumchlorat, kochen, kalt dazu geben:

  8 l Anilinöl,

  6 kg 500 g Salzsäure 22⁰ Bé.,

  100 g Vanadlösung,

  1 l Wasser.

Vanadlösung:

    30 g Ammoniumvanadat,
    225 cc Wasser,
    150 „ Salzsäure 30 %,
    15 „ Glyzerin kochen, mit Wasser einstellen auf
    3 l 400 cc.

Vor dem Druck fügt man zu 1 l obiger Farbe 20 g Weinsäure in 20 cc Wasser.

Nr. 10—13. Prud'homme-Artikel. (Über die Einzelheiten der Arbeitsweise vergleiche man S. 90—93.)

Anilinschwarz-Klotzbad.

    5000 g Natriumchlorat,
    5800 „ Kaliumchlorat,
    30 l heifses Wasser.

    17000 g gelbes Blutlaugensalz,
    30 l heifses Wasser.

    202 l kaltes Wasser,
    27000 g Anilinsalz.

Weifsätze.

    450 g dunkel gebrannte Stärke,
    1020 „ Wasser.

Kochen und warm zugeben

    900 g Natriumacetat,
    450 „ Kaliumsulfit 45° Bé. (Farbw. Höchst),
    30 g Terpentin,
    14 „ Soda.

Stammfarbe für die farbigen Reserven.

    260 g Natriumacetat,
    370 „ Zinkweifs,
    300 „ British gum. (500 g im Liter),
    145 „ Kaliumsulfit 45°,
    11 „ Terpentinöl,
    10 „ Glyzerin.

Rosa.

    12 g Rhodamin 6 G extra B. A. S. F.,
    50 „ Essigsäure,
    50 „ Wasser,
    280 „ British gum. (500 g im Liter).

Rot.

    8 Teile Rosa,
    1 Teil Cachou.

Blau.

    25 g Thioninblau O,
    50 „ Essigsäure,
    50 „ Wasser,

300 g British gum. (500 g im Liter),
600 „ Stammfarbe.

Gelb.

    25 g Thioflavin T.,
    50 „ Essigsäure,
    80 „ Wasser,
250 „ British gum.-Lösung (500 g im Liter),
600 „ Stammfarbe.

Cachou.

25 g Homophosphin, sonst wie bei Gelb.

Orange.

5 Teile Gelb,
1 Teil Cachou.

Violett.

2 Teile Rosa,
1 Teil Blau.

Grün.

8 Teile Gelb,
1 Teil Blau.

Verdünnungsbad für hellere Nuancen.

300 g British gum.,
 50 „ Essigsäure,
 50 „ Wasser,
600 „ Stammfarbe.

Nr. 14. Reserve unter Druckschwarz.

Druckfarbe.   1. Schwarz:

 90 g Weizenstärke,
 50 „ hellgebrannte Stärke,
500 cc Wasser, kochen, warm zugeben:
 40 g Natriumchlorat, kalt zugeben:
 40 „ Ferrocyankalium in
 80 cc Wasser.   Vor dem Gebrauch hinzufügen:
 60 g Anilinöl,
 92 „ Salzsäure 22 ^{0} Bé.,
 48 cc Wasser.
____
1000 g.

2. Weifs:

105 l Wasser,
 15 kg Weizenstärke,
 13 „ calc. Soda,
 65 „ 500 g Natriumacetat,
  5 „ 600 „ Terpentin,
 25 „ Natriumbisulfit 35 ^{0} Bé.,
 12 „ 200 g Kaliumsulfit 40 ^{0} Bé.

Diese Reserve wird mit obigem Schwarz überdruckt, 1¹/₂ Min. durch den Mather-Platt, warm chromieren mit 5 g Natriumbichromat und 2 g Soda im Liter, seifen, trocknen, fertig.

Nr. 15. Unvergrünliches Anilinschwarz von K. Oehler in Offenbach a. M.

110 g Anilinsalz, unvergrünlich, K. Oehler,
700 „ Verdickung,
30 „ Natriumchlorat,
110 „ Wasser,
50 „ Schwefelkupferteig, 24 %ig,
____
1000 g.

Verdickung:

100 g Traganth 1 : 10,
100 „ Weizenstärke,
100 „ hell gebrannte Stärke,
700 „ Wasser.
____
1000 g.

Statt Schwefelkupfer kann Vanadium verwendet werden, und zwar 2 cc der nachfolgenden Lösung pro 1 l Druckfarbe:

10 g Ammoniumvanadat,
50 „ Salzsäure 20 ° Bé.,
100 „ Wasser,
5 „ Glyzerin,
50 „ Wasser.

Lösen und Erwärmen bis zum Erscheinen der blauen Färbung; dann verdünnen auf 1 l.

Nach dem Drucken oxydieren in der Hänge bei 30/33 bis 37/40 Psychrometer-Graden bis zur vollständigen Entwicklung (sechs bis acht Stunden), passieren durch den Ammoniak-Kasten und hierauf ein- oder zweimal durch den Mather-Platt nehmen. Direkt, d. h. ohne zu chromieren, spülen und seifen.

Bei mehrfarbigem Druck wird nach der Behandlung mit Ammoniak eine den Begleitfarben entsprechende Zeit gedämpft.

Das neue unvergrünliche Anilinschwarz eignet sich ganz besonders für den Grisaille-Artikel wie auch für alle jene Fälle, wo wegen empfindlicher Begleitfarben, z. B. lebhafter Tanninfarben, ein Chromieren des Anilinschwarz ausgeschlossen ist.

Nr. 16. Anilinschwarz auf Halbwolle.

Der gut gereinigte und entsprechend vorbereitete Halbwollentaffet besaſs eine ziemlich bräunlichgelbe Farbe. Die Ware wurde mit 4 % Chlorkalk und 7 % Salzsäure von 21 ° Bé., demnach etwas weniger kräftig als reine Wolle, bei gewöhnlicher Temperatur gechlort.

Man arbeitet auf einem Jigger, indem man die Lösungen beider Chemikalien in zwei Portionen zusetzt, so daſs die Operation ungefähr ³/₄ Stunden dauert. Oder man verfährt in gleicher Weise, wie dies bei Reinwolle erörtert ist. Hierauf wurde gespült und mit Natriumsuperoxyd gebleicht. Man löst zu diesem Zwecke 10 %/₀ Natriumsuperoxyd vorsichtig in Wasser, neutralisiert mit ungefähr 13¹/₂ %/₀ Schwefelsäure und setzt hierauf ganz wenig (bis zur schwach alkalischen Reaktion) Ammoniak zu. In diesem Bade wird die Ware 3—4 Stunden behandelt. Dann wird gespült und getrocknet. Hierauf wird mit folgender Farbe bedruckt:

571 g Wasser,
48 „ Glyzerin,
48 „ Tragantschleim 1 : 10,
48 „ Weizenstärke,
48 „ Natriumchlorat,
63 „ rotes Blutlaugensalz,
126 „ Anilinsalz ANCXI (K. Oehler).

Nach den Drucken wurde gut getrocknet und ¹/₂ Stunde ohne Überdruck gedämpft, hierauf in kaltem Wasser gespült und schliefslich mit ¹/₂ %/₀iger Marseiller Seife 20 Minuten geseift und nochmals gespült.

Tafel III.

Nr. 17. Roter Ätzdruck auf Wollanilinschwarz.

Die Ware wurde mit 6 %/₀ Chlorkalk und 10¹/₂ %/₀ Salzsäure von 21 ⁰ Bé. bei gewöhnlicher Temperatur gechlort. Die Behandlung erfolgte auf einem Jigger, in Anbetracht der grofsen Affinität des Chlors zur Wollfaser, unter dreimaligem Zusatz der Chemikalien, innerhalb ³/₄ Stunden. Noch vorteilhafter ist es, das Chloren in einem Apparat vorzunehmen, wie er zur Vorbehandlung der Ware im Wolldruck überhaupt üblich ist. Dieser Apparat besteht aus zwei Teilen: einem Jigger, in welchem die Ware gechlort wird, und einer Spülkufe. Der Jigger ist geschlossen und zur Abführung des Überschusses von Chlor mit einem Exhaustor versehen. Die Zuführung von Chlorkalklösung und Salzsäure erfolgt durch entsprechend angeordnete Gefäfse, aus welchen die Lösungen etwas oberhalb des Niveaus des Jiggerbades durch perforierte Rohre austreten und sich dann mischen. Die Konzentration dieser Lösung ist so zu wählen, dafs die Ware nur ungefähr 20 Sekunden im Chlorier-Jigger verweilt, und dafs im Bade die Salzsäure stets etwas vorwaltet. Gemische von Chlorkalk und Salzsäure, bei welchen infolge ungenügender Mengen von Salzsäure unterchlorige Säure mitgebildet wird, sind zu vermeiden, weil die unterchlorige Säure die Wolle gelb färbt.

Die aus der Spülkufe kommende Ware wird auf der Waschmaschine nochmals gewaschen, getrocknet und mit folgender Lösung geklotzt:

772 g Wasser,
114 „ Anilinsalz ANCXI (K. Oehler),
74 „ gelbes Blutlaugensalz,
40 „ Natriumchlorat,
———
1000 g.

Die Ware erhält zwei Passagen auf der Klotzmaschine. Die Quetschwalzen seien so eingestellt, daſs die Ware ungefähr ihr Eigengewicht an Klotzlösung zurückbehält. Dann wird in der Hotflue bei 30—33° C. getrocknet und baldigst mit folgender Ätzfarbe bedruckt:

300 g Wasser,
300 „ Leiogomme,
50 „ Glyzerin,
50 „ Brillant-Ponceau 6 R (Cassella),
300 „ Natriumacetat,
———
1000 g.

Nach gutem Trocknen wird fünf Minuten lang im Mather-Platt mit möglichst trockenem Dampf gedämpft. Man kann dies durch zweimaliges Passieren des Apparates erzielen, doch ist es vorteilhafter, den Gang der Stücke so zu regulieren, daſs eine einmalige Passage genügt. Nach dem Dämpfen wird in reinem Wasser gespült und schlieſslich getrocknet. Das auf diese Weise hergestellte Anilinschwarz ist unvergrünlich.

Nr. 18. Anilinschwarz auf Halbseide.

400 g Weizenstärke ⎫
100 „ hell gebrannte Stärke ⎬ werden mit
800 cc Wasser angerührt und
420 „ Tragantschleim 1 : 20 nebst
1300 „ Wasser dazugegeben und aufgekocht. Hierzu werden
144 g Natriumchlorat zugefügt und nach kurzem Erwärmen kalt gerührt. Darauf erfolgen die Zugaben von
360 „ Anilinsalz ANCXI (K. Oehler) gelöst in
500 cc Wasser und auſserdem
180 g Schwefelkupfer 24 %ig.

Drucken, trocknen und zehn Stunden bei 35—40° C. oxydieren. Hierauf chromieren mit 1 g Bichromat im Liter bei 75° C. zwei Minuten. Sodann spülen und mit 1 g Marseiller Seife im Liter bei 60° fünf Minuten seifen und nochmals spülen.

Das Verfahren gibt auch im Baumwolldruck gute Resultate, nur hat man dann bei nur 25—28° C. zu oxydieren.

Nr. 19. Direkter Druck auf reiner Seide.

Die Ware wird zunächst in gewöhnlicher Weise degummiert und gebleicht, aber sonst nicht weiter präpariert.

Die Druckfarbe wird erhalten, indem man einen Kleister von weiſser und gebrannter Stärke, Anilinöl und Baryumchlorat kocht

und nach dem Erkalten einer Lösung von Weinsäure, Ferrocyanammonium und eine Spur Salpetersäure zusetzt. Nach dem Drucken
eine Stunde dämpfen, waschen.

Nr. 20. Prud'homme-Schwarz mit weifser Reserve auf reiner Seide.

Man klotzt mit einem Bade, welches Anilisalz, Ferrocyankalium
und Kaliumchlorat enthält und trocknet .bei möglichst niedriger
Temperatur, so dafs sich das Schwarz noch nicht entwickelt. Man
druckt alsdann eine Reserve auf, die Natriumbisulfit, Natrium- und
Calciumacetat und Solvay-Soda enthält, dämpft zwei Minuten im
Mather-Platt, chromiert, wäscht und seift.

Nr. 21. Diphenylschwarzbase I auf Garn gedruckt (Höchst).

Stammfarbe A.

In 200 g Traganth (60 g im Liter) werden eingerührt:

    30 g Diphenylschwarzbase, gelöst in
   200 cc Essigsäure 8 ⁰ Bé. und
    20 g Acetin, sodann zugesetzt
    30 „ Natriumchlorat, gelöst in
    60 cc Wasser und
    15 „ Aluminiumchlorid 30 ⁰ Bé.,
    45 „ Wasser,
   ____
   600 g.

Stammfarbe B.

   200 g Traganth (60 g im Liter),
     4 cc Kupferchlorid 40 ⁰ Bé.,
   196 „ Wasser,
   ____
   400 g.

Vor Gebrauch wird die Stammfarbe B in Stammfarbe A eingeführt, auf Garn gedruckt, heifs getrocknet und eventuell noch
einige Stunden warm verhängt. Das Schwarz entwickelt sich schon
beim Trocknen und braucht weder gedämpft noch chromiert zu
werden.

Nr. 22. Schwarzdruckfarbe aus Diphenylschwarzöl DO[1]) pat. mit Schwefelkupfer.

Stammfarbe A.

In 4 kg saure Stärkeverdickung werden eingetragen:

   410 g Diphenylschwarzöl DO pat.
     1 l Essigsäure 6 ⁰ Bé.,
   127 cc Salzsäure 19 ⁰ Bé.,
   ____
   4537.

---

[1]) Ist eine Lösung der Diphenylschwarzbase (Paramidodiphenylamin) in
Anilin.

Stammfarbe B.

{ 2 kg saure Stärkeverdickung,
{ 300 g Natriumchlorat, gelöst in
{ 600 cc Wasser,
130 „ Aluminiumchlorid 30⁰ Bé.,
180 g Schwefelkupferteig 30 %,
2253 cc Wasser,
____
5463.

Essigsaure Weizenstärke-Verdickung.

2 kg 400 g Weizenstärke,
6 l 600 cc Wasser,
2 l Essigsäure 8⁰ Bé.
____
10 Minuten kochen.

Vor Gebrauch werden

5463 g Stammfarbe B in
4537 „ „ A eingemischt.
____
10 kg.

Diese Vorschrift entstammt der Praxis und eignet sich insbesondere für feinere Dessins, Passerfarben, Gründel u. s. w. — Das Blumenmuster wurde vorgedruckt, mit dem feinen Gründel überdruckt, getrocknet, eine Minute im Mather-Platt bei 120⁰ C. gedämpft, gewaschen und geseift.

Nr. 23. Schwarzdruckfarbe aus Diphenylschwarzbase I pat. mit Cerochlorid.

Stammfarbe A.

In 4 kg essigsaure Stärkeverdickung werden
200 g Olivenöl und
{ 300 „ Natriumchlorat gelöst in
{ 500 cc Wasser eingetragen; dann werden
300 g Diphenylschwarzbase I pat. und
50 „ Anilinöl CI in
500 cc Essigsäure 8⁰ Bé. (50 %) und
200 „ Milchsäure 50 % warm gelöst und nach dem
Erkalten in obige Verdickung eingerührt.
____
6 kg.

Stammfarbe B.

3 kg essigsaure Stärkeverdickung,
150 cc Aluminiumchlorid 30⁰ Bé.,
100 „ Cerochlorid 20 %ig,
750 „ Wasser,
____
4 kg

Vor Gebrauch werden

4 kg Stammfarbe B in
6 „ „ A eingemischt,
____
10 kg.

Auf gebleichten Stoff gedruckt, 4 Minuten bei 100⁰ C. im Mather-Platt gedämpft, ¼ Stunde bei 40⁰ C. gemalzt, gespült, 5 Minuten bei 60⁰ C. geseift (2 g Seife im Liter) und gewaschen. — (Ein befreundeter Kolorist schreibt uns, daſs die Diphenylbase allein kein gutes Schwarz gebe und ein viel kräftigeres Ausdämpfen im Mather-Platt erfordere; er verwende sie daher nur noch in Mischung mit Anilinöl, um die Schwächung der Faser zu verhindern. Dagegen hören wir von anderer Seite, daſs auch die reine Diphenylbase bezw. unter Zusatz von wenig Anilin — vgl. auch die nächste Vorschrift — sehr gute Resultate ergebe.)

Folgende Vorschrift eignet sich gut zum Klotzen auf rohem Baumwollstoff:

Nr. 24. Schwarzklotzfarbe mit Cerochlorid.

Stammfarbe A.

In 1 kg Traganth 60:100 und 2 l Wasser werden

    300 g Diphenylschwarzbase I pat. und

     50 „ Anilinöl gelöst in

      1 l Essigsäure 8⁰ Bé. (50 %) und

    400 cc Milchsäure 50 % langsam, nach dem abgekühlt, eingerührt und eingestellt auf

     5 l.

Stammfarbe B.

     250 g Natriumchlorat gelöst in

     500 cc Wasser,

     150 „ Natriumchlorid 30⁰ Bé.,

     150 „ Cerochlorid 20 %,

   3950 „ Wasser,

     5 l.

Vor Gebrauch werden

    5 kg Stammfarbe B in

    5 „   „   A eingemischt

   10 kg.

Am Foulard zweimal geklotzt, in der Hotflue getrocknet, eine Minute bei 100⁰ C. im Mather-Platt gedämpft, gewaschen und fünf Minuten bei 60⁰ C. geseift (2 g Marseiller Seife pro Liter).

Tafel IV.

Nr. 25. Schwarz Boboeuf.

Die genaue Vorschrift findet sich S. 121.

Nr. 26. Oxydationsschwarz (Diamantschwarz Hermsdorf).

Die Färbung auf Florgarn verdanken wir der Firma Louis Hermsdorf in Chemnitz.

Nr. 27. Oxydationsschwarz (Diamantschwarz Wolf) der Färberei Gebr. Wolf in Naundorf bei Crimmitschau.

Nr. 28. Schwarz Marot-Bonnet auf Cops gefärbt im Apparat von L'Huillier. Vorschrift S. 141.

Nr. 29. Schwarz Marot-Bonnet auf Trikot.
Vorschrift vgl. S. 140, 141.

Nr. 30. Oxydationsschwarz L.
Genaue Vorschrift S. 134.

Nr. 31. Schwarz mit Diphenylschwarzbase I.

Man bereitet die Farbflotte, in dem man die Diphenylschwarzbase I pat. mit Essigsäure und Milchsäure löst und die erhaltene Lösung mit Traganthschleim, Wasser und Anilinöl verrührt. Nach dem Erkalten fügt man die besonders angefertigte Lösung von chlorsaurem Natron, Aluminiumchlorid und Cerochlorid hinzu und stellt auf 10 l ein.

Man gibt 6 l dieser Lösung in eine Terrine, wie solche zum Färben von Anilinoxydationsschwarz bezw. Azophorrot verwandt wird, und passiert das Garn, welches nicht ausgekocht zu werden braucht, da die Lösung sehr leicht netzt, zwei Stunden rein durch. Man zieht gleichmäfsig ab oder schleudert schwach aus, die Schleuderflotte wird in die Terrine zurückgegeben. Für die nächsten zwei Stunden bessert man mit $^3/_4$ l frischer Lösung auf und so fort.

Nach dem Winden bezw. Schleudern wird auf sauberen Stöcken aufgestockt und bei etwa 60° C. getrocknet, zum Schlufs dämpft man 2—3 Minuten ohne Druck und wäscht, eventuell wird schwach geseift.

Das so erhaltene Schwarz zeichnet sich durch sehr gute Echtheit aus. Es ist seifen- und sodaecht, säure- und schweifsecht, walkecht, lichtecht und schwefelecht, es vergrünt nicht und greift den Faden nicht an, nur in bezug auf die Chlorechtheit steht es etwas hinter dem Anilinoxydationsschwarz zurück.

Klotzlösung.

1000 g Traganthschleim 60/1000,
2500 cc Wasser,
 300 g Diphenylschwarzbase I pat.
1000 cc Essigsäure 8 Bé.,
 400 „ Milchsäure 50 %,
  50 „ Anilinöl C 1,
 750 „ Natriumchlorat 1 : 3,
 150 „ Aluminiumchlorid 30° Bé.,
4000 „ Wasser,
 100 „ Cerochlorid 20 %,
———————
  10 l.

Wenn eine Dämpfvorrichtung nicht zur Verfügung steht und man trotzdem Diphenylschwarz färben will, so empfiehlt es sich, obiger Lösung $7^1/_2$ cc Kupferchlorid 40° Bé. zuzusetzen. Das Schwarz wird zwar nicht ganz so reibecht, jedoch wird es ohne Dämpfen schon durch Trocknen bei 60° C. entwickelt.

Nr. 32. Diphenylschwarzbase I pat. auf Halbseide. Schwarz-klotzfarbe mit Cerochlorid.

Stammfarbe A.

In 1 kg Traganth 60 : 1000 und 2 l Wasser werden

   300 g Diphenylschwarzbase I pat. und

    50 „ Anilinöl gelöst in

     1 l Essigsäure 8° Bé. (50%) und

   400 cc Milchsäure 50%ig, langsam nachdem abgekühlt, eingerührt und eingestellt auf

     5 l.

Stammfarbe B.

   750 cc Natriumchlorat 1 in 3,

   180 „ Aluminiumchlorid 30° Bé.,

   150 „ Cerochlorid 20%ig,

 3920 „ Wasser,

     5 l.

Vor Gebrauch werden

    5 l Stammfarbe B in

    5 „   „   A eingemischt

   10 l.

Am Foulard geklotzt, in der Hotflue getrocknet, eine Minute bei 100° C. im Mather-Platt gedämpft, gewaschen und fünf Minuten bei 60° C. geseift (3 g Marseiller Seife pro Liter).

Durch Avivieren der Halbseide in der Appretur mit einer Weinsäurelösung (0,5—1 g im Liter) erhält man etwas grünere Schwarz-Nuancen, indem das aus dem in der Klotzbrühe enthaltenen Anilin gebildete Schwarz etwas vergrünt.

Namenregister.

Sachregister.

No. 1.

Anilinschwarz in Teig;
Albumindruck.

No. 2.

Schwarz mit Schwefelkupfer.

No. 3.

Schwarz mit Schwefelkupfer,
Alizarinrot.

No. 4.

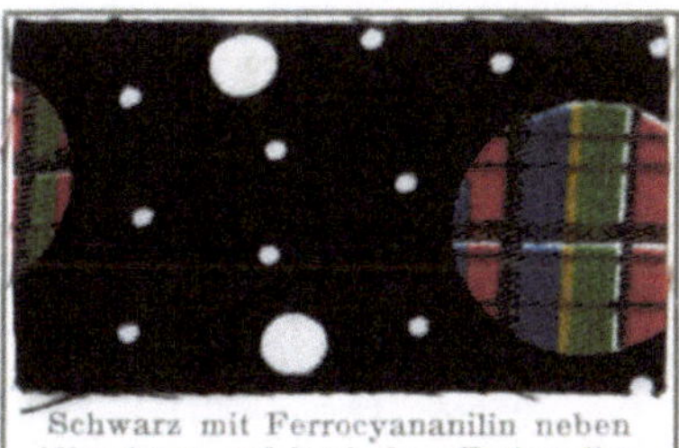

Schwarz mit Ferrocyananilin neben
Alizarinrot und basischen Farbstoffen.

No. 5.

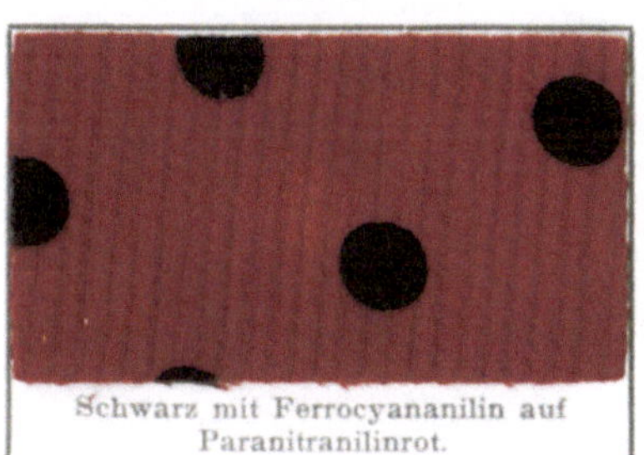

Schwarz mit Ferrocyananilin auf
Paranitranilinrot.

No. 6.

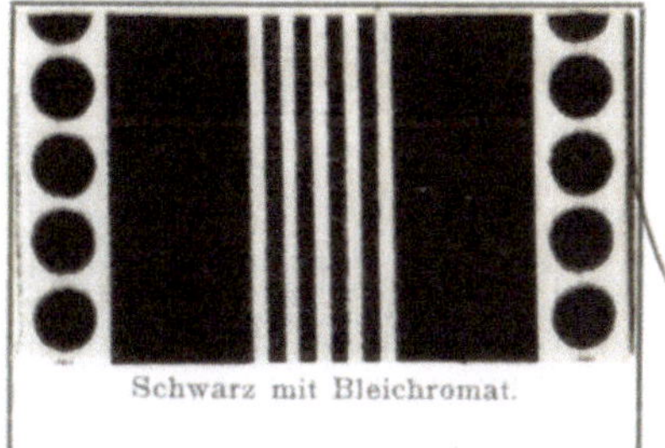

Schwarz mit Bleichromat.

No. 7.

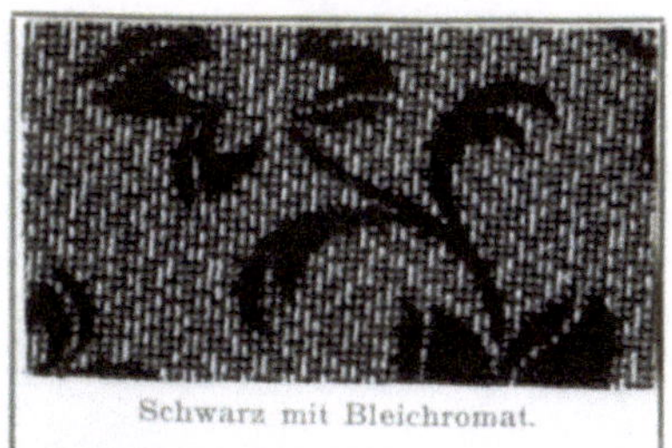

Schwarz mit Bleichromat.

No. 8.

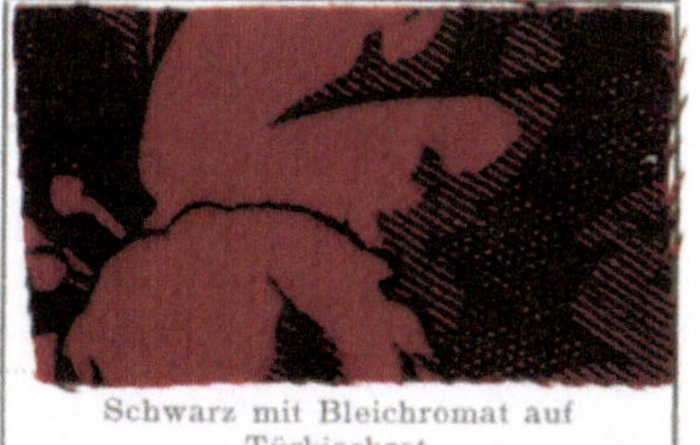

Schwarz mit Bleichromat auf
Türkischrot.

No. 9.

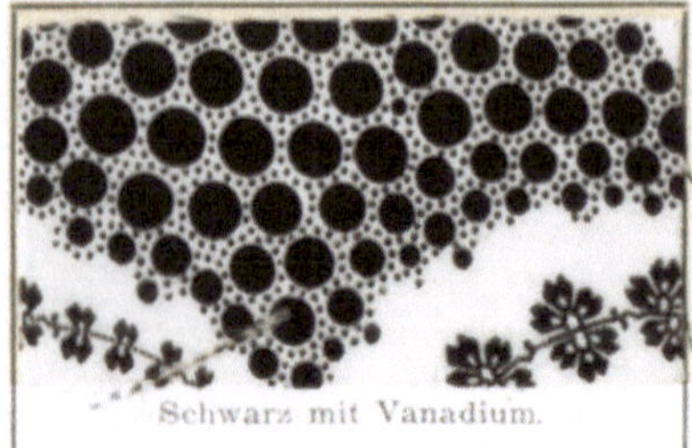

Schwarz mit Vanadium.

No. 10.

Schwarz Prud'homme.

No. 11.

Schwarz Prud'homme.

No. 12.

Schwarz Prud'homme.

No. 13.

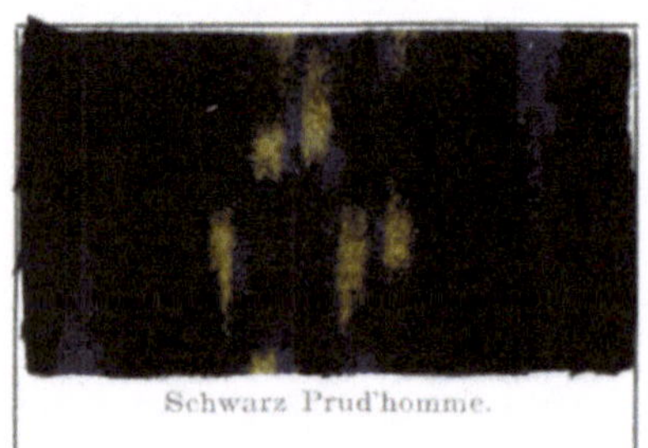

Schwarz Prud'homme.

No. 14.

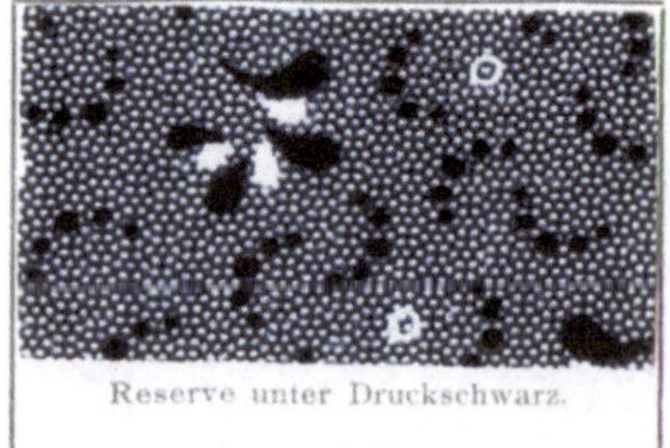

Reserve unter Druckschwarz.

No. 15.

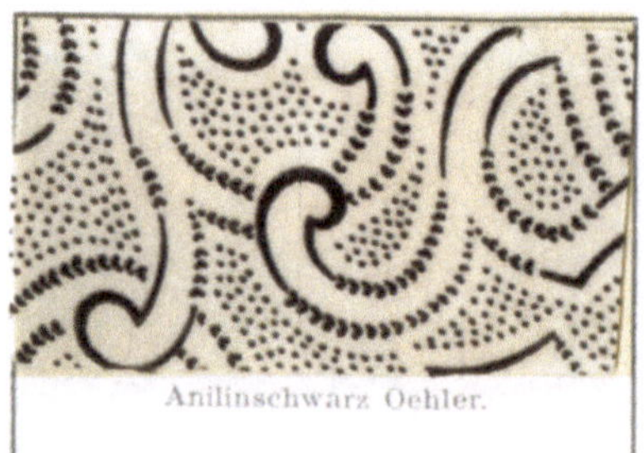

Anilinschwarz Oehler.

No. 16.

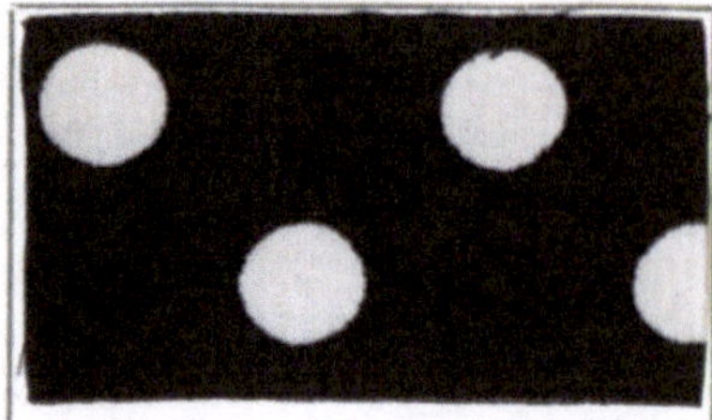

Anilinschwarz Oehler auf Halbwolle.

Noelting u. Lehne, Anilinschwarz. 2. Aufl.

No. 17.

Roter Ätzdruck auf Anilinschwarz
Oehler.

No. 18.

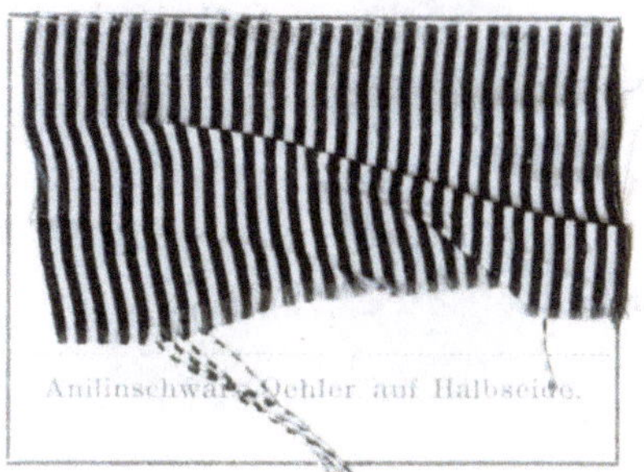

Anilinschwarz Oehler auf Halbseide.

No. 19.

Anilinschwarz auf Seide.

No. 20.

Anilinschwarz geklotzt;
weiße Reserve auf Seide.

No. 21.

Diphenylschwarz gedruckt auf Garn.

No. 22.

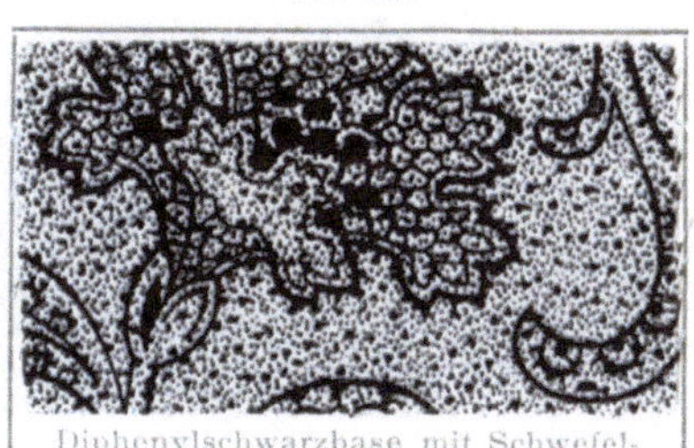

Diphenylschwarzbase mit Schwefelkupfer.

No. 23.

Diphenylschwarzbase I mit Cerochlorid.

No. 24.

Diphenylschwarzbase mit Alizarin-
dampfrot.

Noelting u. Lehne, Anilinschwarz. 2. Aufl.

Noelting u. Lehne, Anilinschwarz. 2. Aufl.